高等学校交通运输与工程类专业规划教材

Chengshi Keyun Shuniu Guihua yu Sheji

城市客运枢纽规划与设计

过秀成 主编

人民交通出版社股份有限公司
China Communications Press Co.,Ltd.

内 容 提 要

本教材按照城市客运枢纽总体布局规划、各方式枢纽专项规划、综合客运枢纽规划与设计的思路，阐述了各类客运枢纽的系统构成、功能层次、规模测算、总体布局和相关设施配置等内容，便于学生构建交通运输枢纽规划与管理的知识架构，也有助于交通运输工程领域规划设计与管理人员的应用实践。

本教材共分为两个部分：第一部分（第1~5章）总体介绍了城市对外客运枢纽和城市内部客运枢纽布局规划体系和设计要点；第二部分（第6~13章）分别介绍各类型客运枢纽特征及设计要点，同时阐述了客运枢纽信息系统的规划设计方法。

本教材可作为高等院校交通工程、运输工程等专业本科及研究生教材，也可作为其他相关企业技术人员的参考书。

图书在版编目(CIP)数据

城市客运枢纽规划与设计 / 过秀成主编. — 北京 ：人民交通出版社股份有限公司，2018.1（2024.12 重印）

ISBN 978-7-114-14347-2

Ⅰ. ①城… Ⅱ. ①过… Ⅲ. ①城市运输—旅客运输—交通枢纽—交通运输规划—高等学校—教材 Ⅳ. ①TU984.191

中国版本图书馆 CIP 数据核字(2017)第 289112 号

高等学校交通运输与工程类专业规划教材

Chengshi Keyun Shuniu Guihua yu Sheji

书　　名：城市客运枢纽规划与设计
著 作 者：过秀成
责任编辑：肖　鹏　卢俊丽
出版发行：人民交通出版社股份有限公司
地　　址：(100011)北京市朝阳区安定门外外馆斜街3号
网　　址：http://www.ccpcl.com.cn
销售电话：(010)85285911
总 经 销：人民交通出版社股份有限公司发行部
经　　销：各地新华书店
印　　刷：北京建宏印刷有限公司
开　　本：787×1092　1/16
印　　张：15.5
字　　数：350 千
版　　次：2018 年 1 月　第 1 版
印　　次：2024 年 12 月　第 2 次印刷
书　　号：ISBN 978-7-114-14347-2
定　　价：45.00 元

高等学校交通运输与工程（道路、桥梁、隧道与交通工程）教材建设委员会

前言

城市客运枢纽是城市综合运输网络的重要节点，是城际和城市交通运输系统衔接的关键环节。以旅客出行的便捷、舒适、经济、安全、可靠为目标，构建内外畅达、换乘便捷、与城市发展有机结合的城市客运枢纽体系具有十分重要的意义。

本教材综合运用城市规划、交通运输工程、系统工程、社会学等相关理论，结合我国客运枢纽规划与设计的相关规范、国家和地方部门枢纽规划编制导则等要求，按照城市枢纽总体布局规划、各方式枢纽专项规划、综合客运枢纽规划与设计的思路，从“城市对外客运枢纽”与“城市内部客运枢纽”分别构建整体框架体系，给出各专项枢纽的规划方法和设计要点，主要包括各类客运枢纽的系统构成、功能层次、规模测算、总体布局和相关设施配置等内容。学习城市客运枢纽的规划与设计方法有利于学生构建交通运输系统规划与管理的知识架构，也有助于交通运输工程领域规划设计与管理人员的应用实践。

全书分为两部分，共13章，由过秀成教授主编，参与撰写人员有：过秀成教授（东南大学）（第1、6、7、10章）、吕慎副教授（深圳大学）（第5章、第11章1～4节）、何明高级工程师（交通运输部规划研究院）（第2、3章）、张小辉工程师（江苏省城市规划设计研究院）（第4章）、徐宿东教授（东南大学）（第8章）、张倩助理工程师（苏州规划局相城分局）（第12章）、沈佳雁（第13章）、张益邦（第9章）、陶涛（第11章5、6节）。东南大学交通规划与管理专业硕士研究生杨鸣、李渊、刘珊珊、高健文、肖尧参与了教材资料收集、分析整理、材料组织、文字编排与校核等工作。

感谢东南大学交通规划与管理学科教师及交通工程历届本科生、研究生对课程建设的帮助,以及交通运输部规划研究院、江苏省交通厅规划研究中心等交通运输工程领域企事业单位在城市客运枢纽规划与设计实践中贡献的智慧！在本教材的撰写过程中还参考了大量的国内外文献与书籍,在此向原著作者表示崇高的敬意和衷心的感谢!

由于作者本人水平有限,书中难免有错漏之处,恳请读者批评指正。

电子信箱 seuguo@163.com

过秀成

于东南大学交通学院328室

2017年12月

目录

第 1 章

绪论

《辞海》中对“枢纽”的解释为“重要的部分,事物相互联系的中心环节”。“枢”为北斗第一星,有居中的意思,如“天下文枢”,即指天下文化之中枢。“纽”为器物上可以提起或系挂的部分,是不同事物间联系的结,也比喻事物的根本,如“禹舜之所纽也”。交通运输网络中,枢纽是指线网较为重要的部位、联系的中心环节,是实现运输中转和衔接的“锚固点”。

1.1 枢纽的定义及分类

1.1.1 运输枢纽的定义

交通运输业是国民经济和社会发展的基础性、先导性、服务性行业。交通运输设施包含综合运输网络、运输枢纽和载运工具三个组成部分。

综合运输网络由各类运输线路组成,如航空线路、公路客货运班线、铁路客货运线路等。运输枢纽是相对于运输网络而言,是指运输网络中相互联系、衔接和交换的节点。运输枢纽的载体为各类枢纽场站,运输枢纽体现运输功能特征,枢纽场站指运输设施载体。

关于运输枢纽的定义,苏联的 K. IO. 斯卡洛夫定义运输枢纽为:是由若干种运输方式所连接的固定设备(构造物)和活动设备(载运工具、装卸机械等)组成的一个整体,共同完成货物及旅客运输的中转与地方作业,是国家统一运输体系的组成部分,决定着路网相邻径路的运输特点。

原交通部2007年颁布的《公路运输枢纽总体规划编制办法》中关于运输枢纽的定义如下:运输网络一般是由路段、节点,以及加载于路段、节点上的流量所组成。有流量活动(流入、流出、交换)的节点,称为运输枢纽。

具体的运输枢纽界定与运输网络层次有关,如在《国家公路运输枢纽规划》中,公路运输枢纽的定义为:国家公路运输枢纽是依托国家高速公路网,位于重要节点城市,与其他运输方式有机衔接,属于最高层次的公路运输枢纽系统,主要由提供区域之间、省际之间以及大中城市之间公路客货运输的组织衔接及相关服务的客货站场组成;铁路运输枢纽指铁路各线交会处或与其他交通线路的连接处,以铁路车站、联络线和进出站线等技术装备构成的铁路综合设施。

1.1.2 客运枢纽的定义

客运枢纽是旅客运输网络中的中心环节和重要部分,用于实现不同客运线路间的衔接,以满足旅客出行中转和换乘的需要。

客运枢纽是位于客运网络的重要衔接处的多种客运方式或多条客运线路相交汇形成,具有运输组织、中转换乘、行包托运、信息咨询、其他辅助服务等功能,由固定设施设备所组成的场所。

客运站是客运枢纽功能和服务实现的载体,如火车站、公路客运站、城市轨道站、公交站等。客运枢纽可由单个客运站构成,也可由若干个共同承担枢纽功能的客运站组成。

客运枢纽应具备的服务功能和需配备的设施设备与服务客流的需求有关,按客流类型可分为城市内部出行和城际出行两类。服务城市内部出行的客运枢纽主要考虑旅客中转和换乘功能,且站点设置较为简单;服务区域城际中长途旅客出行的公路、铁路或航空枢纽则应设置站房、站场及相应设施和设备。

客运枢纽一般可分为单一方式的客运枢纽和综合客运枢纽(也称为复式客运枢纽)。综合客运枢纽是在交通网络设施建设、运输网络重构背景下产生的。

综合客运枢纽是具备两种及以上运输方式的多条线路相交汇,为旅客提供运输组织、中转和集散、信息服务、行包托运、其他辅助服务等功能,实现各种运输方式在物理和逻辑上的"无缝"衔接;并兼顾商务办公、休闲娱乐等辅助服务设施的综合型客运场站设施。其内涵既要求不同方式的场站设施在物理上衔接,更强调不同运输方式间的客流衔接,以实现旅客出行的"零换乘"和"一体化服务"。

组合客运枢纽(也称为客运枢纽群)是由若干个功能互补、衔接顺畅的客运站构成的有机体,在运输网络中通过有效衔接,形成组合联盟效应,共同承担枢纽功能,实现分工协作和整体效益最优。如多中心组团型城市可通过城市交通的衔接形成功能互补、相互支撑,与城市空间相匹配的组合客运枢纽。又如分布在城市中心交叉口周围的各个公交站,在功能上各个站通过组合实现不同方向和线路上的中转和换乘,形成城市的组合公交枢纽(枢纽群)。

综上所述,客运枢纽的定义与其具体的形式、功能、构成密切相关,本教材主要从客运站、客运枢纽、综合客运枢纽、组合客运枢纽四个方面依次递进地阐述客运枢纽的相关概念和定义。

1.1.3 城市客运枢纽的分类

根据服务范围的不同，城市客运枢纽可分为城市对外客运枢纽和城市内部客运枢纽。城市对外客运枢纽分为综合客运枢纽、航空（主要指民航）客运枢纽、铁路客运枢纽、公路客运枢纽、水路客运枢纽；城市内部客运枢纽分为市郊轨道枢纽、市内轨道枢纽和中低运量公交（主要包括 BRT、常规公共汽电车等）枢纽。每类客运枢纽的组成及特征见表 1-1。

各类客运枢纽组成及特征　　表 1-1

层级分类	运输方式	枢纽名称	特征
城市对外客运枢纽	航空＋铁路＋公路	综合客运枢纽	以航空、铁路客流为主，接驳公路及市内交通方式
	航空＋铁路		
	航空＋公路	航空客运枢纽	以航空客流为主，接驳公路及市内交通方式
	航空		
	铁路＋公路	铁路客运枢纽	以铁路客流为主，接驳公路及市内交通方式
	铁路		
	公路	公路客运枢纽	以公路客流为主，接驳公路及市内交通方式
	水路	水路客运枢纽	以水路客流为主，接驳公路及市内交通方式
城市内部客运枢纽	市郊轨道交通	市郊轨道枢纽	与中心城与周边新城或组团之间客流为主，接驳市内交通方式
	多条市内轨道交通线路交汇	市内轨道枢纽	一般位于城市中心、片区中心，接驳常规公交
	轨道交通＋中低运量公交＋机动车		一般位于城市外围，区域停车换乘枢纽
	公交线路换乘站点	中低运量公交枢纽	公交换乘中心

1.2 城市客运枢纽基本属性

城市客运枢纽是城市综合运输网络的重要节点，是城际和城市交通运输系统衔接的关键环节。城市客运枢纽的基本属性是多方面的，其不仅具备交通运输的特性，还是城市空间的有机组成部分和社会经济发展的重要支撑。基本属性可从枢纽的外部属性和内在属性两个方面分析。

1）枢纽外部属性

（1）区域空间联动

由于城市不同的产业分工，差异化的发展目标促使各区域、城市之间产生客流交换。承担这种客流的集散、中转功能的客运枢纽成为区域城市间联系的重要纽带。通过城市间各个客运枢纽的有效连接，能真正实现城市间时空距离的缩小，有利于都市圈同城化进程的加快、城市间经济联系的加强，促进区域经济和城乡统筹的发展。

（2）城市功能

客运枢纽主要以城市为依托，其建筑体是城市空间的重要组成部分，是城市的有机组成部分,具有较强的城市属性。客运枢纽提供的交通功能是城市四大基本功能之一。此外,现代客运枢纽开始从交通功能向城市的其他功能延伸,融为城市功能的多角色体,如城市门户、商业枢纽等。

(3)土地开发

在城市快速化的发展阶段,绝大多数城市不断拓展城市框架、城市用地和人口规模。客运枢纽与其他基础设施相比具有一定的土地利用导向性功能。由于这种客流集聚和吸引的导向性,新建在城郊的客运枢纽往往与周边毗连地区土地一体化开发,利用触媒效应促进城市发展。

(4)运输组织

客运枢纽是客运网络上的重要节点,承担着区域、城乡间、城市内部客流的组织、中转、集散等服务功能。

2)枢纽内在属性

(1)基础设施集成

客运枢纽场站具备多条客运线路的交汇,各种集散设施的场站设施在同一空间上集中布设、有机衔接,功能上紧密联系,协同合作。根据各种运输方式的作业特点,统筹枢纽内外车流、客流组织的基础设施,使客流转换空间紧凑、交通组织流畅。

(2)客流集散

在枢纽体内,通过人性化、便捷化的旅客换乘设施,实现乘客在枢纽内的快速换乘。多层面、多通道、多出入口的换乘设计满足不同目的、不同方向的客流需求。另一方面,在枢纽交通集散系统中,要能实现“换乘、停车、集散、引导”四项基本功能,满足枢纽交通集疏运要求。从枢纽体内的便捷换乘和枢纽体外的集疏运两个方面保证客流集散的快速、便捷。

(3)信息平台拓展

客运枢纽不仅要形成设施上的完备,更重要的是信息化建设。只有信息上的共享才能真正实现功能上的衔接。应对各种客运方式运行中所产生的信息进行准确采集、同步传输、协调反应、及时公布,通过网络、电子公告牌、广播等各种传媒使乘客在出行中及时、方便地了解有何交通工具可供选择,如何换乘及换乘时间,优化旅客出行方案,并实现各种运输方式的联网售票。

(4)建设运营协调

客运枢纽由于涉及不同集散设施,其主体建筑、配套设施、周边道路等的建设、运营、管理主体往往不同,必然存在相互协调的问题。在建设运营过程中,各投资责任主体应划清范围,明确相应建设费用,共同出资,由一个主体统一进行建设、管理和运营。

1.3 本书内容及组织结构

本书综合运用城市规划、交通运输工程、系统工程、社会学等相关理论,结合我国客运枢纽规划与设计的相关规范、国家和地方部门枢纽规划编制导则等要求,按照城市枢纽总体布局规划、各方式枢纽专项规划、单体枢纽规划与设计、综合客运枢纽规划与设计的思路,从“城市对外客运枢纽”与“城市内部客运枢纽”分别构建整体框架体系,给出各专项枢纽的规划方法和设计要点，阐述各类客运枢纽的系统构成、功能层次、规模测算、总体布局和相关设施配置等内容。

本书主要内容分为两个部分。

第一部分为1～5章，在介绍城市客运枢纽的内涵、发展趋势和系统结构基础上，从城市对外客运枢纽、城市内部客运枢纽两个方面总述客运枢纽布局规划体系及设计要点。

第1、2章主要阐述城市客运枢纽的概念、分类与属性，并结合国内外典型客运枢纽案例，分析介绍客运枢纽的发展历程与演变趋势。

第3章介绍城市客运枢纽系统总体结构，分析城市对外客运枢纽与城市内部客运枢纽总体规划设计任务与思路，及综合客运枢纽规划设计要点。

第4、5章从城市对外客运枢纽及城市内部客运枢纽两个层次分别阐述枢纽体系系统规划方法，确定各类枢纽的功能等级、需求分析、布局规划体系与集疏运系统配置等内容。

第二部分为6～13章，分类阐述各专项客运枢纽，并以铁路主导型为例的综合客运枢纽的规划设计内容为例，介绍客运枢纽信息系统的规划与设计。

第6～12章结合枢纽专项规划阶段的要求，分别阐述公路客运枢纽、铁路客运枢纽、水路客运枢纽、航空客运枢纽、城市轨道客运枢纽、城市中低运量公交枢纽，及以铁路综合客运枢纽为例的综合客运枢纽各自子系统中的详细分类和功能层级，明确各类枢纽的数量规模、功能定位、布局选址、衔接关系，同时，在遵循各类枢纽场站相关设计规范的基础上，剖析客运站构成要素、功能区布局、场站规模、交通设施配置及换乘系统设计方法。

第13章基于信息系统的需求分析及功能介绍，阐述了信息系统总体设计框架体系及各功能模块设计方法，并分析了建设、投资、运营过程中的信息系统管理模式。

本教材力求全面阐述城市客运枢纽的规划与设计方法，便于学生完善交通运输系统规划与管理的知识架构，也可供交通运输工程领域规划设计与管理人员在应用实践中参考使用。

【复习思考题】

1. 简述运输枢纽、客运枢纽、综合客运枢纽、组合客运枢纽各自的定义及其区别。
2. 简述城市客运枢纽的分类。
3. 城市客运枢纽具有哪些属性？

第 2 章

城市客运枢纽发展历程及演变趋势

本章从城市对外客运枢纽和城市内部客运枢纽两个方面分别回顾城市客运枢纽的发展历程。梳理我国客运枢纽发展过程中存在的问题,分析客运枢纽发展的演变趋势,并结合国内外典型客运枢纽案例,总结城市客运枢纽的发展经验及启示。

2.1 城市客运枢纽的发展历程

2.1.1 城市对外客运枢纽的发展历程

城市对外客运枢纽的形成与对外交通运输网络以及城市的发展密切相关。在交通运输网络发展过程中,对外客运枢纽系统大致经历了单点枢纽发展、多枢纽分散扩张发展、多枢纽系统化发展、多枢纽网络化发展几个阶段,形成了由简单向复杂、由单一向综合的发展过程。

1)单点枢纽发展阶段

单点枢纽发展阶段是交通运输不发达或出行较少的区域对外客运枢纽的初级形态。现代运输开始之前,由于交通工具落后、交通条件相对较差,人们的出行靠步行、畜力完成。之后则以机动车辆为主时,出现了用以提供交通动力(牲畜、机车等)接力转换和工作人员休息的交通驿站。在原有功能基础上增加了客运组织功能后，交通驿站作为对外客运枢纽的雏形逐渐发展成运输点。随着交通运输的发展，人们出行范围增大、出行次数增加，在这些运输点上逐渐开始形成了对外客运枢纽。

在乡村、小城镇等区域，交通运输需求由初始的无序阶段发展到有一定的涨落，形成初步的交通聚集效应，即运输生产要素（客源、车、路）聚集在一起产生的经济效应，吸引了一定的运输量，此即为对外客运枢纽的“单点”状态。

2）多枢纽分散扩张发展阶段

对外客运枢纽的多枢纽分散扩张阶段主要表现为极化和扩散两个效应。

随着经济区域内部的小城市中心规模逐渐壮大，交通聚集效应表现为极化效应，即以客流集中化为主。城市周边的对外客流向市中心地带聚集进行规模化生产，形成的客流集散中心具有运输枢纽区位优势，从而产生具有一定规模的站房、场地等设施设备的对外客运枢纽。

极化效应使城市中心聚集压力加大，产生交通拥挤、土地紧张等问题。在城市中心生产、生活成本增大的状态下，聚集的客流又向城市四周扩散，交通聚集效应转化为扩散效应，即以分散化为主。随着客流的扩散，一般会以原有客运枢纽为中心，在扩散区不同方位形成若干配套的枢纽，为中心枢纽分散集中的客流，减轻城市中心交通压力。这时，客运枢纽间一般会以客流方向和服务半径为特征进行布局，各枢纽呈分散独立状态。

3）多枢纽系统化发展阶段

在功能完备的大中城市里，交通极化效应递减而扩散效应增加，促使城市不断向外围发展，形成不同的城市中心组团，各组团间交通联系密切。每个组团对交通运输需求的层次、服务内容都有不同的要求，对服务该区的客运枢纽也提出不同的要求。这一阶段，多个客运枢纽根据客流方向、流量等特征及城市空间结构、城市交通构成、区域交通网络布局等多种因素进行综合组合，借助城市道路的连接和有效的信息联系，枢纽与道路呈现网络结构，形成分工明确、功能完善、布局合理的客运枢纽体系。客运枢纽还能在各自分工基础上实现资源共享和客流合理流动，有效促进枢纽各自功能充分发挥和城市交通的合理化，提高城市对外客运效益。

4）多枢纽网络化发展阶段

对外客运枢纽网络是指对外客运枢纽随着城市群的形成与发展，以城市群为依托所形成的层次结构。对于由一个或一个以上的大城市组成的城市群，城市间的极化、扩散效应同时作用，城市群功能调节和产业协调达到动态的平衡，城市间的运输需求也更加突出。因此要求对外客运枢纽间在功能、层次结构上进行重构，以适应城市群的发展。

对于大型、特大型城市来说，对外客运枢纽的扩散效应更加显著，城市边缘处会形成多个卫星城或外围较小城镇可被大城市吸纳为卫星城，两者构成母子结构。卫星城具有一定的独立性，在其内部可以随着运输发展形成一个对外枢纽或多个对外枢纽的状态。卫星城枢纽和中心城枢纽也通过密切的交通联系构成了客运枢纽网络的层次结构。

2.1.2 城市内部客运枢纽的发展历程

以城市轨道交通为骨干形成的城市内部客运枢纽是大城市客运交通枢纽的重要特征。在公交优先发展的背景下，城市公共客运交通占城市总客运出行的比重不断提高。不同交通方式间转换的需要是公共客运交通的重要特征之一，即在一次出行期间涉及不同交通方式（工具）的衔接。因此，城市内部客运枢纽承担着不同交通方式、不同客运线路的换乘和中转功能，以满足居民整个出行链多个环节的顺畅衔接。

城市内部客运枢纽的发展与城市公共交通的发展息息相关。在城市的形成和发展过程中，公共客运交通方式大致经历了如下几个阶段。

(1)畜力牵引型阶段

公共交通最初形式是公共马车。16世纪后期出现了有组织的市内公共交通，当时的交通工具除步行外主要以牲畜作动力，这一时期的公共交通主要表现为公共马车。在邮政系统中，马车成为沿主要道路邮政点间的主要运输工具。

(2)机动型初级阶段

蒸汽机的出现使公共交通进入了机动化的初级阶段。公共马车由于牵引动力不足，其速度和运输距离受到限制。蒸汽机出现后，在1821—1840年间，英国生产了蒸汽机四轮车，但由于这种车辆自重大、速度慢、噪声大、使用不便，因此没有得到发展。到19世纪70年代，蒸汽动力的轨道车辆投入商业生产。

(3)公共汽(电)车阶段

19世纪70年代，发电机和电动机的出现，解决了公共交通的动力技术问题，公共汽(电)车逐步成为公共交通的主角。1900年，世界上第一辆无轨电车在巴黎投入运营，并开始推广到世界其他地区，有轨电车也相继在柏林、美国出现。至20世纪初，有轨电车系统在许多大中城市得到使用，有轨电车车辆技术在使用中不断更新。

(4)快速轨道交通阶段

20世纪20~30年代，公共交通方式从公共汽车、电车发展到了大中运量的快速轨道交通。快速轨道交通的发展将公共交通推向了崭新的阶段，起到了缓解交通拥堵、带动就业、促进社会发展的作用。但在这一阶段，由于快速轨道交通与常规公共交通在规划、建设、运营、管理上缺乏统一的体制及必要的协商机制，两者在线网衔接、换乘设施配置、运营组织协调等方面存在一些问题。

(5)多模式公共交通协调发展阶段

城市的不断扩张促使人们的工作、社交、购物、文化娱乐等各项活动的出行范围不断扩大、出行距离不断增长，这使得公共交通线路也不断增加和延伸，客运交通方式向多元化发展。乘客从起点到终点完成一次出行，往往需要使用多种交通方式或转换线路。把多种交通方式、多条线路有机地衔接起来方便乘客换乘，成为公共交通系统提高服务水平、吸引乘客的重要手段。

城市内部客运枢纽就是为方便乘客集散、转换交通方式和线路而设置的一种具有必备的服务功能和控制设备的综合性交通设施，为乘客提供一体化的信息服务，缩短乘客的换乘步行距离和时间。城市内部客运枢纽的规划和建设同时也促进了公共交通的多模式协调发展。

2.1.3 城市客运枢纽发展中的问题

客运枢纽的建设、发展与区域社会经济发展、交通运输体系与构成、居民出行活动等密切相关，客运枢纽也在建设规模、功能结构、集疏运方式等方面呈现出动态适应性特征。既有城市客运枢纽存在的问题主要表现在建设规模、枢纽方式结构、设施更新、布局规划、枢纽衔接和管理体制等几个方面。

(1)客运枢纽的布局与选址过分强调引导性，忽视对旅客的服务性

城市大型对外枢纽存在逐渐向城市外围布局的趋势，部分规划方案试图通过城市大型枢

纽的选址与城市新城发展相结合,带动城市外围片区的开发及土地增值。这种布局忽视了中心城人群出行便捷性的要求。

枢纽布局应兼顾新城发展和老城中心旅客出行,不能一味以新城发展为由而将老城中心居民的对外出行限制到城市外围的对外交通枢纽,增加旅客平均到站时间。

(2)客运枢纽建设规模与功能布局强调多功能综合性,忽视集约建设

部分城市试图通过建立一个综合型的大型客运中心解决城市对外出行问题,导致综合交通枢纽建设运营管理困难、旅客平均到站距离成倍增长、集散交通方式供给压力、枢纽地区易产生新的交通瓶颈等一系列问题。枢纽建设中往往过分求大求全,使得客流过分集聚,占地广,修建大广场、大站房等成为大型枢纽追求的典型特征。在面积、体量和形象上大做文章,过分关注其作为城市大门的形象,花费较多的费用和精力在站房建筑物建设上,而忽视了旅客换乘及配套设施的建设。

(3)枢纽场站设计理念落后,站内服务功能弱

传统场站设计是基于"候车"式的枢纽布局与设计理念。随着枢纽功能逐渐由"候车"大于"换乘"向"换乘"大于"候车"转变,换乘设施应在规划设计阶段得到充分重视,并作为主要的设计考虑因素。旅客在站内的换乘距离过长,或行包寄存、中转签票、用餐、购物等各个功能区没有基于乘客活动特性的需求进行合理布局,都会导致旅客时间和体力上的浪费。

(4)重不同方式间的物理空间衔接,轻枢纽运营组织和管理的有机衔接

目前交通枢纽规划还存在机械地对不同交通运输方式进行叠加和整合,忽视客流生成、转换特征的问题,即各种方式间的衔接设计仅形成了物理空间上的衔接,逻辑上并没有完全衔接,出现了所谓的虚联现象。主要原因还是各个部门间分属不同系统,在建设、投资、经营管理方面缺乏协调一致,铁路、城市公交、地铁、长途车、出租车等各自独立,站址严格划分、互不侵犯,这种条块分割的现象决定了衔接方式的不协调性和分散性,导致了客流的相互冲突、各种交通方式间相互干扰。

(5)重枢纽设施投资,轻运营管理建设

部分枢纽只关注设施投资建设,而忽视了之后的运营管理,导致建成的设施无法发挥应有的功能,成为"形象工程",降低了枢纽的运行效率。

在交通枢纽建成后,应加强枢纽的基础设施的更新及维护,提高信息化应用水平,升级改造安检、购票、候车、公共服务(饮水、通信)等设施,实现客运枢纽设施建设与管理的双重现代化。

(6)重集疏运设施建设,轻内外交通衔接转换能力和服务水平建设

部分枢纽没有与城市综合交通体系形成有机耦合,过分强调枢纽的对外客运功能,而忽视了其与城市交通网络的衔接以及在城市综合交通体系中的作用和要求。枢纽地区周边道路饱和度普遍较高,公共交通线路与枢纽间如果缺乏有效衔接,居民出行的可靠性就会得不到保障。

2.2 城市客运枢纽的发展趋势

城市交通客运枢纽的发展是伴随着社会经济水平、客运交通方式结构、旅客出行要求的变化而演变发展的,在系统构成、站址选择、枢纽体设计以及运营管理方面均有着发展的阶段性

和差异性。本节主要介绍城市客运枢纽在系统构成、布局选址、站体设计和运营组织等方面的发展趋势。

1)系统构成

随着铁路、航空、公路多种客运方式形成综合运输体系,客运枢纽体系的系统构成逐渐多元化、多层次化。公路客运枢纽是各个城市基本的枢纽构成,铁路客运枢纽覆盖了部分大中城市,航空枢纽多在特大城市、大城市和重要旅游城市进行布局。因此,规模越大的城市,其枢纽体系的构成也越为完备和复杂。

在系统构成较为完备的特大城市和大城市,以集约化的轨道交通为骨干的大型客运交通枢纽是世界各大城市客运交通枢纽的重要特征。大型客运交通枢纽一般以火车站、机场、大型城市轨道换乘枢纽为依托,在发展过程中,以发达的轨道交通网络为基础,将常规公交车站、出租车站、停车场、长途汽车站等集中布设,甚至设在同一座大型建筑物内,构成一个集多种交通方式于一体的、同时具有对外和对内交通功能的大型换乘枢纽。枢纽在完成快线交通和慢线交通的转换,对外交通和对内交通的转换,机动车流、停车场和步行交通转换的同时,通过枢纽功能的延续性开发,也提供了乘客在换乘等候时间完成日常工作和购物,促进客运服务的多样化功能,从而增加了公共交通的吸引力和客运量。如柏林的中央火车站、巴黎的德方斯新城东区、纽约的联合车站、日本的九州转运站等就是其中的典型代表。

我国综合运输网络在发展中逐步完善。"宜公则公,宜水则水",不同运输方式应根据其经济技术特性逐步回到其适宜的运输范围内。在运输通道上,基本形成了公路、铁路构成的复合式运输保障体系。不同运距和出行需求的运输组织也逐步剥离,不同交通方式和不同运输网络在客运枢纽处形成衔接。随着区域经济一体化、城市群的形成和发展以及城乡统筹发展人们对区域间出行的时间要求不断提高,区域性客运枢纽与城市交通枢纽的有效衔接是客运枢纽发展的重要方向。综合型客运枢纽依托铁路、航空等城市对外枢纽,应以人性化、立体化和信息化实现旅客出行的无缝衔接和零换乘目标,切实提高旅客出行的舒适度和满意度。

2)布局选址

在快速城市化发展阶段中,随着城市中心区开发强度的加大,中心区人口集聚密度加强,城市中心向郊区蔓延,形成圈层特征的城市发展形态。在公共交通投入不足的情况下,此种城市发展形态的中心区交通问题日趋严重。大部分城市将大型客运枢纽迁至城市中心区外围地区,采用枢纽在中心城区外布局的模式,以避免城市对外交通对内部交通的干扰,同时带动城市郊区的土地利用和综合开发。我国城市空间和功能布局仍处于变动发展期,在强调土地引导发展的同时,也需注重公共服务的便捷化和社会整体运行效率的提高。

枢纽布局规划应与城镇体系规划以及城市空间结构规划相协调。对应不同的城市空间布局形态,采取相应的枢纽布局模式。

枢纽布局根据枢纽系统的构成及城市规模、人口分布等因素确定,常见的有单中心布局和多中心布局两种基本模式。根据其与城市中心区的关系又可分为城市多中心布局模式和城市外围区布局模式,分别如图 2-1、图 2-2 所示。特大城市及大型城市枢纽布局宜采用多中心分散布局模式,中心城市宜采用单中心模式。中心城区外布局模式在城市化稳定阶段后不应再大规模出现。随着城市的发展,应构建多站点、多层次枢纽服务站点,并强化与城市交通网络的衔接性。

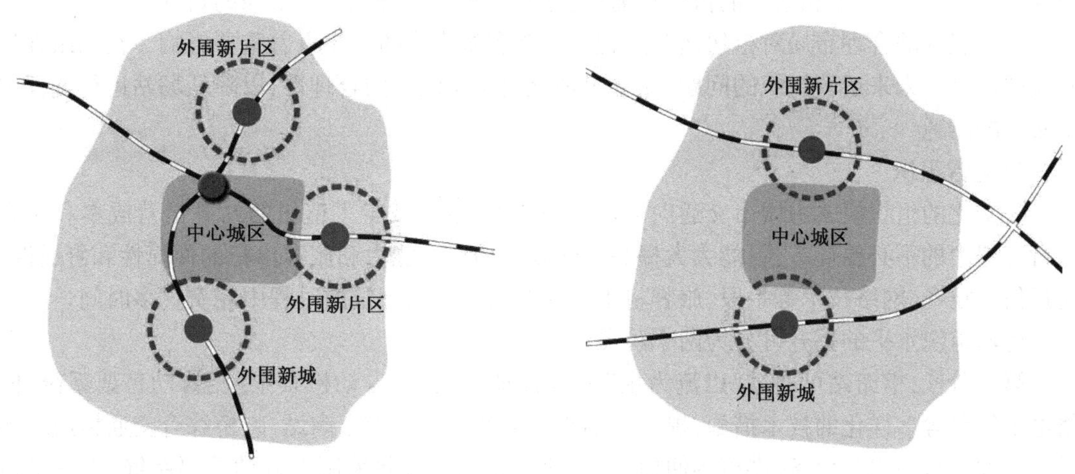

图 2-1　枢纽在多中心布局模式图　　　　图 2-2　枢纽在城市外围布局模式图

3)站体设计

现代化的客运枢纽场站设计理念应摒弃“大而全”,向“综合化、多元化、人性化、集约化”的思路转变。

(1)综合化、一体化设计

为保证枢纽功能的正常发挥,根据枢纽的旅客发送能力应配套与之相适应的集散设施。在场站设计中,应将集散设施与枢纽体统筹考虑,加强与各种衔接设施的一体化建设。特别是城市对外客运枢纽的设计,应充分结合城市交通集散方式进行站体的综合化、一体化设计,使得枢纽客流在物理上和逻辑上完成无缝衔接,实现快速集散、便捷出行的服务目标。如大型日发送量达 10 万人次以上的综合型枢纽,应配备多条城市轨道交通线路与之相衔接,保障进出方式的高峰小时客流集散能力大致相当。根据不同类型枢纽的客流需求,还应加强与多种交通集散方式的衔接,如城市轨道、常规公交、出租车、私家车等。

(2)多元化、复合化设计

交通枢纽建筑不仅是单纯的交通建筑体,而应成为商业、办公、公共活动空间等多项城市内容于一身的综合体。交通枢纽可以同多种功能开发相结合,如大型的商业设施、办公楼、酒店、文化娱乐设施等,甚至其他功能区开发面积可能会远远大于其客运部分所需的面积。建筑的交通功能和开发功能相结合不但能够满足市场运作的需求,同时也方便乘客的使用。

(3)立体化、人性化设计

枢纽站内设计为满足多种交通方式的汇聚,实现旅客快速集散、中转和换乘的目标,通过立体化的多层空间布局缩短各功能区的平面距离,采用自动扶梯实现各层间的衔接。设计时还应结合各种运输方式的特性、合理分层布局各个交通功能区,优先考虑大运量的公共交通集散方式与站体的紧密衔接。

枢纽站站体设计应遵循“以人为本”的原则,枢纽设施的建设和管理应尽可能以方便旅客出行为目的。通过枢纽体内的细节设计,改善出行环节的舒适性和高效性,如售票窗口紧邻入口、乘客换乘布设在室内、各个方向设置多个进口和入口、增加购票和检票的方式等。

(4)集约化、低碳化设计

枢纽应尽可能采用占地少、紧凑型布局、精细化设计的方案,通过流线组织和集散设施的完善,减少对大型广场和站房的依赖和需求,达到占地省、造价低、换乘便的目标。

各功能区的合理布局对枢纽运营过程中车流和旅客流的组织有着重要影响。在场站设计阶段即需考虑未来运营组织的问题,充分论证交通组织流线的合理性,以降低场站运行过程中不必要的能耗。

4)运营组织

公交化的组织模式由城市交通向区域运输扩展,不仅减少了枢纽的站务运营成本和旅客出行过程中的不必要环节,更能大大提高枢纽场站的作业能力和旅客出行的便捷性和舒适性。通过信息技术、网络技术等手段,旅客将不会在购票、检票、等候的过程中花费过多时间。

运输组织水平的提升可分为两个阶段:

第一阶段,枢纽站可通过“以流为主”的设计理念,利用自动检票系统、自动售票系统、网络电子售票等多样化的技术措施,提高运输组织的效率。如南京南站、虹桥综合交通枢纽站均设置了大量自助服务设备,供旅客便捷、快速地购票、选票,并采用了自动检票系统,提高了运输组织的效率。

第二阶段,客运枢纽的运输组织可实现“即到即走、站内不检票、车上抽检”的模式。客运枢纽与其他建筑物融为一体,且不再需要规模庞大、单独使用的枢纽体。集约化、便捷化的运输组织对枢纽单位发送量具有较大的提升空间。现代化的运输组织模式是实现枢纽集约、高效利用的关键和核心。

2.3 国内外典型客运枢纽概况

本节选取德国柏林中央车站、日本东京综合枢纽、上海虹桥综合交通枢纽及深圳福田综合客运枢纽为案例,对其规划与设计过程进行分析、总结和经验借鉴。

2.3.1 德国柏林中央车站(莱哈特综合客运枢纽)

柏林中央车站(图 2-3)是集约建设和立体换乘的典型。柏林中央车站的主体是一个上下 5 层贯通的换乘大厅,最上层是东西向高速铁路线路的站台层,高 12m;最下层为南北向高速铁路的地下站台,位于地下 15m;车站地面轨道长 320m,地下月台长 450m。连接巴黎和莫斯科的列车从高出地面 12m 处进出,而连接哥本哈根和雅典的南北线则在地下 15m 深处通过,部分公路也采用了隧道的形式直通地下停车场,使得城市对外交通与城市内部交通互不干扰。

德国柏林中央车站临近城市行政区,与勃兰登堡门,波茨坦广场、国会大厦、政府大楼等相邻。车站是在原莱特尔车站的旧址上重新修建的,东西向高速铁路线与南北向的高速铁路线在此交汇,同时,其他区域长途列车、柏林城铁(S-Bahn)、地铁(U-Bahn)、电车、公共汽车、出租车、自行车、旅游三轮车都在此停靠与集散。

车站地区形成了柏林一个重要的购物及餐饮中心,其面积 1.6 万 m^2 的商业区集中了约 80 家商店,车站创造了近 900 个工作岗位。此外,中央车站两座各 12 层的塔楼包括总面积近 1.5 万 m^2 的办公和饭店设施。

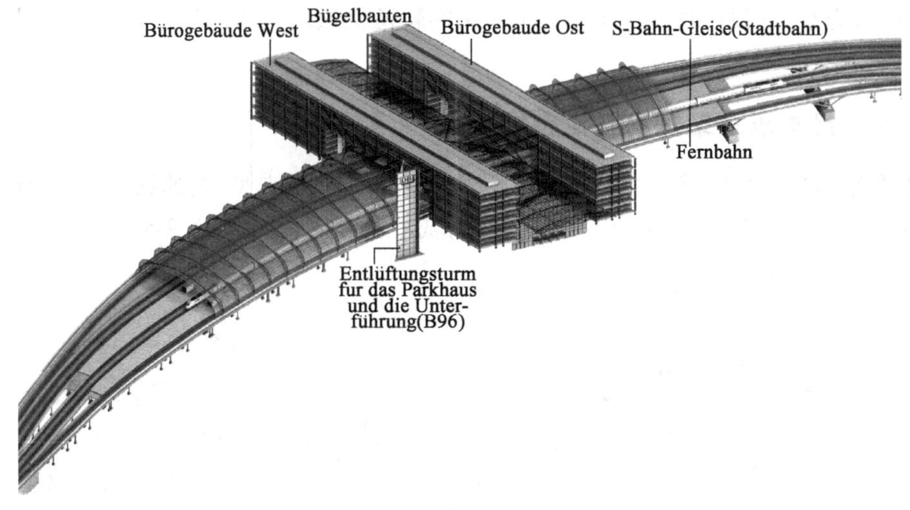

图 2-3 柏林中央车站示意图

柏林中央车站的建设和管理中特别考虑了旅客从车站到城市其他地区的换乘问题,旅客可轻松选择多种交通工具去往城市的各个角落。车站将长途交通线、地区交通线以及城市轻轨线路有机衔接起来,发挥了紧密连接城市与城市之间的重要交通功能。需要乘坐地铁和城市高速列车的旅客不必出站,仅需更换站台即可。换乘公共汽车或有轨电车换乘距离稍长些,换乘处距火车站约几十米,火车站的不同站台之间、火车站与汽车站、电车站之间大多有电梯相连接,换乘十分方便。

尽管中央车站位于中心城区,但其与城市的地面交通互不干扰。所有的轨道交通均通过高架和地下隧道的方式进出车站,而各种社会车辆绝大多数也是通过隧道经停。公路隧道在地下站侧有 90 个上下车位,地下停车场则有 860 个停车位。大多数旅客都是在站内转车,可以不出车站,因此通过地面进出车站的人数相对很少(图 2-4)。

图 2-4 柏林中央车站剖面图

德国柏林中央车站的规划建设具有如下启示。

(1)客运枢纽应集约建设与立体换乘

德国柏林中央车站位于城市中心区,站体采用上下贯通式的换乘大厅,直通地下的停车场设计,体现其注重换乘效率和集约建设。

(2)枢纽内外交通方式间衔接转换应便捷高效

车站将长途交通线、地区交通线及城市轨道线路合理衔接,以便旅客选择换乘交通方式,体现其“以人为本”的设计理念。柏林中央车站的轨道交通均采用高架或下穿式,与城市内部的地面交通互不干扰。

2.3.2 日本东京站综合客运枢纽

日本东京站是一个轨道交通的集合体,是立体换乘枢纽的典型,高速铁路、既有线铁路、地下铁路在东京站交织在一起,构成了一个完善的城市轨道交通系统(图2-5)。

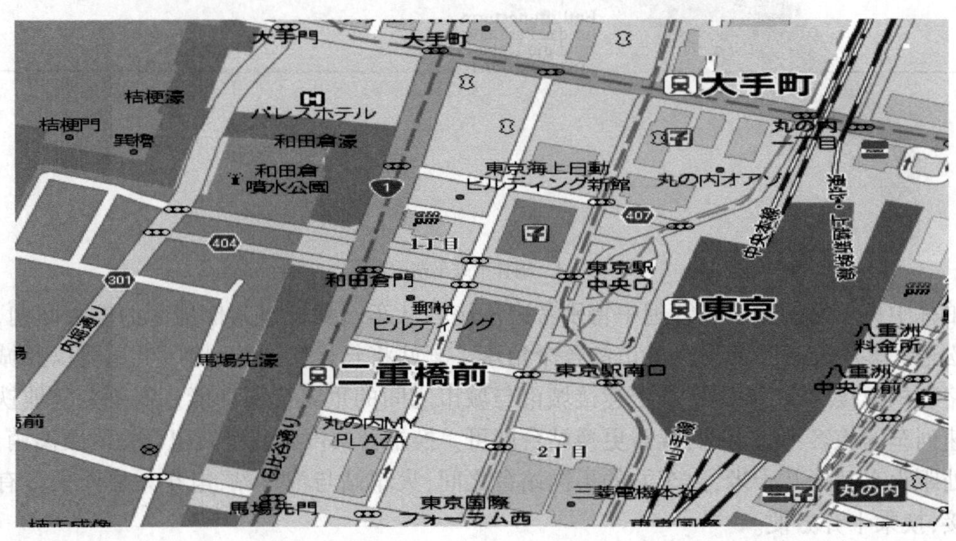

图2-5 东京车站平面示意图

东京站是一个多层次、多功能的立体站场。整个站场主体布局充分利用地下空间和高架布置,消除了平面交叉干扰,大大提高了枢纽通行能力。整个东京站有地下5层,地上2层,其中:地下5层分别在1、4、5层中设置地铁和既有线路。地下5层是既有总武线,2面4线;地下4层是既有京叶线,2面4线;地下1层是地铁丸之内线,1面2线;2、3层作为地下交换层;地上2层分别设置既有线中央本线,1面2线;新干线,5面10线。其中,东海道6股道,东日本4股道,整个东京站共建有15面站台,30条到发线。

东京火车站是日本陆上交通的总枢纽,东京火车站28个月台上,每天从这发出、到达的列车共有4 000多次,客流量超过2百万人次。东京站是东京的交通枢纽,多条地铁线路、轻轨、新干线、火车都在这里衔接。

东京站综合客运枢纽的规划建设具有以下启示。

(1)对外客运枢纽与区域运输网络紧密衔接

东京站是以轨道枢纽为主体的枢纽体系。由于东京国铁和城市轨道交通极其发达,其依托轨道交通车站为主体,形成内外交通方式紧密衔接的枢纽体系。东京站周边的两大国际机场客运枢纽既可以通过区域快速轨道交通满足中远途的集疏运要求,同时也可以通过市域轨道系统和高速公路网络与周边地区形成良好的衔接。

(2)对外客运枢纽与城市内部交通紧密衔接

东京国铁、私营铁路也承担城市交通的功能,并且与城市轨道衔接方便,对外交通枢纽与城市内部交通紧密衔接,使得对内交通和对外交通浑然一体,极大程度地满足了乘客的转换和集散出行需求。

2.3.3 上海虹桥综合交通枢纽规划

上海虹桥综合交通枢纽，是一个集航空、高速铁路、城际和城市轨道交通、公共汽车、出租车等交通方式为一体的现代化大型综合交通枢纽。

虹桥综合交通枢纽规划用地面积约26.26km^2，汇聚了京沪、沪杭、沪宁城际高速铁路，浦东国际机场—虹桥国际机场城市高速；轨道交通：地铁2号线（虹桥枢纽—浦东机场）、10号线（虹桥枢纽—外高桥）、17号线（虹桥枢纽—军工路）、5号线（虹桥枢纽—闵行开发区）和青浦线；高速巴士中心：枢纽衔接沪宁、沪杭、沪嘉、A9高速公路等通往长三角地区的交通要道，30余条公交巴士专线。

上海虹桥综合交通枢纽（图2-6）是面向全国、服务长三角的超大型综合交通枢纽。吸纳并汇聚了各地的驻沪办事机构，形成沪上新的商务办公区域。枢纽凭沪所处长三角的区位优势，借南北邻江浙两省之产业优势，形成以商贸洽谈、会议交流、样品展示为主，辅以商业零售、餐饮娱乐等功能的交流采购中心。

图2-6 上海虹桥综合交通枢纽鸟瞰图

核心区内各交通主体设施的平面布局自东向西依次为：虹桥机场西航站楼、东交通广场和地铁东站、磁悬浮车站、高铁车站和地铁西站、西交通广场。具体布局如图2-7所示。

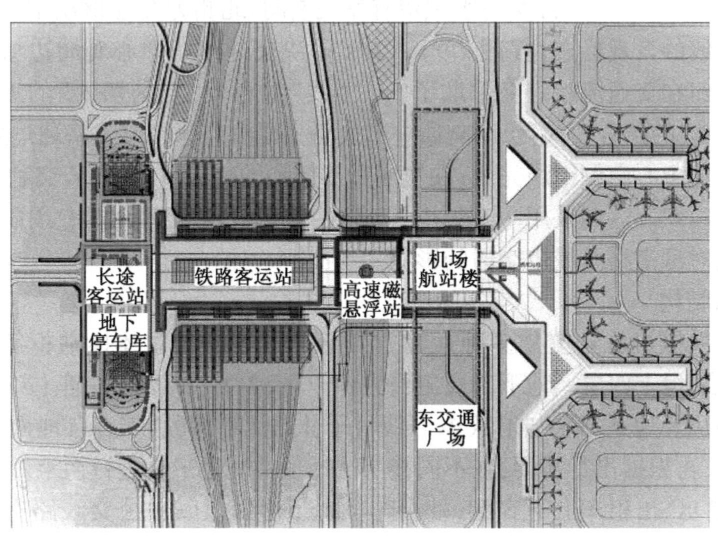

图2-7 上海虹桥综合交通枢纽布局示意图

上海虹桥综合交通枢纽规划建设具有以下启示。

(1)大型对外客运枢纽的空铁联运建设能扩大枢纽服务腹地,提升服务品质

上海虹桥综合交通枢纽最典型的特征即实现了大型机场与大型铁路站相衔接的案例,并集聚了大量城市内部交通方式,形成特大型综合客运枢纽。大型铁路站的接入一方面加强了虹桥机场地区的交通枢纽地位,另一方面高速城际铁路为虹桥枢纽扩展了有效的市场与客源腹地。

(2)特大型客运枢纽需建设多模式的集疏运网络保障客流集散与转换

为保障枢纽的快速集散系统,虹桥综合交通枢纽规划建设了多条城市轨道交通线与之衔接,分别为地铁 2 号线、5 号线、10 号线和 17 号线。但道路交通仍然是大多数枢纽集散系统中最主要的交通方式,虹桥综合交通枢纽衔接了沪宁高速、沪杭高速、沪嘉高速、上海 A9 高速公路等通往长三角地区的交通要道,并开通 30 余条公交巴士专线。

2.3.4 深圳福田综合交通枢纽

深圳福田综合换乘枢纽是深圳市第一个具备车港功能的综合交通枢纽,是国内最大“立体式”综合交通换乘站。作为集城市公共交通、地下轨道交通、长途客运、出租车及社会车辆于一体、无缝接驳的立体式交通枢纽换乘中心,福田综合换乘枢纽对城市运输整体效能的发挥具有重要意义。该枢纽位于地铁 1 号线竹子林站南侧,紧靠地铁出入口,东接广深高速福田收费站进出口,南连滨海大道。福田综合换乘枢纽在城市中的位置如图 2-8 所示。

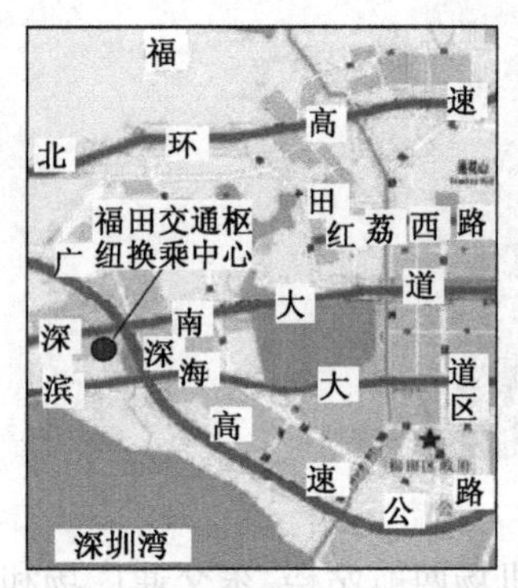

图 2-8 福田综合交通枢纽位置示意图

1)功能布局与交通组织

福田综合换乘枢纽采用以交通枢纽为核心的组团式功能结构,东侧保留原福田汽车站为综合交通枢纽的辅助功能区,并在交通、功能、景观上与福田综合换乘枢纽统一整体考虑;南侧保留与市政用地的绿化隔离空间;西侧预留城市绿化空间,并为内部交通组织留有发展空间;北侧为交通枢纽中心的站前广场,强化地区及道路沿线的景观标志性(图 2-9)。为了解决交通枢纽中心对周边城市交通的影响,福田综合换乘枢纽在交通流组织上采取了“点”“线”结合及“点的切入”的近远期结合方案。近期采用“点”“线”的结合模式:长途交通进出线路主要由广深高速公路通过立交匝道这一交通节点在交通枢纽中心南侧组织完成;在交通量不饱和的前提下,常规公交利用周边城市道路进行线形的交通组织。远期采用“点的切入”模式:常规公交通过设置专用匝道接口,解决公交的进出站线路对深南路及城市交通的影响。

2)枢纽内部结构

福田综合换乘枢纽是一座集多种运输方式于一体的综合立体换乘枢纽,主体建筑共 6 层,其中地下二层,地上四层。地下二层主要为停车区,设计大巴车、小车位 712 个,供大巴和社会车辆停车使用。地下一层与地铁 1 号线竹子林站无缝接驳,乘客自地铁出来后可通过通道进入换乘大厅,再根据出行需要,在不同楼层选择各种交通工具进行换乘。该层设有公交上下客区、长途下客区、出租车上下客区、社会车辆上下客区。其中公交线路有 10 条。福田综合换乘枢纽地面一层连接深南大道,该层西面设有公交上客区,规划 7 条公交线路,首批从福

田枢纽始发的公交线路有10条。南面为长途发车区,规划19条线路;北区为旅客服务区,包括有售票大厅,旅客候车室等。地面二层主要是旅游、城际巴士及长途发车区。其中,规划12条城际公交线路,7条旅游巴士和13条长途线路,另外还规划有长途停车位23个;该层北区规划有售票、候车等服务功能。地面三层除规划有64个长途停车位外,其余部分为辅助功能区,包括运营调度室、阅读休息区、餐饮娱乐区等。地面四层则主要为综合办公区、会议室及长途停车区。

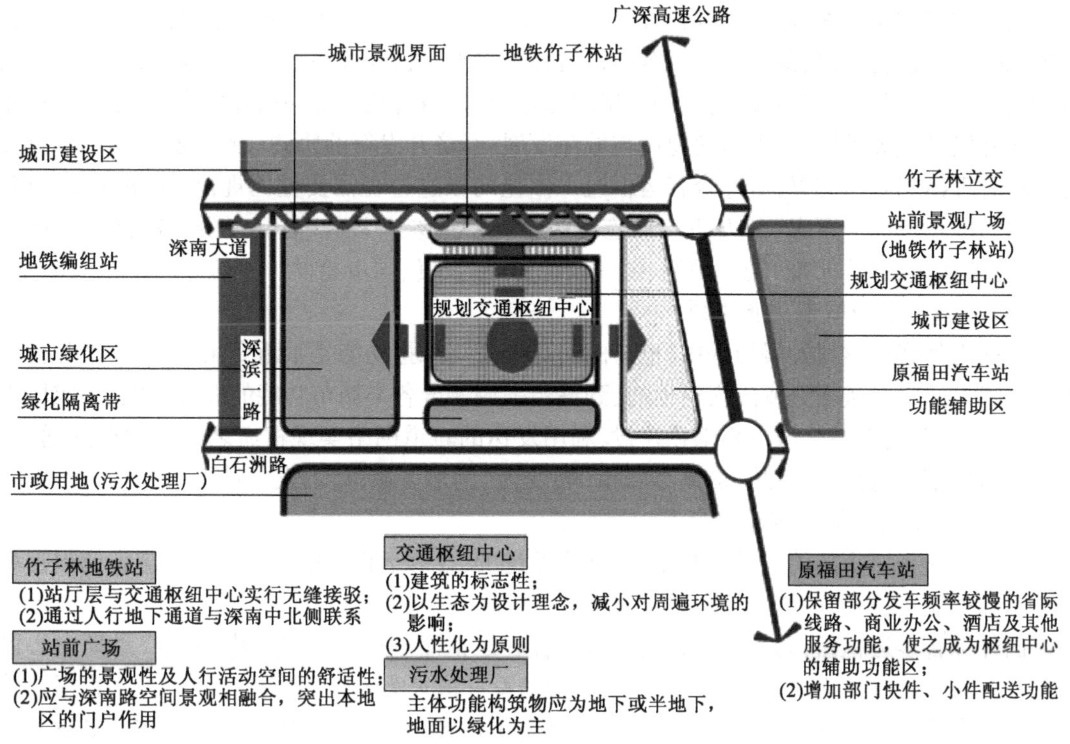

图2-9 福田综合换乘枢纽用地功能结构示意图

福田综合换乘枢纽的规划设计具有以下启示。

(1)城市中心区大型综合枢纽应建设多层次衔接与立体换乘

福田综合换乘枢纽是深圳市第一个集公交、长途客运、地铁、的士、社会车辆于一体的大型综合换乘枢纽,枢纽内各种换乘设施布局集中紧凑,运输方式间的换乘在一栋楼内完成。多层次衔接、立体换乘,尽可能通过立体化方式实现车流的协调。枢纽位于市区中部,能有效截短过长的公交线路,并有效缓解路面交通压力。

(2)枢纽内部交通应基于公共换乘空间进行流线设计和功能分区组织

在内部分区交通及交通组织上,采用长途、公交、的士及社会车辆各自相对独立的交通功能区域及流线体系,避免各类交通的混行交叉干扰;平面和空间上采取设置相互独立的功能区的交通模式。采用了人车完全分流、上下客独立设置、无缝衔接、立体换乘等多方面的人性化计,具有换乘距离短、方便舒适的特点。枢纽内导向标志系统明晰,各种交通建筑标识规范、服务设施设备完善。

2.3.5 发展经验和启示

(1)提倡政府引导,多部门协同

国外发达国家在长期的交通设施建设过程中,经历了不同运输方式之间以及多个部门和多方利益之间关系的博弈,最终能实现多部门协同的根本原因在于"以人为本"理念的贯彻、体制环境的改善以及市场机制的完善。借鉴日本的国土交通省和德国的联邦交通建设与城市发展部的经验,统一的大交通管理体制保障了不同运输方式主管部门可以在一个平台下的有效协调。城市政府在综合客运枢纽建设过程中发挥了重要的推动和促进作用,除给予资金支持外,还重视通过标准规范提升综合客运枢纽建设水平。在综合客运枢纽的建设开发过程中,各国均重视以利益共享为基础的市场化组织运作模式,通过组建统一的开发公司、运用市场化的综合开发模式等手段,实现枢纽建设与城市发展、经济开发等的协调一致。我国当前综合交通运输管理体制尚需完善,对综合客运枢纽一体化的推进进程需要把握规律、循序渐进,对各地区枢纽的建设标准不应"一刀切",而应由"统一规划、统一设计、各自投资、各自建设、协同管理"逐步推进,最终实现"统一规划、统一设计、共同投资、同步建设、一体运营"。

(2)坚持交通与城市功能兼顾

在国内外客运枢纽发展历程中,枢纽的表现形态与承担功能是不断变化发展的,由起初重视多交通方式的对接而形成的交通枢纽,到逐步强调融合各类城市功能的综合开发,形成城市综合体的形态,进而结合城市精细化建设,利用发达的轨道网络实现枢纽之间的便捷连通,演变为网络化枢纽,促进城市从"紧凑型城市"转变为"网络型城市"的发展过程。

(3)强调枢纽布局与客流培育

客运枢纽与城市的关系是相互影响、互为促进的,在客运枢纽的规划建设中应强调根据城市形态和枢纽定位合理界定功能、科学布局。

国外综合客运枢纽,尤其是铁路主导型综合客运枢纽一般位于城市中心区或距离中心区不超过10km,通过实施综合开发战略进行客流培育并成长为城市的重要功能组团。我国铁路主导型综合客运枢纽在特大型、大型城市中,基本上均能设置在城市中心区范围内,多在中心区边缘地带,周边客流规模巨大,应高度重视一体化公共交通换乘系统的构建,功能建设上应突出交通服务功能;而在大多的中小城市,新建铁路综合客运枢纽往往距离城市中心区较远,位于城市边缘区或者外围新区,在枢纽发展模式上可以借鉴国外城市综合体的做法,积极推进功能多元化交通综合体的建设,积极培育客流,并建设高效快速的集疏运系统和换乘系统,方能实现与中心区的互动。

(4)注重集约立体,衔接高效

综合客运枢纽设计应注重集约性,实现多种交通方式的立体换乘,提高旅客换乘效率,并保证综合客运枢纽与区域运输网络和城市内部交通的紧密衔接。

国内外客运枢纽发展经验显示,在大城市交通拥堵的压力下,强调集约化、高效化利用土地资源,提供一体化运输服务的客运枢纽是城市必然的选择。综合客运枢纽普遍强调多种交通方式之间的换乘效率,多采用立体换乘方式来实现枢纽与区域运输网络和城市内部交通的衔接。旅客既可通过区域运输网络实现便捷的转换,也可通过城市内部交通实现快速集散,可有效扩大枢纽的服务范围。另外更多的现代运输组织技术、建筑技术、管理方式等综合运用到客运枢纽的建设中,使得综合客运枢纽的一体化运输组织程度和换乘环境的舒适度逐步提升。

【复习思考题】

1. 区域性客运枢纽有哪些发展历程,分别进行说明。
2. 城市内部客运枢纽有哪些发展历程,分别进行说明。
3. 城市客运枢纽发展中有哪些问题,思考可能的原因是什么?
4. 从多个角度分别说明城市客运枢纽的发展趋势。
5. 国内外的典型客运枢纽的发展给了我们哪些经验和启示?

第 3 章

城市客运枢纽系统结构及规划体系

本章主要论述城市客运枢纽系统总体结构及规划体系,包括城市对外客运枢纽和城市内部客运枢纽两大构成。对于城市对外客运枢纽,概述总体规划设计思路,并针对公路、铁路、水路、航空每一类单体对外客运枢纽提出其规划设计方法和要点;对于城市内部客运枢纽,阐述轨道枢纽和公交枢纽的内涵及规划设计方法。最后,讲述综合客运枢纽系统规划。综合客运枢纽包括公路主导型、铁路主导型、水路主导型、航空主导型四种。

3.1 城市客运枢纽系统总体结构

3.1.1 客运枢纽系统构成

城市客运枢纽由城市对外客运系统和城市内部客运枢纽系统构成。前者是以公路和铁路、航空为代表的城市对外客运枢纽,后者是以城市轨道、城市公交、P + R 换乘枢纽等为代表的城市内部客运枢纽,系统结构如图 3-1 所示。两类客运枢纽系统间紧密联系、分工合理、相互协作,共同构成便捷、顺畅的城市客运枢纽系统,满足人们日常生活和生产需要。

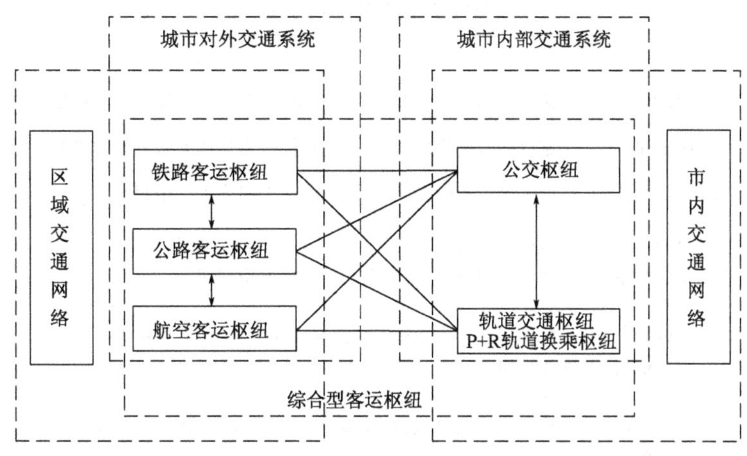

图 3-1 城市客运枢纽体系的构成

城市对外客运枢纽系统是服务城市居民与其他城市和城乡之间的出行服务,是区域联系的重要纽带和桥梁。大型城市对外客运枢纽往往也是城市形象门户,是各地游客到离城市的集散地和联络处。城市对外客运枢纽系统依托城市对外交通网络,主要有铁路网、高速公路网、国省干线公路网、民航线路网。城市对外客运枢纽系统构成与城市对外运输方式有关,不同运输方式有其适宜的运输范围和适用条件。随着综合运输网络的发展,大中城市综合交通运输系统的完备性不断增强,一般均具备"公铁水航"旅客运输条件。城市对外交通枢纽系统的发达程度与城市规模、城市对外交流强度、城市区域地位等有关,如区域政治中心城市、经济中心城市的对外客运枢纽系统一般较为发达,客流集散能力、运输服务水平等方面优势明显。

城市内部客运枢纽系统是城市公共交通系统的重要组成部分。依托城市内部交通网络,服务城市居民通勤出行需求,满足上班、上学、购物、娱乐等目的的出行需求。城市内部客运枢纽核心功能以中转、换乘为主,衔接不同模式和方式的城市公共客运网络(如城市轨道交通网络、城市公交线路网络)。城市公共交通发展水平较高的城市,其城市内部客运枢纽系统相对发达。

城市客运枢纽体系由对外和对内两个枢纽系统构成,涵盖了铁路客运站、公路客运站、机场、城市轨道站、城市常规公交站、城乡公交站等场站。功能层次清晰的枢纽体系是构建城市客运枢纽系统的关键。通过不同层级枢纽的功能分析,能够明确各个枢纽站间的衔接关系。通过应用信息联网技术、换乘导向系统等设备,将出行服务信息在枢纽站进行发布和导引,还能实现旅客出行过程在逻辑上和物理上的有效衔接,共同构建一个衔接高效、功能完备的城市客运枢纽系统。

3.1.2 城市客运枢纽功能层次及类型划分

1)客运枢纽功能层次划分

城市客运枢纽可分为两类。第一类城市对外客运枢纽,可分为 3 个层次,第 1 层次为国家级枢纽,第 2 层次为省级枢纽;第 3 层次为地区级枢纽。第二类枢纽为内部客运枢纽,可分为 4 个层次,第 1 层次为市级客运交通枢纽,第 2 级为中心区级客运交通枢纽,第 3 层次为边缘组团级客运交通枢纽,第 4 层次为片区级客运交通枢纽。

城市客运枢纽层次及功能见表 3-1。

城市客运枢纽层次及功能表　　表3-1

分　类	枢纽层次	主要功能
城市对外客运枢纽	国家级枢纽	满足全国范围内客流中转和集散,是国家运输网络中重要节点
	省级枢纽	省级运输网络中的重要节点,同时承接国家级枢纽的集散功能
	地区级枢纽	服务地区内的客流中转和集散,同时为上层枢纽集散
城市内部客运枢纽	市级客运交通枢纽	吸引全市范围和对外交通客流的枢纽,如火车站、民航机场、公路客运枢纽等城市对外枢纽,包含城市内部客运集散型枢纽
	中心区级客运交通枢纽	承担中心区内外的中转换乘客流为主,如连接市中心的地铁、公交等线路形成的客运枢纽
	边缘组团级客运交通枢纽	连接周边卫星城镇、主要片区组团的城市公交线路或城乡公交线路处的客运枢纽
	片区级客运交通枢纽	设在片区的客流集散枢纽,连接片区与城市其他地区的枢纽

从空间维度审视客运枢纽视具有的社会属性,有利于综合分析公共基础设施在保障社会大众便捷出行和不同地区间交通设施资源配置的合理性和存在的问题。

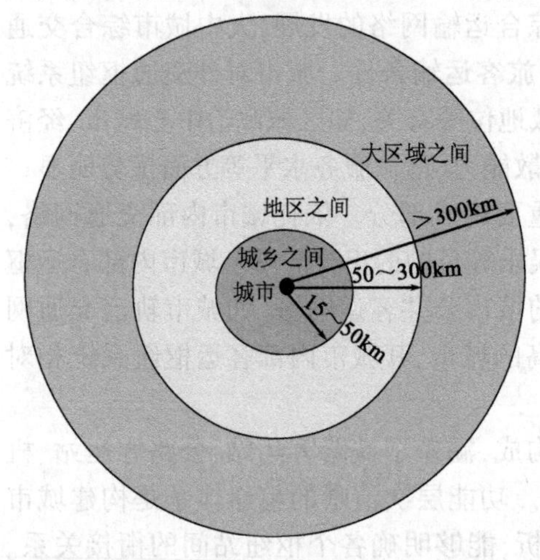

图3-2　城市对外客运活动空间的三个层次

地理空间特性影响着经济、社会的发展,空间距离制约着实体生产要素的流动和集聚。城市规模的向外扩张、区域交通基础设施的建设不断突破空间距离的限制。在此过程中,城市、城郊、区域之间的联系不断加强,区域层面中短途城际交通圈内出现了以城市群、城市连绵区、都市圈为代表的城市联盟,形成以城市为核心的国土层面一体化的发展体系。

以城市为出发点,客运活动区域在地理空间上表现为三个层次(图3-2):城乡之间、地区之间、大区域之间。城乡之间的客运,主要服务于城乡统筹发展、缩小城乡二元差距的战略需要;地区之间的客运,主要服务于地区城市联盟经济一体化发展的需要;大区域之间的客运,主要是加强国际、国内的中长途客运联系,形成运输方式间的有机衔接,发挥综合运输整体优势,实现客运交通可持续发展的要求。

不同出行圈层的特征分析见表3-2。不同活动空间层次的客运特征见图3-3。

不同出行圈层的特征分析表　　表3-2

出行圈层	距离范围(km)	客运组织特征
城市内部	<15	早晚高峰、通勤化
城乡之间	15～50	公交化、网络化、通勤化
地区之间	50～300	高密度、公交化、小编组
跨区域之间	300以上	班次化、间距大、大编组

(1)城市内部的客运

城市内部客运交通由城市公共交通体系构成,以满足城市居民的日常通勤交通为目标,工作日客运具有早晚潮汐特征。城市内部客运出行距离随着城市规模的扩大而增大,一般城市平均出行时间不大于1h。城市公交的覆盖率和网络化程度较高,公交运行的可靠性较强,站点个数较多。相对区域之间的客运,城市内部客运交通线路更为复杂。

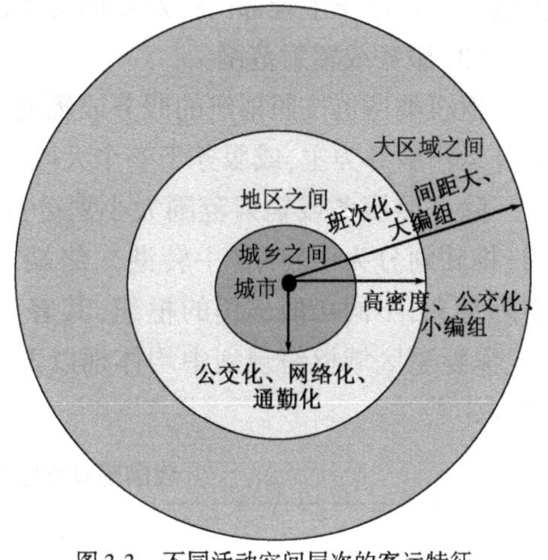

图3-3 不同活动空间层次的客运特征

(2)城乡之间的客运

在城乡统筹发展的背景下,农村客运与城市公交二元分割的客运市场如何发展,如何做好城乡客运统筹发展,已成为客运发展相关管理部门和研究者的关注焦点。城乡客运统筹发展表现形式为城乡公交一体化,利用公交化运作方式,达到城乡客运与城市公交的无缝衔接、有效融合及服务的均等性。

(3)地区之间的客运

以长三角、珠三角、环渤海地区为代表的城市群地区内,经济一体化发展也要求客运交通的一体化发展。通过高密度、小编组、多班次的城际轨道交通、公交化运行的公路班线为载体,城市群地区内实现旅客便捷、快速的出行,能有效缩短地区间的时空差异,拓展人们出行的活动空间范围,为经济一体化发展提供有力保障。

(4)大区域之间的客运

大区域层面,综合运输的发展带来了大区域间客运结构、运输服务质量的巨大变化。铁路客运专线的建设及线路的电气化升级改造,能显著提升运输网络的运行速度和发送能力。国际机场的建设速度加快,干线机场覆盖率不断提高,区域层面基本能实现大城市点到点的客运服务要求,表现出大站距、班次化、大运量的供给特性。

基于上述三个空间层次的客运特征分析,不同层次上的特征及服务要求不尽相同。从出行链的角度,一次完整出行可能涵盖上述三个空间维度。在乘客中转、换乘过程中,枢纽运输组织功能的成效直接影响整个运输网络出行效率和服务水平的高低。因此,客运枢纽系统的构建应基于不同层次客流需求的分析。

2)综合客运枢纽类型划分依据

在我国各省市综合客运枢纽规划建设实践中,各地对综合客运枢纽类型划分的标准主要有枢纽规模流量、衔接方式、服务或辐射范围等几个方面。

(1)规模流量

规模流量一般表现为综合客运枢纽的旅客总发送量或各运输方式的对外旅客发送量,是体现综合客运枢纽服务能力和建设规模的核心指标。无论从单一运输方式场站,还是现有综合客运枢纽的分类方式均可以看出,依据枢纽的规模流量对枢纽进行分类是枢纽类型划分最常见的分类方法,其作用尤其体现在指导枢纽合理确定设计规模指标上。

(2)衔接方式

按照综合客运枢纽衔接了多少种运输方式,或以哪种运输方式为主导方对综合客运枢纽种类进行划分，大致可将综合客运枢纽分为公铁衔接型、公航衔接型、公水衔接型等。交通运输部在《"十二五"综合客运枢纽建设规划》中采取了该种划分方式。此分类方法清晰简明，分类的结果也便于主管部门针对不同类型的综合客运枢纽进行行业管理等。

(3)服务或辐射范围

枢纽类型也按照枢纽的服务或辐射范围划分，如在辐射范围上以国际、国内、城际中短途对外运输服务为主，或服务于整个大区域、城市片区的运输服务。

除按照服务或辐射范围大小划分外，还可按照枢纽在区域中或者城市中承担的功能作用，将其划分为中转站(中转港)、终端站(目的港)，以上类型划分在规划层面有着重要的实际意义，不同功能作用的枢纽，其客流特点和服务需求也是不一样的。如河南省枢纽规划、深莞惠区域枢纽规划中均体现以上分类要素。我国现有部分省市对客运枢纽分类情况见表 3-3。

我国现有枢纽规划中对综合客运枢纽的分类 表 3-3

规划对象	分类	考虑要素
江苏省	国际客运枢纽、国内中长途客运枢纽和城际中短途客运枢纽三类	服务范围、规模流量和主导方
河南省	门户枢纽、重要枢纽、一般枢纽三类	服务范围和辐射范围
深莞惠区域	分一类(对外门户型)、二类(城际中转型)两类	服务范围、主导方和规模流量
上海市	分为 A、B、C、D 四类	主导方和规模流量
重庆市	区域性、地区性、城市综合换乘枢纽三类	服务范围和规模流量
大连市	全国型、区域型、城际型、辅助型四类	辐射范围和规模流量
广州市	全国型、区域型、城际型、城市型四类	辐射范围和规模流量

3)综合客运枢纽类型划分

(1)基于交通方式组合类型的划分

综合客运枢纽一般均位于城市之中，归属于城市客运枢纽体系，因此从城市交通视角出发，按照综合客运枢纽中所包含交通方式的性质、种类，可将综合客运枢纽细分为三类。第一类，A 类综合客运枢纽，指包含两种及以上城市对外交通方式与城市内部交通方式的集合体；第二类，B 类综合客运枢纽，多指单一城市对外交通方式与城市内部交通的集合体；第三类，C 类综合客运枢纽(城市综合换乘枢纽)，指多种城市内部交通方式(一般均含轨道交通)的集合体。各类综合客运枢纽在整个城市客运枢纽体系中的位置及具体构成如图 3-4 所示。

(2)基于综合客运枢纽主导方的划分

在综合客运枢纽的规划、建设阶段，从行业管理角度首先应关注枢纽功能定位及对城市客运的引导；其次是枢纽中的主导运输方式对衔接形式和建设标准的影响。由于功能定位受制于外部社会经济发展环境影响较大，因此，从行业服务特点出发，根据综合客运枢纽主导方的不同，将综合客运枢纽划分为四种类型：航空主导型、水路主导型、铁路主导型和公路主导型，以便于更有针对性的指导综合客运枢纽规划、建设。

各种类型枢纽判别标准及功能特征如下：

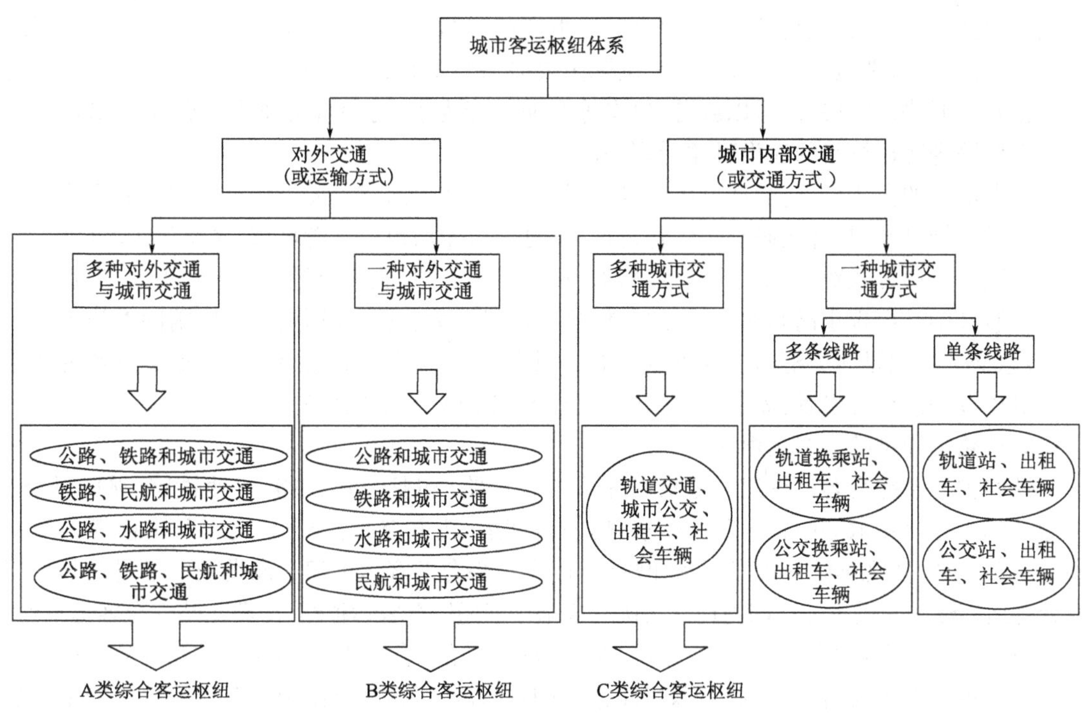

图3-4 综合客运枢纽类型构成示意图

①航空主导型综合客运枢纽

航空主导型综合客运枢纽一般出现在枢纽机场和干线机场,依托机场航站楼进行建设,并与航站楼融为一体。通常情况下航空主导型综合客运枢纽的构建大都是出现在机场吞吐量达到一定规模,需要规划建设第二、三航站楼或第二、三跑道时,借助机场改扩建规划契机,引进多种集疏运方式,尤其是引入轨道交通(包括轻轨、地铁等;对于门户型枢纽机场,还可以根据其服务范围,引入高铁、城际铁路等),共同构建航空主导型的综合客运枢纽。国内航空主导型综合客运枢纽有上海虹桥机场综合客运枢纽、西安咸阳国际机场综合客运枢纽、武汉天河机场综合客运枢纽等;国外有法国巴黎戴高乐机场综合枢纽、德国法兰克福机场综合枢纽等。

该类枢纽的主要特点是:受机场选址条件约束,离城市中心较远;旅客对多向性、多方式选择的需求较高,集疏运交通方式较多,快速集疏运特征明显,枢纽更多关注周围集疏运系统与主导型运输方式的便利衔接问题;目标旅客出行目的十分明确,服务需求层次较高,服务水平和品质的要求相对较高;航站楼的陆侧空间有限,换乘区域相对集中,交通流线类型丰富;空间上大多采用多层立体设计,平面与垂直换乘相结合的方式;在突出交通主体功能前提下,兼顾考虑枢纽内部的商业开发问题。

②水路主导型综合客运枢纽

水路主导型综合客运枢纽主要存在于沿海、沿江的大城市内或者旅游城市,表现为城市对外客运码头或者大型游轮母港,连同与之配套建设的其他对外运输方式场站(含旅游车场等)和城市公共交通站场等一起构建为综合客运枢纽。我国现有的案例有珠海九洲港综合客运枢纽、深圳蛇口邮轮母港综合客运枢纽、大连皮口陆港中心等;国外典型案例有英国南安普顿五月花码头综合枢纽、日本横滨港综合枢纽等。相对于其他运输方式而言,由于水路运行速度较慢、航线受限等特点,当前我国该类综合客运枢纽的数量不多,但随着我国经济的发展和国际影响力的提升,特别是我国正逐步成为国际主要旅游目的地国,加之国内以休闲、度假为主的水上旅游交通快速发展,使得以旅游、口岸等服务功能为主,为旅客提供多元化交通出行服务的该类型综合客运枢纽的建设日益受到关注。

该类枢纽的主要特点:受选址条件制约,均位于大江大河或主要沿海港口码头后方或重要的旅游风光带沿岸,与客运码头一体化建设;多见于口岸城市或旅游城市,多位于主城区之内,与多种城市交通方式对接;由于受航线影响,辐射范围有限,旅客流量一般不会太大,但在旅游旺季或假日中会出现小高峰客流,枢纽整体规模体量不大,受班线影响上下船瞬间客流人员较多,应急交通组织是该类枢纽需要重点考虑的因素之一;多与口岸通关、旅游专线或者机场城市候机楼等功能综合设置,需要提供水陆接驳、区域中转等综合服务。

③铁路主导型综合客运枢纽

铁路主导型综合客运枢纽一般指以完成干线铁路(包括高速铁路、普速铁路、城际铁路)枢纽站场的客流集散和中转为基本需求,集公路客运、轨道交通、普通公交以及出租等各类交通方式于一体,实现不同方式间衔接和联运、转换的综合型客运枢纽。该类型枢纽目前是我国综合客运枢纽的建设主体。国内现有案例有成都沙河堡综合客运枢纽、深圳北站综合客运枢纽、南京南站综合客运枢纽等;国外的有德国柏林中央火车站综合枢纽、日本东京站综合枢纽等。

该类枢纽的主要特点:布局形态多样,是目前综合客运枢纽类型中分布最为广泛的主体类型,其大部分处于城市中心或城市新城区内,由于功能特征的不同以及配套运输方式的不同,存在多种布局形态;功能流线多样,普通铁路“等候式”和高速铁路“通过式”的性能特征对总体布局和功能流线的需求有着较大差别;衔接方式多样,可与各类型轨道交通、公路乃至民航机场及城市交通相结合,是构建综合运输体系的重要节点;开发功能多样,新建的铁路主导型综合客运枢纽现阶段大多位于城市的新城区,在承担交通功能的同时往往被赋予以交通带动城市拓展开发及区域内商业开发等多种功能。

④公路主导型综合客运枢纽

公路主导型综合客运枢纽主要是指依托公路运输枢纽站场与城际轨道、城市公共交通共同构建的综合客运枢纽。公路运输站场与城际轨道交通的结合,扩大了枢纽的辐射范围,对外运输方向更加深广,为旅客提供了多元化选择方式,成为城市对外交通与城市内部交通转换的重要场所。国内案例有重庆两路综合客运枢纽、惠州新汽车南站综合客运枢纽、长沙汽车南站综合客运枢纽等。

该类枢纽的主要特点:客流到发密集、长短班线班次不均衡分布,高峰小时周期相对较长;各种交通方式(出租、公交、社会)车流混杂、周边道路交通组织条件复杂,易形成对城市交通的压力,对与城市道路网直接衔接的道路条件要求较高;在黄金周、小长假、旅游旺季以及春运等时段,该类型枢纽往往是旅客优先选择的交通出行方式之一,对枢纽场站交通应急组织能力要求较高;选择此类枢纽出行的群体大多为普通百姓,枢纽内服务设施、交通标识等设置要求较高,人文关怀的建设内容需要更具有针对性,也直接影响枢纽换乘效率;此类枢纽一般均与城市轨道交通衔接,并承担城市内部交通换乘功能。

以主导方式划分综合客运枢纽类型对于综合客运枢纽的规划及实施和建设标准合理确定是重要且必要的。

3.2 城市对外客运枢纽规划与设计任务

城市对外客运枢纽的一般性规划设计流程如图3-5所示。主要包括现状调查、客流需求分析、交通规划设计方案制定与方案总体评价。

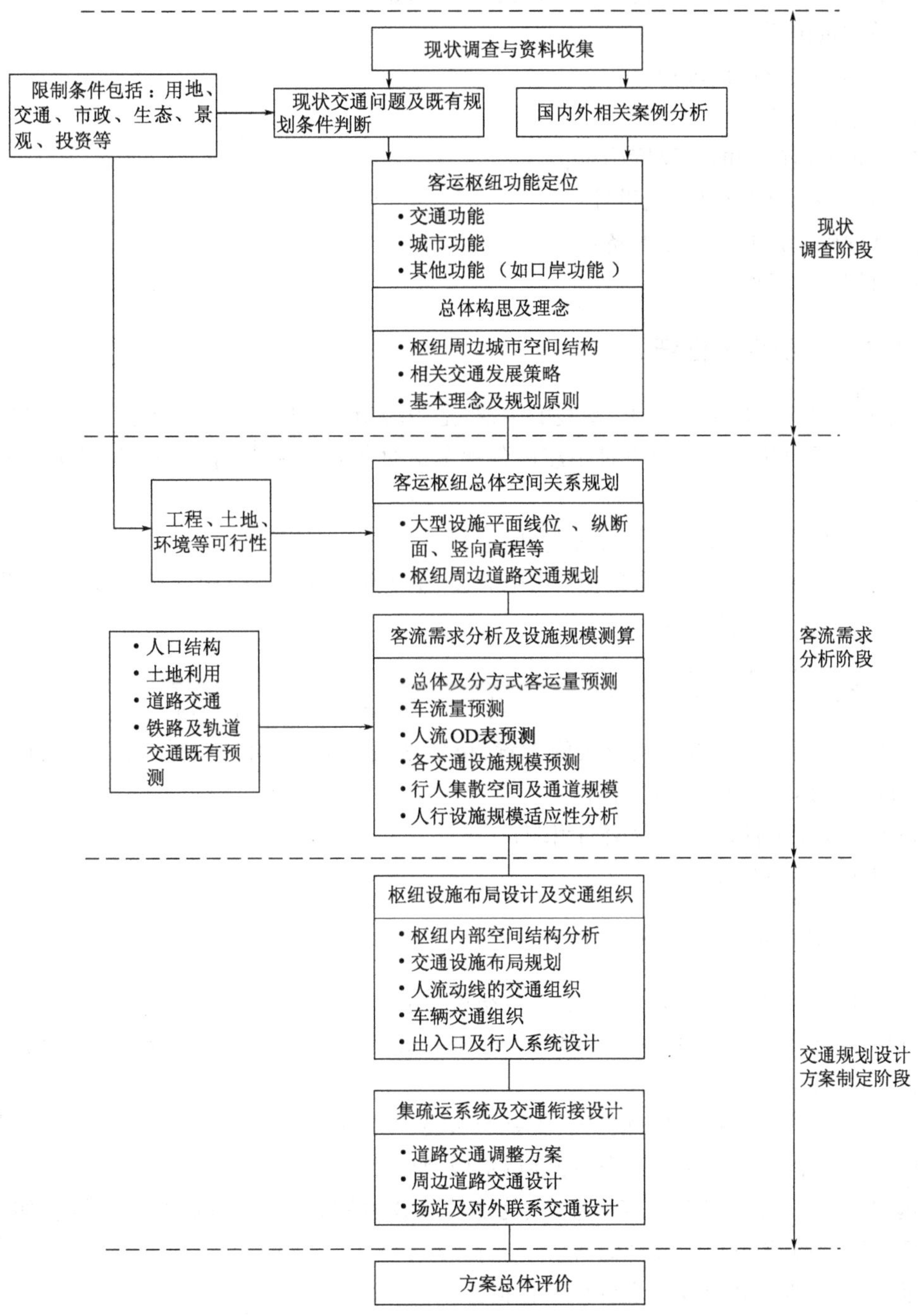

图3-5 城市对外客运枢纽规划设计流程图

3.2.1 公路客运枢纽

公路客运枢纽规划设计是指在交通枢纽总体布局规划的基础上,对场站的具体功能、运作流程、相关硬件设备和配套设施、组织管理等进行详细设计的过程。但它并不涉及站房的建筑方案、工程造价、资金筹措及工期安排等内容,具体包括:

(1)枢纽辐射范围社会经济和交通运输发展状况调查;

(2)适站量预测;

(3)规模确定及场址选择;

(4)总平面布置;

(5)各种站房的功能及尺度确定;

(6)站台、发车位及停车场设计;

(7)其他辅助设施及设备配备;

(8)组织管理系统设计。

3.2.2 铁路客运枢纽

铁路客运枢纽是连接铁路干、支线的中枢,是为城市、工业区或港埠区服务以及与国民济各部门联系的重要纽带。它除办理枢纽内各种车站的有关作业外,还供应运输动力、进行机车车辆的检修作业。

铁路客运枢纽规划设计主要任务包括:

(1)调研区域城市发展战略定位、用地、产业结构等社会经济因素,以及区域运输系统、城市交通系统等交通发展情况;

(2)铁路客运枢纽客流需求分析;

(3)铁路客运枢纽内客运站数量、规模的确定,并进行布局选址规划;

(4)铁路客运站内功能布局及设施配置,包括站房内部功能设计,站前广场、衔接交通设施、换乘设施及其他辅助设施的设计等;

(5)各类型交通流线设计及交通组织;

(6)组织管理系统设计。

3.2.3 水路客运枢纽

港口已成为国际运输链和国际生产、贸易体系活跃的参与者和重要的组成部分,它作为水路运输和水陆联运的咽喉,是水运工具、货物、旅客的集散地,也是水路运输工具的衔接点,是极为重要的交通运输枢纽。

每一个港口因其所在的地理位置、主要的功能、用途及所进出的船舶不同而有不同特点,但所有港口有共同的基本组成部分,即港口水域、码头和陆域设施。

客运港口应设有办理水路客运业务、为旅客提供水路运输服务的建筑和设施,如站前广场、站房、客运码头和其他附属建筑等。

水路客运枢纽规划与设计主要任务包括:

(1)调查水路客运枢纽的发展现状、腹地的经济社会条件、港口的自然条件等因素;

(2)分析客流需求的主要影响因素,建立相关需求分析模型,预测特征年的旅客吞吐量;

(3)进行水路客运枢纽选址,即选择合适的位置建港并确定港口的规模;

(4)进行客运枢纽的功能分区、平面规划、水域和陆域布置以及配套设施设计;

(5)从经济性、工程可行性、环境可持续性、社会效益等方面综合评估方案,并提出推荐方案的分期实施及保障建议。

3.2.4 航空客运枢纽

民航是国民经济基础性、战略性和先导性产业,资源占用低,带动系数大,综合效益好,是世界经济一体化的重要驱动力,是安全、快捷的全球化运输方式。因此,航空客运枢纽的建设对于地区和城市具有重要的战略意义。

航空客运枢纽除跑道外,通常还设有塔台、停机坪、旅客航站楼、维修厂等设施,并提供机场管制、空中交通管制等其他服务。

航空客运枢纽规划与设计主要任务包括:

(1)机场类别、等级与功能的划分;

(2)航空客流需求分析,通过定性预测和定量预测方法,预测特征年的旅客吞吐量;

(3)空域、陆域影响因素分析,机场规模测算,以及航空客运枢纽的选址;

(4)进行航空客运枢纽的功能区规划设计,包括飞行区、旅客航站区、起降跑道、滑行道以及地面交通衔接区等。

航空客运枢纽各项设施的建设应相互配套,同步建设,协调发展,对于机场地面交通设施、公用设施及服务保障设施,应充分利用机场所在地既有的和规划建设的地面交通及公用设施条件进行建设。

3.3 城市内部客运枢纽规划与设计任务

3.3.1 城市轨道枢纽

1)城市轨道枢纽的构成

城市轨道枢纽一般是由城市轨道交通、常规公交、换乘通道、站厅、停车场、服务设施六个子系统组成,见图3-6。各子系统作为城市轨道枢纽的有机组成,相互区别、相互联系、相互作用,为实现出行者花费最短时间,舒适、安全换乘这一总体目标而服务。城市轨道交通和常规公交是城市公共交通体系中最主要的交通方式,枢纽内换乘通道如同一座桥梁将不同交通方式连接起来,出行者可以利用换乘通道,从一线转入另一线,或从一种交通方式转向另一种交通方式,完成出行过程。站厅的合理布设是减少换乘时间的关键之一,静态交通设施是吸引出行者由私人交通方式向公共交通方式转移、实现公交优先策略的重要手段。服务设施可以提高枢纽的开发强度,实现土地的综合利用,同时又可以使出行者在候车时完成购物和商务等活动,从而减少单纯候车时间和出行次数。六个子系统相互制约、相互协调,充分发挥各自的功能和优势,促使系统达到整体功能的优化。

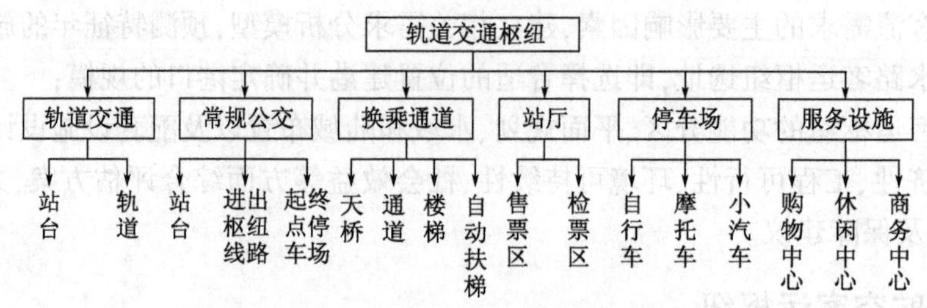

图 3-6　城市轨道枢纽系统构成图

2)城市轨道枢纽规划与设计主要任务

城市轨道枢纽的规划与设计一般包括以下内容：

(1)进行现状调查。包括城市社会经济状况、城市交通状况、上位规划及相关专项规划内容等,并确定规划设计目标与思路。

(2)开展交通需求分析。分析上位及相关规划的要求,结合城市综合交通规划与轨道客流专项调查的成果,建立轨道客流需求分析模型,分析客流特征、上下客流量及换乘量、断面客流量、服务水平及敏感性分析等。

(3)规划与设计方案生成。包括轨道站点的功能定位、选址布局、站房设计、衔接交通设计、其他辅助设施配置等。

(4)方案评估。对方案进行定性和定量的综合评估,包括交通评估、环境影响和社会经济评估等。

3.3.2　中低运量公交枢纽

中低运量公交枢纽指有多条公共汽、电车线路汇集,并与其他交通方式衔接的乘客换乘场所。此类枢纽站可按到达和始发线路条数分类,2 ~4 条线为小型枢纽,5 ~7 条线位中型枢纽站,8 条线以上为大型枢纽,多种交通方式之间换乘为综合枢纽站。中低运量公交枢纽站的设施包括信息设施、便利设施、安全环保设施和运营管理设施四类。

公交枢纽规划与设计的主要任务包括：

(1)调研城市社会与经济发展状况、城市交通网络与枢纽布局现状、城镇体系规划及各上位规划与专项规划等内容。

(2)进行公交枢纽的客流需求分析与预测,确定枢纽总体规模。

(3)对公交枢纽进行功能定位分析,由相关影响因素的分析,确定枢纽的布局选址。

(4)对公交枢纽进行平纵面功能布局,并确定各相关设施的配置与规模,包括交通衔接设施、商业服务设施等。

(5)信息服务与组织管理系统设计。

3.4　综合客运枢纽规划与设计指引

综合客运枢纽根据其功能定位,都会有一到两种交通方式在其中居于主导地位,不同的主导交通方式,使得枢纽服务的旅客出行特征、内部各交通方式之间的联系关系以及用地需求也不同,进而会影响枢纽总体布局模式的选择。本节针对不同主导交通方式下综合客运枢纽的布局特点和模式提出相关设计要点,并在第 12 章以铁路主导型综合客运枢纽为例进行规划与设计方法的系统介绍。

3.4.1 公路主导型综合客运枢纽设计要点

1)公路主导型综合客运枢纽的布局组织特点

公路主导型综合客运枢纽是指公路客运为主、城市轨道为辅,由多种城市交通方式共同组成的综合客运枢纽。该类枢纽不仅是城市对外交通的重要节点,同时也承担了城市内部换乘的任务。

公路主导型综合客运枢纽各交通方式联系强度见表 3-4。公路主导型综合客运在我国一般仅存在于大型、特大型城市之中。根据各交通方式与主导方之间的换乘关系,各交通方式的布局特点如下。

公路主导型综合客运枢纽各交通方式联系强度表 表 3-4

枢纽类型	衔接交通方式	联系强度
公路主导型	轨道交通(城市)	强联系*
	常规公交(巴士)	较强联系
	出租车	一般联系
	社会车辆	较弱联系
	其他	较弱联系

注:* 指轨道交通的联系强度与城市轨道交通网络发达程度关联,若城市轨道交通线路稀疏,则无法形成强联系。

(1)城市轨道:根据城市轨道线网敷设情况选择公路为主导的综合客运枢纽布局,要优先考虑城市轨道与公路立体衔接模式,最大限度减少换乘距离,同时应注意公路客运在黄金周、小长假、暑期、春运季节性高峰的运输特征,设置必要的集散广场兼顾旅客安全应急及换乘需要。

(2)常规公交:公路主导型综合客运枢纽不仅是城市对外交通的重要节点,也是城市内部的重要换乘枢纽,常规公交是其重要集疏运方式。应配置与换乘需求相匹配的多条公共线路紧邻枢纽周边,快速集散旅客。用地条件允许的条件下,可将公共枢纽与长途客运主站房平面布设。但必须通过站前广场、地下通道、过街天桥等相衔接。无论是立体衔接还是平面衔接,在平面设计中一般将公交车的到达区与长途车的发车区相邻布置;公共汽车的发车区域与长途客车的到达区相邻,最大限度地缩短旅客步行换乘距离,贯彻无缝衔接的理念。

(3)出租车:对于大型公路主导型综合客运枢纽,需要布设独立的出租车停车场和上下客区域,建议与枢纽主体建筑统一布设。如果站前广场面积较大,也可以选择在靠近出站口的站前广场上布设,便于旅客的进出站换乘。对于中、小型公路主导型综合客运枢纽,可以选择不设独立的出租车停车场,在最靠近进出站口的站前广场或者站前道路上布设出租车临时停靠点以供乘客上下客,但应设置足够的出租车发车位,要有明确的管理区域。在道路上布置出租车上下客位,应注意加强车道边的管理,或考虑设置港湾式上下客区,避免造成出租车对站前交通管理的影响。

(4)社会车辆:公路主导型综合客运枢纽一般均位于城市的外环,随着城市都市化发展,通过综合枢纽来引导城市交通的管理模式将会逐渐增强。即在城市外环的综合枢纽,将通过配置“P + R”模式，以价格政策为引导，鼓励旅客在城市外环通过汽车停放、选择换乘，在城市区域内选择公共交通、绿色交通出行模式。因此，从发展趋势看，公路主导型综合客运枢纽周边需要大量的停车场。对于新建的公路主导型综合客运枢纽，可考虑设置与主体建筑立体换乘的地下停车场。对于中、小型公路枢纽，可以在站前广场距离进站口较近的位置或者长途客运停车场内部独立划分一个空间进行车辆停放。

(5)城际轨道及其他：市郊铁路或者城际铁路作为公路主导型综合客运枢纽的一个组成部分，在设计时可以根据铁路线网的走向和高程进行布设。新建大型枢纽一般采用立体布局模式，城际轨道站房和长途站房应尽量位于同一建筑体内。对于中小型公路主导型综合客运枢纽，铁路场站与长途客运一般可采用平面或者组合的布局模式，通过广场进行衔接换乘。

2)公路主导型综合客运枢纽设计要点

(1)主要承担对外交通功能的公路主导型综合客运枢纽，宜以站房功能空间为中心进行组织；兼具对内交通功能时，宜以换乘功能空间为中心进行组织。相对于铁路、航空、水路等其他交通方式，公路路线的布设较为灵活，在条件允许时，应紧凑组织各功能空间，以尽量缩短旅客在枢纽内各功能空间之间的步行距离；同时考虑旅客在枢纽内换乘以及在各功能空间之间的步行流线，避免流线交叉，以提升枢纽的服务水平。

(2)公路主导型综合客运枢纽，站房功能空间尤其是候车大厅的入口，应考虑设计过厅，以缓解大量客流进入时带来的压力。如果过厅设计不当，客流会同时大量涌入候车厅，对候车厅内的客流造成较大干扰，同时也会造成候车厅入口处的旅客拥堵。对于北方地区的综合枢纽，过厅还兼具阻碍外界寒冷空气、起到保温节能的作用。

(3)公路主导型综合客运枢纽的衔接交通设施布局宜紧凑设置，其中可涵盖轨道交通站点、常规公交、出租车辆、社会车辆、非机动车辆等停车场站。设置应“先站后场”，首先考虑轨道交通站厅层、常规公交上下客站、出租车上下客区、社会车辆停车库等，其次可考虑轨道交通站台层、地面常规公交停车场、出租车蓄车场等。

(4)公路主导型综合客运枢纽建筑可选用框架结构、也可以采用大跨度空间结构，如空间薄壁结构、悬索结构、空间网架结构等，同时辅以完善的采光通风设施，创造宽敞明亮大跨度空间，可以为旅客提供舒适的换乘、候车环境。还需注意防噪声设计，功能空间布置时注意动静分离，注意选用吸音、隔音的材料。

3.4.2 铁路主导型综合客运枢纽设计要点

1)铁路主导型综合客运枢纽的布局组织特点

随着我国铁路网的建设与发展，铁路客运站的定位已经从单一的铁路客运场所和“城市大门”向多元化的城市综合客运枢纽转化。铁路主导型综合客运枢纽是以铁路交通方式为主、其他对外交通方式和城市交通为辅的一类综合客运枢纽，是目前我国综合运输体系中最常见也是最重要的节点。该类枢纽的布局规划和设计已不再简单局限于铁路客运站本身，而是从系统的角度向空间立体化、功能复合化、服务人性化等方向发展。

铁路主导型综合客运枢纽中各交通方式与主导方式间的换乘关系见表3-5。各交通方式的布局特点如下：

(1)城市轨道：铁路主导型综合客运枢纽的功能定位和服务的主要群体决定了轨道交通是其最重要的集疏运工具。位于特大型城市的铁路主导型枢纽，一般铁路月台多达10 ~ 20

个,需要引入两条以上城市轨道进入。轨道交通的出入口应布设在主导方进站层或出站层的上方或下方,与主导方之间构成立体换乘,最大限度地减少乘客的换乘距离。位于大型城市铁路主导型枢纽,至少引入一条城市轨道线路,出入口优先考虑布设在枢纽主体建筑内;当条件不允许情况下,也可以布设在站前广场,乘客通过广场进行平面换乘。如果旅客换乘步行距离较长,应考虑代步设施——步行电梯的配置。

铁路主导型综合客运枢纽各交通方式联系表 表 3-5

枢纽类型	衔接交通方式	联系强度
铁路主导型	轨道交通	强联系
	常规公交(巴士)	较强联系
	出租车	一般联系
	社会车辆	一般联系
	长途客运	较弱联系

注:轨道交通的联系强度与城市轨道交通网络发达程度相关,若城市轨道交通线路稀疏,则无法形成强联系。长途客运与铁路联系强度受枢纽区位与定位影响较大。

(2)常规公交:铁路主导型综合客运枢纽一般位于城市核心区或者新区,除了城市轨道交通外,公交是重要的集疏运方式,建议在城市核心区的综合枢纽引入多条公交线路或过境公交站点(或港湾式站点,减缓对周围城市交通压力),即停即走。若设置公交首末站,则可采用场站分离的方式进行布设,上下客区尽量靠近换乘功能空间,缩短旅客的换乘距离,使交通设施的布置更为紧凑。设在城市新区或边缘地带的综合枢纽,可选择距离枢纽进出站口最近的位置或者广场周边的独立场地布设,同时还需要兼顾枢纽内部其他交通方式换乘公交的便利性,并在枢纽外围道路设置公交车专用车道,便捷公交车快速进出站,以体现公共交通优先的发展战略,减缓城市交通压力。

(3)出租车:出租车受上下坡和转弯半径的控制影响较小,在大型铁路主导型综合客运枢纽用地紧张的情况下,可以考虑利用高架桥或高架匝道作为出租车的上下客区域,以更加靠近铁路进出站的位置,形成立体交通方案。应注意控制好出租车下客区所需的空间规模和上客区等候时的空间规模,配置适量足够的上客车位,快速疏解旅客。同时还应考虑大规模的蓄车场所,并对中间的行车流线进行合理设计,避免交织。

(4)社会车辆:社会车辆与出租车的运行模式基本类似,可以考虑将其进站流线和下客位与出租车合并。由于社会车辆相对停放时间长,大型综合枢纽对社会车辆建议采用高架下客,在枢纽地下空间或者地面布设独立的停车场。另外,对于一些特殊的旅客或因检修、安全等方面的考虑,可为社会车辆留有直通站台的车道。

(5)长途客运:对于位于特大城市中心的铁路主导型综合客运枢纽,当与长途汽车站必须结合在一起时,应认真研究铁路与公路长途汽车之间的换乘需求,合理控制规模。若用地较为局促时,可在靠近铁路进出口设置上下客点,而停车场适当远离枢纽的主导方;也可考虑由城市轨道交通、捷运系统作为纽带,将综合枢纽与近距离(2~3km)长途汽车站串联起来,形成网络式综合枢纽群,以减轻枢纽周边道路交通的压力和土地资源紧张的矛盾。而在城市外围或者是中小城市的铁路主导型综合客运枢纽,由于铁路覆盖范围有限,从城乡交通一体化需求出发,引入长途汽车站是必要的。长途汽车站在管理上可自成体系、相对独立,应注意保证与铁路之间的便捷换乘，避免由于道路阻隔使两种运输方式换乘距离过长，应设计长途汽车站与铁路车站直接连通通道，并保证在200m换乘距离或5min的换乘时间以内。在设计时，一般多采用平面或者组合的布局模式，通过广场、连廊或换乘大厅进行衔接。

我国传统的铁路主导型综合客运枢纽一般采用平面式布局，但随着大规模高速铁路的发展和城市轨道交通的引入，铁路运营模式由最初的"等待式"向现在的"通过式"转变，相应枢纽服务设施也在发生变化，总体布局的模式也由传统的平面式向组合式和立体式转变。因此枢纽在总体布局时，要结合铁路枢纽的实际运行特点，合理选择适宜的布局模式。

2）铁路主导型综合客运枢纽设计要点

（1）铁路主导型综合客运枢纽当对内交通方式间的换乘量相对较小时，设计时宜以站房功能空间为中心；当对内交通方式间的换乘量相对较大时，设计时宜以换乘功能空间为中心。在关联度分析的基础上，需要合理布置枢纽内的各功能空间，又要在不造成流线交叉的前提下，尽量减少旅客在不同功能空间之间的步行距离。

（2）当铁路的铁轨呈线状在枢纽内水平面内伸展时，受此影响，枢纽的其他功能空间与铁路交通功能空间需要在同一水平面内布置时，建议布置在铁路轨道线的一侧。如果由于建设条件限制或其他方面的影响，或者在既有普铁站基础上增加高速铁路线网，且高铁采用并线引入方式，即枢纽由向路线一侧开放改为跨线向两侧开放时，将可能造成某些功能空间与铁路交通功能空间在同一水平面且分布在铁路线两侧的情况。在此种情况下，应通过地下通道、天桥等跨线设施与铁路交通功能空间相连接。对于铁路交通方式的站房功能空间，在站房功能空间与交通功能空间（铁路月台）衔接时，多采用"上进下出"模式，但是在站房功能空间与换乘功能空间（外围设施）衔接时，大型枢纽一般采用"上进下出"模式，而中小型枢纽应根据长远发展需要以及地区的经济实力决定枢纽的形式，如果为了节约投资，可考虑采用"平进平出"模式。

（3）若设计选择站房功能空间中心式，则换乘功能空间可以采用换乘通道、换乘大厅等形式；若设计选择换乘功能空间式，设计时换乘功能空间宜采用通透明亮的换乘大厅的形式，以提高枢纽的服务水平。

（4）铁路主导型综合客运枢纽设计时，应注意动静分离，避免铁路交通功能空间对于其他功能空间的噪声影响。对于铁路采用高架进站的情况，为了达到空间的充分利用，铁路站台层的下方一般根据实际情况，可布置长途、出租、社会车辆的站房和交通功能空间。同时需要注意在铁路交通功能空间的下方采取适宜的隔振、消音措施，避免列车通过站台时对下部功能空间的不利影响。

（5）枢纽内各功能空间均需注重人性化设计。换乘空间需注意导向标志系统的设计，采用多种方法增加空间的识别度，降低乘客换乘的焦虑感；采用地面走廊时尽量设置顶棚，避免旅客换乘时遭受日晒雨淋；采用地下通道时注意避免通道内部的压抑感，增强通道内部的采光、通风，将通道内部的温度、湿度维持在人体适宜的范围内。

（6）铁路主导型综合客运枢纽的衔接交通设施布局宜紧凑设置，其中可涵盖轨道交通站点、常规公交、出租车辆、社会车辆、非机动车辆停车场站等。设置应"先站后场"，首先考虑轨道交通站厅层、常规公交上下客站、出租车上下客区、社会车辆停车库等，其次可考虑轨道交通站台层、地面常规公交停车场、出租车蓄车场等。

(7)铁路主导型综合客运枢纽客运高峰时期人员较为拥堵,在枢纽设计阶段应考虑设置“绿色通道”,使旅客不经站房功能空间就可直接到达铁路交通功能空间,将“等候式”逐步转化为“通过式”。

(8)铁路主导型综合客运枢纽,若铁路为高速铁路客运专线,则可与铁路部门协商是否需要设置站前绿化广场,因为高铁车站已逐步从“等待式”变为“通过式”的枢纽,减少(或取消)站前绿化广场面积并非不可行,而减少(或取消)广场面积后,铁路枢纽的各衔接交通设施的布设将更为集中紧凑,换乘距离将进一步缩短。需要注意的是站前绿化广场不等同于站前集散广场,具有安全集散功能作用的站前集散广场应根据大型枢纽的服务能力和服务水平决定做出取舍。

3.4.3 水路主导型综合客运枢纽设计要点

1)水路主导型综合客运枢纽的布局组织特点

水路主导型综合客运枢纽,其内部各种交通方式的布局特点以及总体布局模式与航空主导型枢纽类似。由于受岸线影响较大,目前多采用平面布设。随着水上旅游呈逐年上升,邮轮母港式枢纽逐渐增加,水路主导型综合客运枢纽将成为未来综合客运枢纽的重要类型之一。为配套发展邮轮母港形成的综合客运枢纽,在布局过程中,建议优先提供换乘大厅并参照《邮轮码头设计规范》(JTS 170—2015)、《交通客运站建设设计规范》(JGJ/T 60—2012)和航空候机楼的相关服务标准进行建设,同时需要配置口岸、通关服务功能及相应设施;此外针对邮轮班期具有时效性强的特点,应考虑设置适应的旅游大巴停车场,合理组织集散与运输。

2)水路主导型综合客运枢纽设计要点

(1)站房应功能分区明确,人流、物流安排合理,有利于安全营运和方便使用。站房应由候乘厅、售票用房、行包用房、站务用房、服务用房、附属用房等组成,并可根据需要设置进站大厅。候乘厅、售票用房、行包用房等用房的建筑规模,应按旅客最高聚集人数确定。

(2)水路主导型综合客运枢纽设计的一个重点就是水路站房功能空间与轮船出入口之间连接的设计,一般可采用斜梯、引桥、天桥等设施,此种设施的设计,应结合地形条件、轮船到发班次、客运量等具体条件,合理设计,应设有具有足够高度、足够强度的栏杆,确保旅客登船的安全。

(3)候船厅、等船廊道应设计顶棚,避免上下船旅客受到日晒雨淋的影响。同时,注意动静分离,避免噪声较大的功能空间对需要安静环境的功能空间造成不利影响。

3.4.4 航空主导型综合客运枢纽设计要点

1)航空主导型综合客运枢纽的布局组织特点

航空主导型综合客运枢纽是以航空为主体,由铁路、汽车长途等其他对外交通方式和轨道、公交等对内交通方式共同构成的一类综合客运枢纽。

受航空交通方式服务功能和运行特点的影响,航空主导型综合客运枢纽一般建筑规模庞大、交通环境复杂,客户人群对换乘时间和换乘舒适度的要求较高。而根据枢纽内其他交通方式各自的运行特点,它们与主导方式之间存在如表3-6所示的联系强度关系。

航空主导型综合客运枢纽各交通方式联系分布表 表3-6

枢纽类型	衔接交通方式	联系强度
航空主导型	轨道交通	较强联系*
	常规公交(巴士)	一般联系
	出租车	较强联系
	社会车辆	较强联系**
	铁路(普铁、高铁、磁悬浮)	微弱联系***
	长途	微弱联系

注:*轨道交通的联系强度与城市轨道交通网络发达程度相关,若城市轨道交通线路稀疏,则无法形成较强联系。

**随着机动化速度提升,未来国内机场到发旅客中,社会车辆的到发将快速增长,包括通过社会车辆送旅客至机场或旅客自己开车至机场停车乘坐飞机的。

***城际铁路与航空的联系取决于航空枢纽的区位及定位,当枢纽需服务较多城市时,城际铁路是相对较好的到发方式。

基于上述各交通方式的联系强度,航空主导型综合客运枢纽内部各交通方式在布局时具有以下特点:

(1)城市轨道:城市轨道具有运量大、快速、准时、环保等优势,是航空主导型枢纽最重要的集疏运方式之一,它与航空之间存在较强联系。在布局设计时,应充分考虑换乘的便利性、舒适性和安全性,城市地铁一般布设在航空进出站厅的正下方,以便旅客竖向垂直换乘、距离最短;轻轨一般选择在距离航空出站厅最近的位置布设,使之与主导方构成近距离衔接换乘。

(2)常规公交:常规公交作为仅次于轨道交通的大运量公共交通工具,也是航空主导型枢纽重要的集疏运方式。航空主导型综合客运枢纽一般位于城市边缘地区,同时建筑体量庞大、交通组织复杂,不适合引入具有多条线路的公交枢纽,以免增加公交换乘对枢纽造成的交通组织压力,因此可以选择定点、定线、定时的公交快巴模式。在设计时尽量选择距离主交通方式进出站口最近的位置,采用车道边停靠或港湾式停靠模式组织平面布设,即停即走,采取公交快巴上下客点与蓄车场分离布设模式,既有效利用了枢纽空间、节约了土地,也减少了旅客的换乘时间。

(3)出租车:出租车是一类灵活性和舒适性高的运输方式,可以为旅客提供"门到门"服务。由于航空主导型综合客运枢纽的客户群体多以公务、商务出行为主,乘客对换乘时间和换乘舒适性的要求较高,因此出租车在枢纽的集疏运方式中占有一定的比例。出租车载客量少,灵活性高,数量较多,必须进行有序的单独管理,并提供充足的蓄车场面积进行排队等候。一般在布局设计时宜采取"高架落客,地下或远距离蓄车,车道边近距离上客"的方法,可将出租车蓄车场布置于距离枢纽换乘功能空间相对较远的位置,通过调度进入上客区,尽量利用枢纽非核心地带或使用立体交通,提高土地的利用率,同时使整个枢纽良性运转。

(4)社会车辆:航空主导型综合客运枢纽的服务客户大多为中高端的出行人群,因此社会车辆也是解决旅客集散的重要补充。社会车辆相对停放时间较长、时空消耗更大,需要密集的集散道路和大量的停车位供其进出和停放。在设计时,一般采用"高架落客,单向循环,独立停放"的布设方法,可以将其进出站道路和下客区与出租车合并在一起,上客区应选择距离出站口相对较近的地下空间大范围独立布置。

(5)长途客运:以航空为主的综合客运枢纽一般位于大、中型城市,对周边城市辐射能力较强,因此周边中、小城市选择航空出行的客流需要利用长途客运来进行覆盖。根据航空主导型枢纽的功能定位、服务人群和换乘特征,长途客运与航空之间的联系并不是十分紧密。该类枢纽一般用地范围较大,交通组成和交通流线都比较复杂,为了尽量避免各种交通流线的交织,长途客运一般采用“线路固定、车道边换乘,枢纽外蓄车”的布局模式,可以最大限度地减少旅客的换乘距离和换乘时间,同时又不影响整个枢纽的运行效率。

(6)铁路:随着综合运输体系的不断发展,航空主导型综合客运枢纽的组成不再局限于现有的几种交通方式,铁路等对外运输方式的加入,使二者在争取客流上可以联手实现双赢的局面,从而促进整个枢纽体系的运行效率,尤其是当机场枢纽同时服务多个城市时,城际铁路可以作为有效的城际联系交通工具,以满足对周边中、小城市选择航空出行的客流需求。这种类型的综合客运枢纽交通组成更为复杂,对枢纽总体布局要求更高。该类枢纽在设计时,往往受到铁路路线走向的制约。由于铁路的引入,往往形成机场与铁路尤其是高速铁路两个主导方共同影响综合枢纽服务功能的发挥,它们同时对城市轨道提出了交通集散的要求,需要在研究总换乘量的基础上,根据各交通方式紧密程度分别布设、满足功能,一般情况下,多采用平面组合式衔接的模式进行布设。

2)航空主导型综合客运枢纽设计要点

(1)航空主导型综合客运枢纽占地面积较大,应考虑各功能空间的合理布置,以适宜的组织形式对枢纽进行布置,尽量缩短旅客在枢纽内的换乘距离。

(2)航空主导型综合客运枢纽的各功能空间总体上可以分为两大类:空侧功能空间、陆侧功能空间。空侧功能空间主要是指航空交通功能空间,即与飞机飞行直接相关的飞行空间、跑道、滑行道、停机坪等空间;陆侧功能空间包括站房、换乘、商业、服务及娱乐功能空间。陆侧功能空间应与空侧功能空间有机结合,做到既能彼此联系,又有利于各功能空间的单独使用,避免相互干扰。当枢纽内仅有一个航站楼(或航站楼集中布设)时,若空侧区枢纽只有一条起飞跑道,陆侧功能空间一般位于空侧功能空间的一侧;若枢纽具有两条以上的起飞跑道,陆侧功能空间一般位于空侧功能空间的中心。当枢纽内有多个航站楼且必须分离布设时,可通过捷运系统将多个航站楼联通。航空站房功能空间一般应布置在其他交通方式的站房、交通功能空间与航空交通方式之间。

(3)航空主导型综合客运枢纽的空间组织,应尽量避免空侧区域对候机大厅产生噪声影响,为旅客提供安静舒适的候机环境,提升枢纽的服务水平。如果航站楼分区设置,不同航站楼之间的距离较大,一般可设置捷运系统、摆渡车等换乘设施,大型枢纽机场建议采用专线轨道交通方式作为捷运系统,方便旅客在不同航站楼之间的换乘。

【复习思考题】

1. 阐述城市客运枢纽体系的构成。
2. 试分析城市客运枢纽不同出行圈层的特征。
3. 试比较不同综合客运枢纽类型划分方式的特点。
4. 简述客运枢纽规划与设计的总体流程。

5. 简述各对外客运枢纽的规划与设计任务。

6. 简述各城市内部客运枢纽的规划与设计任务。

7. 公路主导型综合客运枢纽的布局组织特点及设计要点是什么?

8. 铁路主导型综合客运枢纽的布局组织特点及设计要点有哪些?

9. 航空主导型综合客运枢纽的组织特点及设计要点是什么?

第 4 章

城市对外客运枢纽布局规划

本章首先将城市对外客运枢纽体系进行分级，并在客运枢纽需求分析的基础上，阐述各级枢纽的布局规划影响因素、布局思路等。最后分析对外客运枢纽的道路及公交集疏运体系，并给出不同对外客运枢纽的衔接配置要求。

4.1 城市对外客运枢纽布局体系

4.1.1 城市对外客运枢纽的层次性

城市对外客运枢纽布局体系分为国家层面、省级层面和地市层面三个层次。

1）国家层面

国家层面规划作为顶层规划，即在国家综合运输网络的基础上，结合城市的人口规模、经济发展及其在国家综合运输网络中的地位和功能，选择重要节点城市作为客运枢纽，以满足国家生产力战略布局和促进区域一体化发展。此层面的城市客运枢纽布局规划是战略性的，主要确定枢纽节点城市及其交通功能，不涉及具体场站的选址问题。

目前，我国正处在城镇化快速发展时期，国家层面客运枢纽布局规划具有如下特点：经济发展和交通运输方式变革的影响，使得客运需求呈现层次性，因此，国家层面客运枢纽应具有合理的等级结构，根据客流需求进行分层布局，以更好地为不同层次的需求服务；但应同时考虑到城镇化进程中客运需求具有不确定性，在枢纽布局规划前期难以对需求进行精确预测的情况。

2）省级层面

省级层面客运枢纽布局规划是从区域及省级综合运输网络角度出发，研究对象包括城市和枢纽两个方面。结合上位规划、城市社会经济、地理空间及交通资源条件，分析城市的枢纽层次、性质和功能属性。从供需两个角度，分析客流的出行层次和规模比例，研究各种方式枢纽的技术经济特点、客流属性和辐射范围，构建全省客运枢纽"层层集散"的运输组织体系。区域出行层次分为国际、国内中长途和城际中短途三个层次，布局规划时应分析承担相应层次运输组织的枢纽类型和不同层次客流间的转换关系，明确客运枢纽的方式衔接要求。此层面客运枢纽布局规划需关注全省综合客运的总量规模、方式结构和衔接要求，明确重大枢纽设施的布局、规模等级和衔接方式。

3）地市层面

地市层面客运枢纽布局规划是枢纽场站设施落地层面的规划。地市层面客运枢纽应在上位规划功能定位、总量规模和方式结构的指引下，分析全市客运枢纽体系的构建，明确枢纽数量、用地规模、场站选址和衔接方式等。从城市中心体系和城市空间结构的发展要求方面，还应剖析不同类型枢纽的城市引导和促进功能，包括枢纽在交通、商业、景观和文化等方面的作用，根据枢纽在城市和交通方面的综合功能，划分枢纽的类型和层级，构建客运枢纽体系。此外，还需预测远期枢纽客流需求总量、出行层次和方式结构，测算枢纽总体发送能力和用地规模，在布局选址影响因素分析的基础上，从城市土地利用、主要客源地分布、区域交通网络、城市交通网络等方面，研究枢纽的场站选址和落地问题，同时从枢纽周边用地开发和枢纽集散客流双重需求角度，研究枢纽配套交通衔接设施的衔接。地市层面客运枢纽规划编制涉及发改委、规划局、交通局、市政局、城管局、轨道公司等多部门，应研究相应的规划编制组织机制，确保规划工作顺利开展和有效执行。

各层面规划应遵循上位规划，从国家、省级和地市层面逐层完善以构建顺畅的综合运输体系，提升运输效率、服务水平和综合社会经济效益。

4.1.2 城市客运枢纽系统层级体系

城市的规模、定位、能级均会影响城市客运枢纽的层级体系。对于规模大于200万人的城市，已构筑完整城市客运枢纽层级体系，应适时考虑建设综合客运枢纽，重点依托市郊轨道、市内轨道及常规公交完善城市内部多层次的客运枢纽（表4-1）。

规模大于200万人城市客运枢纽系统层级表 表4-1

<table>
<tr><th>层级分类</th><th>运输方式</th><th>枢纽名称</th></tr>
<tr><td rowspan="8">城市对外客运枢纽</td><td>航空＋铁路＋公路</td><td rowspan="2">综合客运枢纽</td></tr>
<tr><td>航空＋铁路</td></tr>
<tr><td>航空＋公路</td><td rowspan="2">航空客运枢纽</td></tr>
<tr><td>航空</td></tr>
<tr><td>铁路＋公路</td><td rowspan="2">铁路客运枢纽</td></tr>
<tr><td>铁路</td></tr>
<tr><td>公路</td><td>公路客运枢纽</td></tr>
<tr><td>水路</td><td>水路客运枢纽</td></tr>
</table>

续上表

层级分类	运输方式	枢纽名称
城市内部客运枢纽	市郊轨道交通	市郊轨道枢纽
	多条市内轨道交通线路交汇	市内轨道枢纽
	轨道交通+常规公交+机动车	
	公交线路换乘站点	城市公交枢纽

城市规模超过100万人的大城市,应构建以对外客运枢纽为主体,市内轨道枢纽及常规公交枢纽为支撑的城市客运枢纽体系,根据城市发展及城市功能需求,酌情考虑建设市郊轨道客运枢纽(表4-2)。

规模大于100万人城市客运枢纽系统层级表 表4-2

层级分类	运输方式	枢纽名称
城市对外客运枢纽	航空+公路	航空客运枢纽
	航空	
	铁路+公路	铁路客运枢纽
	铁路	
	公路	公路客运枢纽
	水路	水路客运枢纽
城市内部客运枢纽	多条市内轨道交通线路交汇	市内轨道枢纽
	轨道交通+常规公交+机动车	
	公交线路换乘站点	城市公交枢纽

对于城市规模较为稳定的中小城市(城市人口规模小于100万),应合理布局对外客运枢纽设施,避免交通资源过于集中或远离城市,市内交通以常规公交为主体;对于城市发展较为快速的中小城市,应根据城市总体规划及城市定位,优化对外客运枢纽布局,同时适时考虑建设市内轨道枢纽(表4-3)。

人口规模小于100万的城市客运枢纽系统层级表 表4-3

层级分类	运输方式	枢纽名称
城市对外客运枢纽	航空+公路	航空客运枢纽
	航空	
	铁路+公路	铁路客运枢纽
	铁路	
	公路	公路客运枢纽
	水路	水路客运枢纽
城市内部客运枢纽	公交线路换乘站点	城市公交枢纽

对于人口规模较小、城市形态稳定的中小城市(城市人口规模小于50万),构建以铁路、公路为主的对外客运枢纽以及以常规公交为主的城市内部客运枢纽体系(表4-4)。

规模小于 50 万人城市客运枢纽系统层级表　　表 4-4

层级分类	运输方式	枢纽名称
对外客运枢纽	铁路 + 公路	铁路客运枢纽
	铁路	
	公路	公路客运枢纽
	水路	水路客运枢纽
城市内部客运枢纽	公交线路换乘站点	城市公交枢纽

4.2 城市对外客运枢纽需求分析

4.2.1 需求预测的主要内容及思路

1)需求预测主要内容

需求分析阶段,重点需要预测区域对外客运出行总量以及换乘需求的分布,作为判断客运枢纽需求规模及空间分布的重要支撑。

城市对外客运出行需求总量的大小决定了一个城市客运枢纽的总体规模。城市对外客运出行需求量预测的结果主要体现为城市内经客运枢纽站场发送的旅客总量,其中包括了公路、铁路、水路、航空等各种对外运输方式的客运量。

在城市对外客运出行需求量预测基础上,要做好城市内客运枢纽布局,必须明确不同运输方式客运换乘需求的空间分布,该分布主要可以通过不同运输方式之间的客运换乘量确定。

根据使用交通工具的不同,目前旅客的对外出行可以分为两类:一类处于客运站直接服务区域的城市居民,由出发地通过城市交通到达客运站后对外出行;一类是来自周边城市或乡镇等间接服务区域内的居民,通过长途客运、火车等其他对外交通方式到达客运站所在城市,然后通过城市交通接驳到达客运站,换乘后对外出行。客运枢纽站场选址应结合城市中换乘需求的规模及其分布情况,合理确定站场位置,强化无缝衔接,尽量消除第二类出行中需要通过城市交通摆渡的中间环节,实现旅客在不同对外运输方式之间的便捷换乘。

2)需求预测思路

有关城市对外客运出行总量、需求分布预测以及综合换乘量的预测均可在“四阶段法”预测思路中体现,具体流程如图 4-1 所示。

4.2.2 需求预测影响因素

有关城市换乘需求分布预测的结果主要表现为规划区域内不同小区之间及与外部地区相互间的换乘需求。实践过程中,对于城市对外客运需求、换乘需求的把握往往会受到城市形态、性质、人口结构等多重因素的影响,单纯的模型定量分析并不能够得到理想的结果。需求预测主要影响因素见表 4-5。

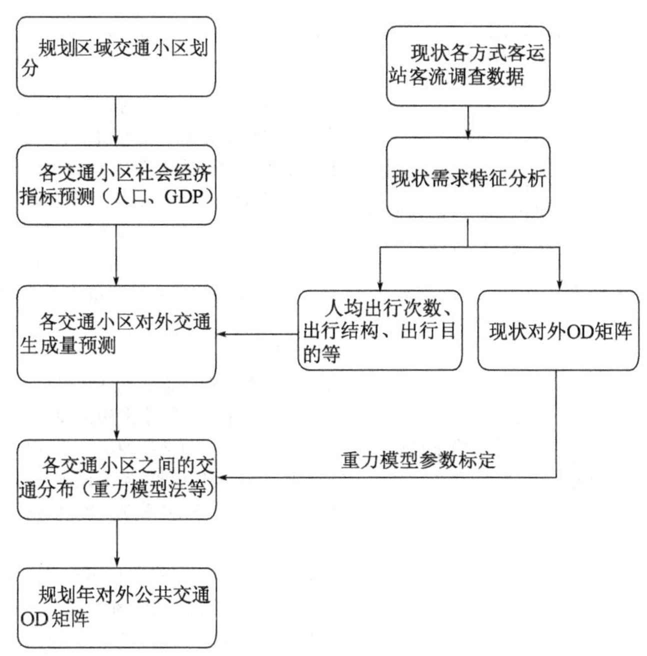

图 4-1 城市对外客运及换乘需求分析思路示意图

城市对外客运需求和枢纽换乘预测主要影响因素分析表 表 4-5

内容	特　征	影响因素	影响分析
对外客运量预测	1. 小样本（预测所能收集到的有效历史数据样本少） 2. 非线性（客运量的增长不仅受社会经济的影响，而且在综合交通系统内各交通方式之间也相互促进、相互制约，其关系往往不能用简单的数学解析式表述；增长趋势往往呈现出非线性增长的特点）	1. 人口规模及其构成、分布情况	人口规模是影响对外客运量需求的最基础因素，同时不同的人口年龄结构和城乡人口结构，决定了不同的消费水平、生活方式，也就决定了不同的出行目的和出行习惯，最终带来不同出行需求及分布
		2. 城市的区位、功能定位和发展形态	城市的区位条件、在区域中所处地位，以及所承担的功能和城市的主要发展形态，都是影响对外客运量的重要因素，不同功能的城市组团内部及相互间的客流需求特征直接影响对外需求量的数量级
		3. 经济发展规模和速度	客运量、周转量以及地区间交流量与经济增长速度之间有着密切联系，正确判断各时期地区经济发展规模和速度，是预测运量的重要依据，通常采用国内生产总值作为衡量指标
		4. 经济结构及生产力布局调整	经济结构中，第一、二、三产业比重的变化，工农业比重、轻重工业比重、高新技术产业比重的变化，都会对出行量产生影响。生产布局调整主要表现在国土开发、城镇建设、商贸和旅游发展等方面，对外交通需求预测应该与之相协调和适应
		5. 城镇化水平	城镇化水平是评价一个地区经济发展和劳动力转移程度的指标，城镇化水平的不断提高，将使城市对外交通客运需求持续增长
		6. 交通网分布与密度，尤其是轨道线网	我国国家铁路（包括普铁、高铁）、城际轨道和城市轨道（包括地铁、轻轨）三网之间在服务范围、功能定位、客运性质、线路长度及站间距、运行速度上均存在较大差异，任何两网之间的客流转换将主要通过换乘方式予以解决，直接影响对外出行量
		7. 其他因素	包括旅游、医疗等资源的发达水平及密集程度，文化教育事业发达程度，政府的需求管理政策措施等

续上表

内容	特　征	影响因素	影响分析
换乘量预测	1. 小样本 （预测所能收集到的有效历史数据样本少） 2. 非线性 （客运量的增长不仅受社会经济的影响，而且在综合交通系统内各交通方式之间也相互促进、相互制约，其关系往往不能用简单的数学解析式表述；增长趋势往往呈现出非线性增长的特点）	1. 交通方式发展水平（交通基础设施和运营组织管理）	交通基础设施的发展对旅客换乘选择具有较大影响，高速公路的发展将使公路客运更加快捷、高效，从而提升了其与铁路在中长途客运领域的竞争力；铁路网的完善将使铁路的通达度大大提高，从而冲击公路在中短途客运领域的市场，而且高速铁路也与民航在长途客运领域存在直接竞争关系；民航班线的扩增和机场设施布局的完善，也会提高民航在长途客运领域的竞争力。此外，运输方式在运营组织能力和服务水平上的提升也会对旅客换乘产生一定影响
		2. 旅客换乘设施	换乘量与换乘设施的发展状况具有密切关系。换乘设施影响因素涉及城市客运换乘设施的发展水平和服务水平。其中，换乘设施发展水平包括各种运输方式的场站数量、规模及客运枢纽数量、功能及规模等，换乘设施服务水平包括换乘时间、换乘距离、换乘拥挤度、换乘安全性、信息服务程度等
		3. 全社会客运规模	随着经济社会的发展，区域合作日益深化、人员往来更趋频繁，公路、铁路、航空等各种交通运输方式的全社会客运量将呈总体上升趋势。此外，科技和经济的双重驱动将使交通基础设施网络不断完善，各种运输方式的技术经济优势将得到有效发挥，民航将承担长途旅客运输功能，铁路将承担中长途旅客运输功能，公路将承担中短途旅客运输功能，各种运输方式之间的换乘需求将日益旺盛

4.2.3 需求预测方法

有关城市对外客运出行总量预测方法较多，归纳起来大体分为定性预测和定量预测两类。其中，最常用的定量模型有指数平滑、回归分析和 BP 神经网络模型等方法，各方法的优点、缺点与适用范围见表 4-6。

城市对外客运量预测方法比较表　　表 4-6

预测方法		模型形式	优　点	缺　点	适用范围
定量预测法	回归分析预测模型	多元回归 一元回归	通过系统的相关分析，了解综合交通系统内各要素之间相互依存的紧密程度，揭示了客运量与其主要影响因素之间的定量关系，可对交通运输系统的结构进行描述和分析，使决策者能从模型中了解影响客运量的主要原因	1. 对历史数据要求高； 2. 预测结果是由各影响因素决定的，一旦影响客运量的某个因素发生了结构性的变化，依靠其历史数据建立起来的回归预测模型的精度就必然受到影响； 3. 影响客运量的因素众多，且很多因素难于运用明确的数学语言进行量化，也不可能运用一个确定函数来描述所有影响因素； 4. 为了简化计算，一般采用线性回归模型进行预测。但是实际各种因素之间的关系往往是非线性的，呈现非线性增长的特点，这样就增大了预测结果的误差	适合存在准确历史数据样本的情况

续上表

预测方法		模型形式	优　点	缺　点	适用范围
定量预测法	指数平滑预测模型	—	1. 不需要了解影响客运量的主要因素，减少了对历史数据的收集与整理工作； 2. 只需要考虑客运量与时间的关系； 3. 短期预测精度较高	1. 只考虑时间对客运量的影响，在某些情况下不能反映实际情况； 2. 很难从现有数据中得出较为准确的预测模型，而且对突发事件常常无法处理	适合客运量发展较平稳的地区或城市
	BP神经网络模型	影响客运量的主要因素（$x_1, x_2, \cdots, x_n$）与客运量历史数据（$y_1, y_2, \cdots, y_n$）之间存在某种因果函数关系： $(y_1, y_2, \cdots, y_n) = f(x_1, x_2, \cdots, x_n)$ 利用 BP 网络拟合这种函数关系，并以此作为预测客运量未来值的模型	1. 不需要假设 $f(x_1, x_2, \cdots, x_n)$ 的数学结构； 2. 理论上可以任意精度实现模型，从而提高预测的精度； 3. 各因素之间的关联性很难用一个准确的数学解析式来描述，而 BP 神经网络预测模型能够不需要确定的函数式就可以较精确地描述因素之间的映射关系	1. 由于学习速率是固定的，因此，网络的收敛速度较慢，需要较长的训练时间； 2. BP 算法采用梯度下降法虽可以使权值收敛到某个值，但并不能保证其为误差平面的全局最小值； 3. 网络隐含层的层数和单元数的选择一般是根据经验或者通过反复试验确定，增加了人为因素的干扰； 4. BP 网络的学习和记忆具有不稳定性，一旦增加了学习样本，已经训练好的网络仍需要从头开始训练； 5. 需要的数据样本较多，但由于在实际客运量预测中，能有效收集到的数据样本受到限制，因此降低了预测结果的精度	适合历史数据样本大、可训练数据较多的情况
定性预测法		特尔菲法、主观概率法等	1. 灵活性强，不仅反映客运量变化一般规律，还能反映客观外界发生突变所引起的运量变化情况； 2. 简便易行，主要依赖于专家的知识进行分析判断，不需要数学基础，因此在实际工作中容易掌握和推广	预测结果不够精确，受预测者人为主观因素影响较大，存在片面性	辅助方法

4.3　分层次的城市对外客运枢纽布局规划

4.3.1　国家级、省级对外客运枢纽布局规划

1）国家级客运枢纽布局

国家层面的运输枢纽布局目标为枢纽城市节点选取，明确不同枢纽城市功能，并不具体落实到场站、枢纽的选址问题。

国家级客运枢纽的布局可从城市在综合运输通道节点中的地位、城市等级与区位、集散中转运输能力、吸引和辐射的服务腹地范围、衔接的交通运输线路的数量、承担的客运量和增长潜力等方面,依据其功能差别分为国家级综合运输枢纽城市、区域级综合运输枢纽城市、地区级综合运输枢纽城市,见表4-7。

客运枢纽城市功能分级表 表4-7

项　目	国家级综合运输枢纽城市	区域级综合运输枢纽城市	地区级综合运输枢纽城市
综合运输通道节点等级	国家级,重要交汇点	区域性,重要交汇点	位于区域综合运输通道上,或多条区域性运输线路交汇点
城市等级	省、自治区、直辖市的中心城市与口岸城市	省、自治区、直辖市的中心城市与口岸城市	县级城市与口岸城市
集散中转功能	在国家层面跨区域客流运输中集散、中转功能突出	在跨区域客流运输中集散、中转功能突出	在跨区域客流运输中集散、中转功能突出
吸引辐射功能	广大的吸引辐射范围	较大的吸引辐射范围	主要吸引与辐射本市
对综合运输网络的影响	全局性作用和影响	重要作用和影响	定作用和影响

2)省级客运枢纽布局

省级层面的枢纽布局中研究对象包括城市节点和枢纽场站两个层面。布局思路主要根据区域层面整体的发展要求,明确各地区的枢纽层次和属性,根据区域通道和枢纽节点的分布,确定场站设施的布局。此层面的规划着重从功能的角度分析重大场站设施的布局。

省级层面枢纽布局主要涉及全省综合运输体系的构建、与城镇体系和城市发展的关系、各种运输方式的组合。

综合运输体系构建方面,客运枢纽布局应从枢纽在全省综合运输网络中的地位和作用出发,规划客流通道,明确客运枢纽层次、选址、规模和衔接要求。

与城镇体系和城市发展关系方面,客运枢纽布局宜充分结合城市及城镇空间发展要求,分析城市经济、人口的聚集程度以及经济辐射能力,明确各市在客运体系中所承担的功能要求,在时间和空间上提出枢纽与城市(城镇)协同发展的战略,有效促进城镇和城市空间体系的形成。

各种运输方式组合方面,客运枢纽布局应充分考虑不同运输方式的技术特性和功能定位,分析不同方式间的客流衔接关系,从综合客运组织角度提出方式组合的模式和衔接要求。

4.3.2 地市级对外客运枢纽布局规划

地市级层面的枢纽布局是枢纽场站直接落地的规划层面。布局流程从总需求量分析、枢纽的数量及规模确定、枢纽布局的影响因素考虑,场站设施的布局选址。

1)布局影响因素分析

城市客运枢纽布局中受多重因素影响,主要涉及城市性质、城市规模、城市形态、城镇化程度以及客流需求分布等。各类影响因素对城市对外客运枢纽规划布局的要求见表4-8。

不同类型城市对外客运枢纽规划布局需求与总体布局要求 表4-8

分类标准	城市分类		城市特点	城市对外客运枢纽布局需求	总体布局要求
城市性质	经济中心城市		区域经济中心地位显著，自身经济实力强、人口规模大，城市自身客流集散需求旺盛	主要根据城市功能分区、产业布局及规模分析客源集聚地及客流换乘需求分布，并结合城市大型客运枢纽站场布局	均匀布局或集中布局
	交通枢纽城市		区域交通枢纽定位与优势明显，周边客流在此中转、集散的枢纽站场服务需求规模大	重点分析周边区域客流集散、中转服务要求，兼顾城市自身服务需求，尽可能依托大型客运枢纽建设综合客运站	集中布局或离散布局
	优特资源客流吸引城市		拥有旅游、商贸、科教文化等某类优势或特色资源，吸引大量外部客流在此集聚	主要分析城市优特资源分布、区域辐射范围、旅客吸引量及客流集散需求分布，结合城市大型客运枢纽设施布局	集中布局或离散布局
	综合性城市		同时具有以上2类或3类城市特点	整合、协调不同类型城市对外客运枢纽站场的布局需求，尽可能实现统筹兼顾、集约化布局	均匀布局或离散布局
城市形态	集中式城市	团块状城市	城市用地集中、紧凑，地域以同心圆形状向周围延展，通常只有单一城市中心	主要结合城市规模、空间布局、功能分区，考虑均衡分担、适度规模及必要间隔的要求布局	均匀布局或集中布局
		带状城市	城市用地集中、紧凑，地域通常沿交通干线向外扩展	主要沿交通走廊、并结合大型运输枢纽设施分布、城市主要功能组团及规模综合布局	均匀布局或集中布局
		星状城市	城市主要发展轴由3条以上相互交叉的轴线构成，形成3条以上的城市延展轴	主要配合城市的主要延展轴、并结合大型运输枢纽设施分布、城市主要功能组团及规模综合布局	均匀布局为主
	分散式城市		受地形条件、山体或河流阻隔等因素影响，城市组团布局分散，单个城市组团规模小	主要依托城市组团及规模，结合城市大型运输枢纽设施布局、城市主要人口集聚区和外部人口吸引区分布综合布局	离散布局为主
城市规模	小城市		市区非农业人口在20万人以下	城市对外客运枢纽中公路客运发送量需求为1万人/d以下	集中布局
	中等城市		市区非农业人口在20万～50万人	城市对外客运枢纽中公路客运发送量需求为1万/d～2万人/d	集中布局
	大城市		市区非农业人口在50万～100万人	城市对外客运枢纽中公路客运发送量需求为2万/d～5万人/d	均匀布局为主
	特大城市		市区非农业人口在100万人以上	城市对外客运枢纽中公路客运发送量需求为5万人/d以上	均匀布局或离散布局

(1)城市性质

根据城市对外客运枢纽站场布局的需求特征,将城市划分为经济中心城市、交通枢纽城市、优特资源客流吸引型城市及综合性城市四类,分别分析其对外客运枢纽的布局需求与思路。

(2)城市功能、规模

城市对外客运枢纽是城市总体规划中的重要组成部分,它既属于城市基础设施,又属于交通基础设施。因此,在进行城市对外客运枢纽布局规划时,应以城市居民工作出行需求、经济活动、文体活动等因素为依据,而以上因素均由城市性质、城市功能分区、城市和经济发展方向决定。由此可见,城市功能、规模是影响城市客运枢纽布局的主要因素,通常与城市人口规模、出行频率、城市经济总量等指标密切相关。

(3)城市形态

城市形态总体反映城市的空间形态特征,通常可以把城市划分为集中式城市和分散式城市两大类。集中式城市是指城市各项用地连成一片,形成集中发展的城市形态,又可以细分为团块状城市、带状城市、星状城市等。分散式城市通常是由于受地形条件、山体或河流阻隔等自然条件因素影响,城市建设用地被河流、农田、绿地、山体等分隔成若干相对独立的城市组团,形成分散式的城市形态。

(4)客流分布

城市对外客运枢纽应布置在对外客流量较大的地点。可根据城市居民出行调查和流动人口出行调查得到的客流量、流向分布、出行结构及各区域中心的客流集散强度等资料,构成城市对外客运枢纽规划布局的核心量化资料。在进行城市对外客运枢纽宏观布局时,应以客流分布情况作为基础性定量支撑,城市性质、城市规模、城市形态作为定性条件,以城市客运枢纽体系最优为目标,进行对外客运枢纽宏观布局模型构建,最终形成合理的城市对外客运枢纽布局方案。

2)布局思路与方法

(1)对城市范围内客运场站系统进行分析,得出若干不同层次的客运枢纽,包括综合客运枢纽、单方式客运站场;

(2)对航空港、客运码头的空间布局位置进行研究,并对其是否需要与公路、铁路客运站联合布局进行论证;

(3)对铁路枢纽客运站的设置模式(集中布设还是分散布设)进行研究,得出城市范围内铁路枢纽客运站的数量和位置,并对铁路客运站是否需要和公路客运站联合布局进行论证;

(4)分析非联合布局公路客运站的备选点;

(5)优化公路客运站的数量和空间布局,如以旅客出行成本最低为目标建立优化模型。

具体布局思路详见图4-2。

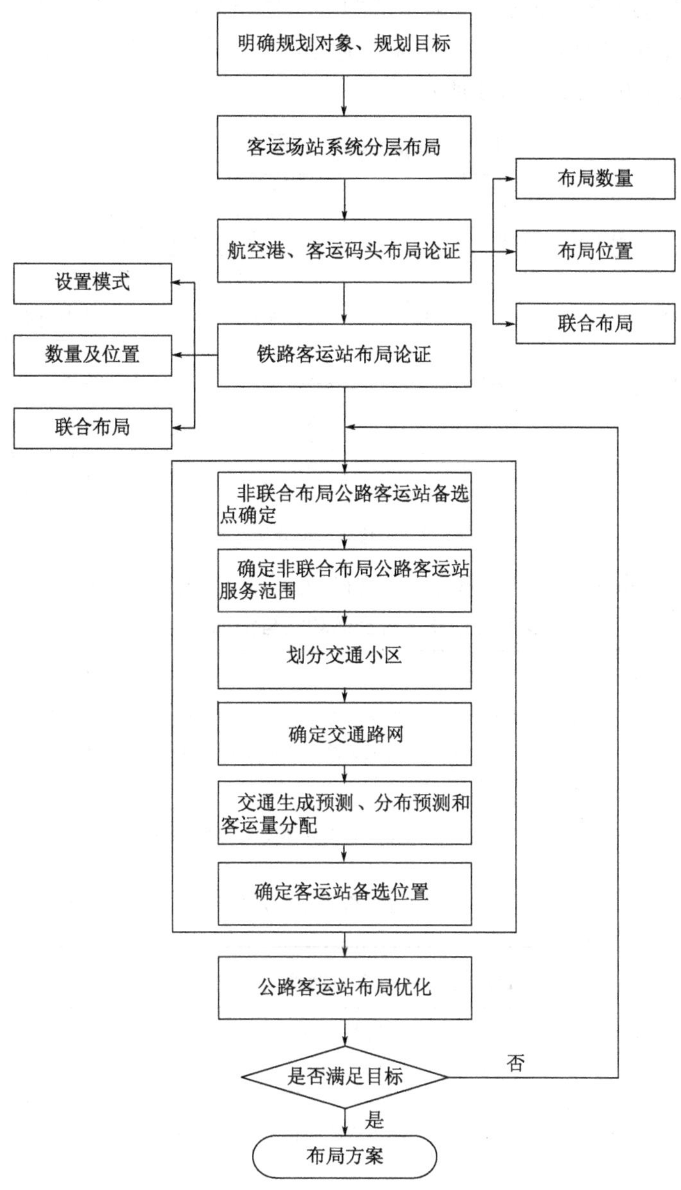

图 4-2　对外客运枢纽布局规划总体思路示意图

4.4　城市对外客运枢纽交通衔接规划

客运枢纽布局规划中，在完成空间布局基础上做好枢纽与城市交通及不同枢纽间的交通衔接系统，是保障城市对外客运枢纽系统功能实现的重要前提。

4.4.1　客运枢纽集疏运系统分类

客运枢纽服务腹地多以所在城市为主，其集疏运系统也是城市交通系统的重要组成部分。

可将集疏运系统分为道路和公交集疏运系统两类。道路集疏运系统又可划分为高速公路、干线公路、快速路和主干路四类;公交集疏运系统可划分为市域轨道、地铁系统、轻轨系统、BRT系统和常规公交系统五类,如图4-3所示。

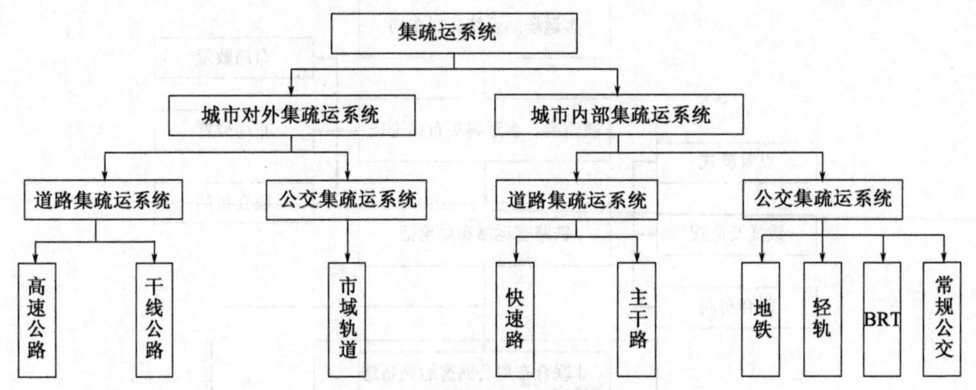

图4-3　集疏运系统分类标准

不同类型集疏运系统交通功能和集疏运特点如表4-9、表4-10所示。

集疏运道路系统交通功能与集疏运特点　　表4-9

道路类型	主要功能	主要集疏运特点
高速公路	为长距离、大量、快速交通提供专用服务	专供汽车分车道高速行驶,设有多车道中央分隔带,全线封闭,出入口控制。与其他道路交叉时采用立体交叉,无路侧建筑交通干扰
快速路	为城市中大量、长距离、快速交通提供服务	对向车行道之间设中间分车带,其进出口采用全控制或部分控制。与其他道路交叉时以立体交叉为主,路侧建筑交通干扰小
主干路	连接城市各主要分区,以交通功能为主	与其他道路交叉时以平交道口为主,道路两侧建筑交通干扰较大

集疏运公交系统交通功能与集疏运特点　　表4-10

城市交通方式	单线路运输容量(人/h)	运输速度(km/h)	道路占用(m^2/人)	适应疏散距离(km)	集疏运特点
地铁	30 000以上	40~60	不占道路面积	4~30	容量大,集疏运快速,投资实施难度大
轻轨	10 000~30 000	40~60	高架轨道0.25 地面专用道0.5	3~20	容量大,集疏运快速,投资实施难度大
BRT	10 000~30000	30~40	高架轨道0.25 地面专用道0.5	3~20	集疏运容量和速度较轨道交通低,相对经济
城市常规公交	200~3 500	20~30	1~2	2~10	网络发达,实施难度小,经济,但舒适性差

4.4.2　客运枢纽集疏运系统配置原则与思路

城市客运枢纽作为综合交通网络的重要节点,其集疏运系统衔接顺畅与否直接影响着客运枢纽本身的运行效率,影响整个综合交通网络的畅通。城市客运枢纽集疏运体系资源配置的核心问题是充分协调客运枢纽站场与城市交通系统两者之间的关系,达到枢纽衔接的最优化和城市网络运行的高效化,保证城市客运枢纽与城市交通系统运行的畅通。

1)集疏运系统配置原则

(1)满足城市对外交通要求

客运枢纽集疏运体系作为城市交通的重要组成部分,其规划应满足城市交通系统和对外交通系统之间的便捷衔接、转换,增强城市客运枢纽的集聚和疏散功能的要求。

(2)体现对城市用地开发的引导作用

部分地区以客运枢纽为中心的城市新区或新城正在逐步形成,并随着客运枢纽规模和功能的拓展,这些城市新区的城镇空间格局与职能性质也将发生相应的变化,甚至成为新的城市经济中心。因此,客运枢纽的集疏运通道的布局需要将它们有机衔接,满足城市经济生活、交通出行的功能要求,并能积极引导城市土地的合理开发。

(3)体现枢纽资源的区域共享与优化配置

客运枢纽所在城市多为区域性中心城市,城市整体实力对区域具有极大的影响力,城市通过和区域的互动实现各种生产要素与资源的最优配置,带动城市和区域共同发展。客运枢纽作为城市重要的辐射窗口,其集疏运体系规划应体现所在城市对外的辐射影响,体现交通枢纽资源的区域共享与优化配置。

(4)适应客运枢纽之间有机衔接要求

充分考虑各城市客运枢纽在城市中的功能定位,结合客流需求分析,合理规划客运枢纽间衔接交通方式,提升城市客运枢纽系统服务功能。

2)集疏运系统配置思路

需针对不同类型和等级的客运枢纽,因地制宜选择道路交通集疏运系统和公共交通集疏运系统。分析维度主要包括两方面:一是分析枢纽特征,主要包括客运枢纽的功能类型、客流规模、地理区位、交通区位和腹地范围等方面;二是分析集疏运系统特征,主要包括运输经济性和舒适性、运输能力、运输速度、服务范围以及投资规模和实施难度。具体集疏运系统配置思路如图 4-4 所示。

4.4.3 综合客运枢纽集疏运系统配置要求

1)航空主导型客运枢纽配置要求

航空主导型综合客运枢纽与城市交通的匹配方案主要与机场旅客吞吐量、站场周边交通运输网络的发展水平和进出机场的空间集中程度有关。这些因素决定了综合客运枢纽周边城市交通线路的类别、等级,以及汇集的公共交通、私人交通的构成和比例。

航空主导型客运枢纽一般距离城市中心较远,集疏运通道配置要求应是快速、高效,应设置高速公路、城市快速路与城市中心衔接,以保证旅客能够快速集疏运。尤其是当这类综合客运枢纽旅客出行规模大、集中程度高时,集疏运道路应考虑建设专用的城市快速路或全封闭高速公路与城市交通线网衔接,以保证旅客出行便捷、通畅。

在公共交通衔接方面,应最大限度地利用公共交通网络:当客运枢纽旅客集疏运需求大于 1 000 人次/h 时,应考虑设置机场专用巴士或机场专用公交班线以提高旅客集疏运速度;当客运枢纽旅客集疏运需求超出 10 000 人次/h 时,应考虑设置轨道交通以实现旅客的快速集疏运。目前,从国际经验看,部分大型国际枢纽服务范围已由所在城市拓展至都市圈甚至周边多个地区，这就需要根据换乘客流规模，适当考虑配置市郊轨道或城际铁路，提高大容量运输效率。

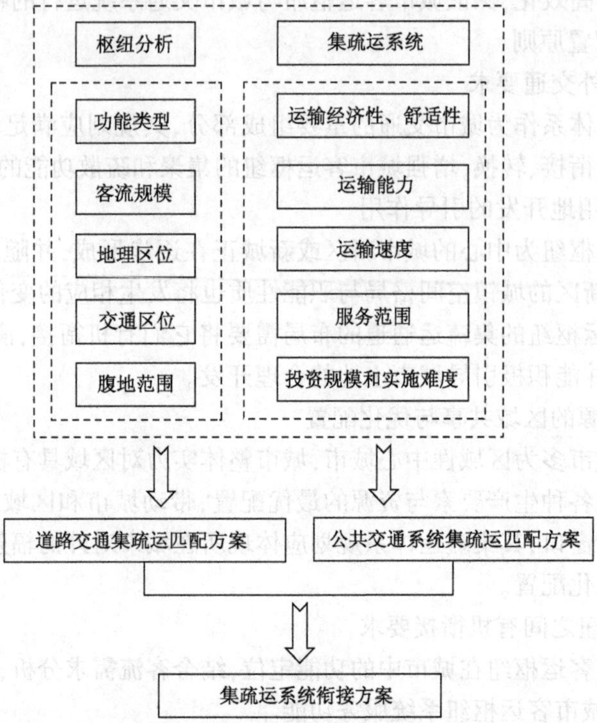

枢纽分析
- 功能类型
- 客流规模
- 地理区位
- 交通区位
- 腹地范围

集疏运系统
- 运输经济性、舒适性
- 运输能力
- 运输速度
- 服务范围
- 投资规模和实施难度

↓

道路交通集疏运匹配方案　公共交通系统集疏运匹配方案

↓

集疏运系统衔接方案

图4-4　集疏运系统配置思路

2）铁路主导型客运枢纽配置要求

铁路主导型客运枢纽客流组织具有一定的时间、周期特性，公路客运对于铁路枢纽而言是扩大枢纽辐射范围的主要集散方式，两种运输方式集合一起对客流具有很强的聚集效应，并且换乘客流呈由辐射区域中心向外逐步衰减态势。因此，铁路主导型客运枢纽配置城市各交通方式的规模时，应依据铁路类型以及铁路和公路高峰小时总的需求来决定。

在集疏运通道配置上，由于高铁（客运专线）、城际铁路、普速铁路客车的行车方式、行车时间和班线班次的不同，旅客规模和出行需求特征对集疏运要求差异较大，因此对城市交通衔接的要求也不同。客运专线，主要以公务、商务和探亲旅游客流为主，旅行距离一般不超过1 500km，旅行时间大致为5h左右，因此对能提供门到门服务、灵活性大的出租车或社会车辆需求较大，对枢纽周边的城市道路衔接能力要求较高，需要配置高密度的快速路和主干路与之衔接；城际铁路，客流以公务、商务、通勤交通客流为主，相对于客运专线列车其行驶时间较短，近似“公交化”运营，因此对大容量、快速的大中运量公共交通集疏运系统需求较大；普速铁路，客流构成相对复杂，以外出务工、探亲、旅游、学习等出行客流为主，普速列车的班次间隔时间相对高铁、城际铁路较长，因此对网络发达、覆盖面广的常规公交需求较大。

3）水路主导型客运枢纽配置要求

水路主导型客运枢纽主要依托沿海和内河的大型水路客运站形成。决定此类综合客运枢纽集疏运资源配置主要与港口旅客吞吐量、站场距城市中心区距离、站场周边交通运输网络的发展水平和进出客运枢纽的高峰时间旅客积聚程度有关。

水路主导型客运枢纽主要依托沿海大型客运港口。受港口位置影响，大型港口运枢纽一般远离城市中心区，因此需要通过城市快速路与城市中心区衔接，并以城市公交进行集疏运接驳。对于旅客吞吐量大、特别是位于城市中心旅客聚集程度高的客运枢纽，也考虑引入轻轨或BRT，以减轻对主城区的交通干扰。

4）各类型客运枢纽集疏运系统配置要求

不同类型对外客运枢纽集疏运系统，道路集疏运系统配置要求如表4-11所示。

不同类型对外客运枢纽集疏运道路系统配置要求 表4-11

道路集疏运资源	航空主导型	铁路主导型	水路主导型	公路主导型
特大型	高速公路 干线公路 快速路	快速路 主干路	快速路 主干路	主干路
大型	高速公路 干线公路 快速路	快速路 主干路	快速路 主干路	主干路
中型	高速公路 干线公路	主干路	主干路	主干路
小型	高速公路 干线公路	主干路	主干路	主干路

公交集疏运系统配置要求如表4-12所示。

不同类型对外客运枢纽集疏运公交系统资源配置要求 表4-12

道路集疏运资源	航空主导型	铁路主导型	水路主导型	公路主导型
特大型	地铁或轻轨	地铁	轻轨或BRT	轻轨或BRT
大型	地铁或轻轨	轻轨或BRT	常规公交	常规公交
中型	机场巴士	常规公交	常规公交	常规公交
小型	机场巴士	常规公交	常规公交	常规公交

【复习思考题】

1. 阐述城市对外客运体系国家级、省级、地市级布局规划的主要内容及其区别。
2. 城市对外客运需求与换乘需求预测主要影响因素是什么？
3. 简述城市对外客运枢纽需求预测方法。
4. 试分析国家级、省级对外客运枢纽布局各自的影响因素。
5. 试分析地市级客运枢纽布局影响因素并简述布局规划思路。
6. 不同类型城市客运枢纽布局要求有何不同？
7. 简述对外客运枢纽集疏运系统配置原则。
8. 简述公路主导型客运枢纽集疏运系统配置要求。
9. 铁路主导型客运枢纽集疏运系统配置要求是什么？
10. 航空主导型客运枢纽集疏运系统配置要求是什么？

第5章

城市内部客运枢纽布局规划

通过城市内部客运枢纽将城市内各种交通方式有机结合,建立一体化综合客运交通体系是实现城市交通网络高效运转的有效途径之一。本章介绍城市内部客运枢纽的主要分类及等级结构,并阐述城市内部客运枢纽的宏观布局方法和微观选址模型。

5.1 城市内部客运枢纽功能和等级结构

5.1.1 城市内部客运枢纽主要类型

城市内部客运枢纽按照不同的划分标准,具有不同分类。

(1)按交通方式不同可分为常规城市轨道枢纽和公交枢纽。

(2)按承担的客流性质不同可分为换乘型枢纽、集散型枢纽和混合型枢纽。其中,换乘型枢纽以承担公共交通之间或公共交通与其他客运交通方式之间的换乘客流为主,而区域性集散客流较小;集散型枢纽以承担枢纽所在区域的集散客流为主,换乘客流较小;混合型枢纽是既有大量换乘客流,又有大量区域集散客流的客运枢纽。

(3)按交通方式的组合可分为线路换乘枢纽、方式换乘枢纽和复合型枢纽。其中,线路换乘枢纽是位于公共交通线路交汇处,乘客可以在不同线路之间换乘的枢纽;方式换乘枢纽是指在公共交通与其他客运交通方式衔接处,乘客可以在不同客运交通方式之间换乘的客运枢纽;复合型枢纽指兼具线路换乘枢纽和方式换乘枢纽特征的客运枢纽。

5.1.2 城市内部客运枢纽等级结构

1)城市客运枢纽等级划分原则

城市客运枢纽等级划分应遵循以下原则:

(1)城市客运枢纽等级划分应以枢纽的功能为主要依据,即能够充分揭示各级客运枢纽在城市客运交通系统中所发挥的作用;

(2)城市客运枢纽等级划分应具有普遍的适用性,即可以适用于不同的城市;

(3)城市客运枢纽等级划分应能清晰地反映出各级枢纽之间的差异,且较易界定。

2)城市客运枢纽等级划分

本教材主要介绍依据客运枢纽所承担的交通功能的城市内部客运枢纽等级划分,具体如表5-1所示。

城市客运枢纽等级划分表　　表5-1

枢纽等级	功能
市级客运枢纽	全市性的客运枢纽,具有统领各级枢纽发展的核心作用,功能上市级客运枢纽主要承担城市各个区域(包括核心区、中心区、市区外围区和边缘组团)至城市核心区客运交通的集散及中转换乘
中心区级客运枢纽	以承担城市中心区与城市中心区外围的其他区域(包括市区外围中心区级客运枢纽区、边缘组团)之间中转换乘客流为主,兼有枢纽所在区域的客流集散功能
边缘组团级客运枢纽	主要承担各边缘组团内部的集散、中转换乘客流,同时还承担该边缘组团与中心组团之间的中转换乘客流,兼顾各边缘组团之间的集散、中转换乘客流
片区级客运枢纽	主要承担城市(包括中心区、外围区、边缘组团)内某一或某几个片区内部的交通集散及中转换乘功能

5.1.3 城市内部各等级客运枢纽特征分析

城市内部各等级客运枢纽在服务范围、客流特征、设施配置方面具有如下特征。

1)市级客运枢纽

市级客运枢纽一般位于大城市核心区(如中心商务区等)。城市核心区集中了全市性的商业、商务、行政办公、文化娱乐等公共性活动,是全市性重要的交通吸引区,具有高建筑密度、高容积率、高就业岗位等特征,每天有大量的人流从城市的各个地方进入该区域。因此,市级枢纽一般具有以下特征。

(1)服务范围

市级客运枢纽的辐射范围是全市范围,具有很高的交通可达性,通常与中心组团、边缘组团的主要发展区有便捷的联系,以市级客运枢纽为中心在较短时间内可以覆盖全市大部分区域。

(2)客流特征

与市级客运枢纽所承担的功能相适应,市级客运枢纽所承担的客流表现出如下特征:

①市级客运枢纽所承担的集散量和周转量一般大于城市内部其他等级客运枢纽。

②市级客运枢纽所在的区域具有很高的吸引力、可达性，是全市性的中转换乘中心，因此市级枢纽所承担的客流不仅包括本地客流（步行吸引区范围内的客流），也包括大量的中转换乘客流。

③市级客运枢纽所承担的长距离的出行量一般大于除对外客运枢纽以外的其他各类客运枢纽。

（3）交通设施配置

市级枢纽应配置如下交通设施：

①由于市级客运枢纽不仅承担了大量的本地客流，还承担了大量的中转换乘客流，因此市级枢纽不仅要配备完善的步行系统，而且还需要有高质量的接驳换乘系统。步行系统应使市级客运枢纽与核心区内的大型商业网点、商务区有直接便捷的联系，同时步行系统应有助于实现轨道交通之间以及轨道交通与常规公交之间的“零换乘”，为乘客创造一个安全、舒适、便捷的步行环境；接驳换乘系统应该有助于扩大市级客运枢纽的服务范围。

②为了保证市级客运枢纽的全市性辐射功能，能覆盖城市大部分主要发展地区，市级客运枢纽应配备城市快速轨道交通。缺乏快速轨道交通方式的大城市客运枢纽难以形成市级客运枢纽。

③大城市核心区必将采取公共交通为主的交通政策，因此公共交通方式在市级客运枢纽中占据绝对优势地位。市级客运枢纽规划、设计、建设应遵循以人为本的原则，力求实现轨道与轨道之间、轨道与常规公交之间一体化、无缝衔接换乘。在有条件的情况下，可以考虑采用“交通综合体”的形式。

④为了避免大量的小汽车进入城市的核心区，市级客运枢纽通常不设置私人小汽车的接驳换乘，但是应设置站台方便小汽车和出租车的停车上、下客。

⑤市级客运枢纽应适当考虑自行车交通方式的换乘，设置专门的自行车停车场地。

2）中心区级客运枢纽

在城市中心区内，以商业、金融、文化娱乐为代表的第三产业是最活跃的因素，成为城市中心区的主体功能。由于城市中心区的高吸引力，使更多的交通向中心区聚集。在城市中心附近外围设置中心区级客运枢纽，将为解决城市中心区的交通问题发挥积极的作用：

①引导原来需要进入城市中心区内部中转换乘的客流，在中心区外围换乘，避免不必要的客流进入城市中心区，减少中心区的交通压力；

②在中心区级客运枢纽设置停车换乘设施（Park + Ride），是实现减少小汽车进入市中心区的交通政策的切实有效的措施之一。

中心区级客运枢纽具有以下特征。

（1）服务范围

中心区级客运枢纽主要起内通外连的作用，为衔接市中心区内外交通服务，其主要的服务范围是市中心向外辐射的一个扇形区域。在该扇形区域内一般会包含一个或多个边缘组团。

（2）客流特征

中心区级客运枢纽的客流特征主要表现为以下方面：

①中心区级客运枢纽承担的客流以中心区内外的中转换乘客流为主。

②中心区级客运枢纽承担的客流中换乘量所占的比例一般大于市级和边缘组团级枢纽。

(3)交通设施配置

为了适应中心区级客运枢纽所承担的功能,主要应配置如下交通设施:

①由于中心区级客运枢纽的服务范围较广,为方便城市居民对枢纽的使用,一般应有快速轨道交通的支持;如果确实存在困难,则应设置快速公交(BRT)。

②中心区客运枢纽内应设置完善的中转换乘设施,其中常规公交是快速轨道交通或快速公交接驳客流的主要方式。

③为了减少小汽车在城市中心区的使用,缓解中心区的交通压力,在有轨道交通支持的中心区级客运枢纽应设置足够的、方便的小汽车停车换乘设施。

④中心区级客运枢纽应根据需求设置自行车换乘设施(中心区级客运枢纽的自行车换乘量一般小于市级和组团级客运枢纽)。

3)边缘组团级客运枢纽

边缘组团级客运枢纽通常位于边缘组团的中心区或者是城市的副中心,是新区开发的先导和依托点,对于引导多中心城市结构的形成有着重要的作用。边缘组团级客运枢纽具有以下特征。

(1)服务范围

边缘组团级客运枢纽主要服务边缘组团内部的客流集散、中转,为边缘组团和中心组团提供便捷的联系,兼顾边缘组团之间的联系。

(2)客流特征

边缘组团级客运枢纽所承担的客流具有如下特征:

①通过边缘组团级客运枢纽集散、中转换乘的客流以组团内出行为主,同时还承担了边缘组团至中心组团特别是城市核心区的长距离的客流。

②由边缘组团级客运枢纽所在的区位特点决定,边缘组团级枢纽所承担的客流不仅包括本地客流(步行吸引区范围内的客流),还包括大量的中转换乘客流。

③边缘组团级客运枢纽所承担的集散量和换乘量通常低于市级客运枢纽。

(3)交通设施配置

与边缘组团级客运枢纽所承担的功能相适应,边缘组团级客运枢纽应配置以下交通设施:

①边缘组团级客运枢纽不仅应该具有完善的步行系统,同时也应该配置高质量的接驳换乘系统。由于边缘组团级客运枢纽通常位于新开发区,其规划的步行系统应该与组团级客运枢纽周围的土地开发密切地结合起来,促进以枢纽为中心,公共交通为导向的城市土地利用形态的形成;组团级客运枢纽的接驳换乘系统所服务的区域主要是组团内部。

②为了实现边缘组团与中心组团之间长距离的出行服务功能,边缘组团级客运枢纽通常应具有快速轨道交通的支持;如存在困难,应设置快速公交(BRT),以方便边缘组团与中心组团之间的联系。

③边缘组团级客运枢纽内常规公交的服务区域主要是在边缘组团内,功能主要是为轨道交通和快速公交(BRT)接驳客流,应力求实现轨道交通或快速公交与常规公交之间最便捷的换乘,减少步行距离。

④边缘组团级客运枢纽如果具有轨道交通的支持,一般应设置小汽车停车换乘设施以及停车上、下客的设施。

⑤边缘组团级客运枢纽应充分考虑与自行车交通方式的换乘。

4)片区级客运枢纽

中心区、市区外围区和边缘组团都是由若干个功能片区所组成,每一个功能片区就是一个用地相对独立、功能相对单一的土地利用单元。片区是实现城市居住、工作、交通、游憩功能的基本单位。在城市客运交通系统中,仅仅依靠市级、中心区级、边缘组团级客运枢纽将无法便捷地服务于城市大多数片区的客运集散及中转换乘需求,必须设立片区级客运枢纽,以进一步扩展城市客运枢纽的服务覆盖范围,保证城市客运枢纽体系能够便捷地服务于城市绝大多数客运交通需求。

(1)服务范围

片区级客运枢纽一般位于片区级的商业、居住、休闲、娱乐、体育、文化中心,主要为某一个或某几个片区客流提供集散与中转换乘服务。

(2)客流特征

①片区级客运枢纽服务的客流一般是片区内的集散客流,即出行的起点或终点一般位于片区内部。

②片区级客运枢纽的客流量(包括集散量、中转换乘量)一般小于市级、组团级和中心区级客运枢纽。

(3)交通设施配置

①片区级客运枢纽既可以是城市轨道枢纽,也可以是常规公交枢纽,应在常规公交之间以及常规公交和轨道交通之间设置便捷的换乘设施。

②由于片区级客运枢纽主要为片区内集散客流,因此应设置方便的步行设施,以及数量足够、方便的自行车换乘设施。

③在中心区以外的片区级枢纽,若有轨道交通服务,则应设置小汽车停车换乘设施。

5.2 城市内部客运枢纽总体布局

5.2.1 城市内部客运枢纽布局规划的影响因素分析

城市内部客运枢纽布局规划主要有4个影响因素:

(1)城市形态结构

城市内部客运枢纽布局规划应与城市空间发展策略紧密结合,使城市内部客运枢纽成为引导多中心组团式城市结构形成的重要条件。城市的形态结构不同,枢纽的空间布局模式也将有明显差别。

(2)城市人口与土地利用情况

人口及土地利用的规模与分布形态对客流的产生及其流向有重要影响,直接影响着城市内部客运枢纽的布局与选址,其中城市土地利用更是决定城市内部客运枢纽选址的根本性因素。

(3)城市客运交通走廊分布状况

城市客运交通走廊分布状况是决定枢纽布局的关键因素,走廊上的客运需求通常具有运量大、出行距离较长、快速等特征。为走廊提供服务的通常是轨道交通或快速公交,并注重通过性功能。为实现其他接运交通方式,如常规公交、出租车、自行车等与走廊上快速公共交通方式之间换乘,城市内部客运枢纽应首选走廊上一些关键性节点作为站址。

(4)低运量公交及轨道交通路网结构

为有效整合城市客运交通资源,提高公共交通运输的一体化和连续性,枢纽布局规划应考虑已建成的低运量公交和轨道交通线路及其站点,尤其是多条线路交汇的站点。低运量公交和轨道交通站点是城市内部客运枢纽选址的重要约束条件。另外,规划的轨道交通线网、低运量公交线路应根据城市内部客运枢纽的布局进行优化调整,通过枢纽整合轨道交通、快速公交、区域公交和接运公交等不同功能、不同层次的城市客运交通网络,形成一体化的城市客运交通系统。

5.2.2 城市内部客运枢纽布局规划的原则

城市客运枢纽布局规划的总目标为:以客运枢纽的功能分析为基础,紧密结合大城市土地利用规划,尽可能方便城市客运交通出行,在大城市地域空间范围内形成层次分明、功能清晰的客运枢纽体系,并为构筑以公共交通为主体,高效、便捷的客运交通系统奠定基础。

在此目标前提下,城市内部客运枢纽的布局规划一般依据以下原则:

(1)与城市总体规划相结合

枢纽的选址要与城市总体规划相结合,符合总体规划的合理布局,即基本与拟定站所在城市用地性质不发生大的矛盾,以促进城市各项功能的发挥。坚持理想站位与实际用地可能相结合,在用地选择受约束的条件下,寻求最佳可能方案。

(2)紧密衔接城市内部各种公共交通方式

枢纽的布局要与地铁、公交等密切联系、相互衔接,确保城市各交通子系统的衔接高效、便利,提升交通系统的效率。

(3)远近结合,均衡分布

枢纽的布局应与所在城市道路主骨架及道路客运方向相适应,充分考虑枢纽的对外辐射范围与方向,使枢纽较为均衡地分布在城市各主要运输区域,同时应减少对城市交通的压力。

(4)运输方便、合理,就近客源丰富

充分考虑旅客的方便及城市规划的要求,便利旅客集散和换乘,车辆流向合理,方便出入。枢纽的布局力求与城市主要居民区及其他客运设施之间有便捷的联系。

(5)适应需求,留有余地,超前发展

枢纽的布局既要满足当前城市社会经济发展与交通运输发展的要求,又要适当超前,留有发展余地。

5.3 城市内部客运枢纽布局选址模型

5.3.1 选址模型主要考虑因素分析

构建选址模型,以使枢纽服务范围内的覆盖人口或就业岗位尽可能大,尽可能使枢纽成为城市客运交通走廊上的关键性的节点为目标,对客运枢纽选址模型的主要考虑因素进行分析。

1)城市客运枢纽服务范围

枢纽的服务范围包含两层含义:一个是狭义概念的,即枢纽合理步行区;另一个是广义概念的,即既包括枢纽合理步行区,也包括枢纽内非快速交通方式接运距离所覆盖的范围。具体如图5-1所示。上述所说的“枢纽服务范围内的覆盖人口或就业岗位”指的是狭义概念的枢纽服务范围,即枢纽合理步行区。

(1)客运枢纽合理步行区

客运枢纽的合理步行区是由乘客步行至车站的耗时决定的,主要受人的体力的制约。一般确定枢纽的公众合理步行区是在半径为600m的范围内,在这个范围内居住的利用快速轨道交通并步行上车的乘客占绝大多数(80%左右)。

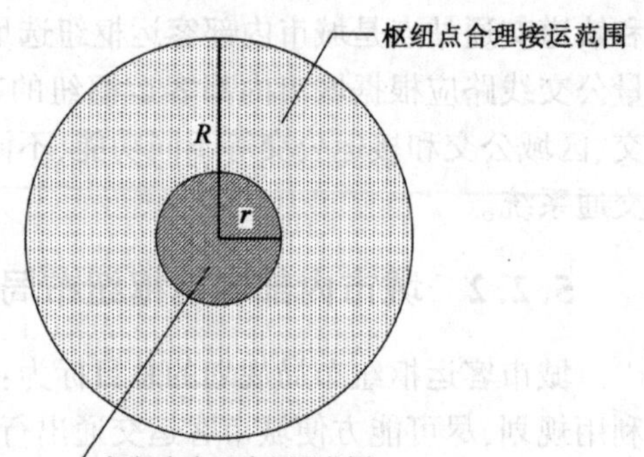

图5-1 城市客运枢纽服务范围图

r-枢纽点合理步行区范围半径;*R*-枢纽点合理接运范围半径

(2)客运枢纽合理接运范围

客运枢纽内合理的交通方式组合应包含骨干交通方式(如轨道交通或快速公交),为骨干交通方式接运的辅助交通方式(如常规公交、自行车等),从而将城市内不同层次、不同服务水平、不同功能的交通方式有机衔接起来。枢纽合理步行范围是枢纽直接的服务范围,由于枢纽合理步行区所覆盖的范围有限,为了扩大枢纽的服务范围,需要利用辅助交通方式为骨干交通方式接运,形成枢纽的合理接运范围。

影响辅助交通方式接运距离的因素是多方面的,如城市的规模、城市经济发展水平、城市的平均出行距离、出行者的时间价值观、出行者对完成一次出行所需要花费总时间的可接受程度等。一般可以认为客运枢纽辅助交通方式合理的接运距离大概在3~6km的范围内。

2)城市客运交通走廊

城市客运交通走廊是城市客运的“主动脉”,它使分散、零星的城市客流相对集中于走廊内。城市客运交通走廊一般具有以下特点:①承担的客流量大。②走廊上主要是城市内中、长距离的出行。③由于城市客运交通走廊上的客流具有流量大、距离长等特点,其交通供给应综合多种交通方式,采用高架、地面、地下等不同层次的交通方式。对于大城市和特大城市,城市客运交通走廊通常应具有快速轨道交通(如地铁、轻轨等)或者是快速公交的支持。④城市客运交通走廊内的交通运行速度比非走廊内交通运行速度快。

由于城市客运交通走廊汇聚了城市大量的交通客流,而城市客运枢纽是直接服务于城市客运交通需求的重要设施,因此,客运交通走廊是影响客运枢纽发挥作用的重要因素。

5.3.2 城市内部客运枢纽选址模型

客运枢纽的布局选址是在城市客运枢纽布局规划的指导下,结合上述分析的影响客运枢纽选址的主要因素,以枢纽所承担的功能为基本依据,主要考虑客运枢纽合理步行区范围内所服务的人口和就业岗位以及枢纽与客运交通走廊距离两个方面。

1)布局选址目标

布局选址的目标是提高居民的出行效率,具体表现为:枢纽选址位置应使居民从出行起讫点到达枢纽的时间最小。到达枢纽客流主要分为近距离以步行为主的集散客流和远距离依靠接运公交的中转换乘客流。步行集散客流到达枢纽的时间主要是由枢纽与主要客流集散点的距离决定,通过接运公交,中转换乘客流到达枢纽的时间主要由接运公交线网和站点的布局、运行速度、发车间隔等因素决定,而与枢纽布局关系不大。因此,该方面的目标主要表现为最小化出行起讫点到达枢纽的步行时间。枢纽的选址位置应具有最大的可达性,由于现代城市居民出行最为敏感的因素为时间,因此,可达性的表达方式采用枢纽内骨干交通方式完成城市居民平均出行距离所需要的时间。

2)布局选址约束条件

城市内部客运选址模型约束条件为:枢纽500m半径服务范围为中高强度开发的商业、居住和办公用地;判断备选方案是否为建成的轨道交通站点或快速公交站点,并判断相交轨道交通线路的条数,以此确定枢纽内骨干交通方式的速度;如备选方案不是建成的轨道交通站点,则判断是否位于城市客运交通需求走廊上。城市客运交通走廊是城市大运量、长距离客流的空间需求分布区,是城市大运量、快速公共交通方式线网规划的重点区域。如果备选方案位于城市客运交通走廊上,则认为城市内部客运枢纽以快速公共交通方式为依托,其骨干交通方式的速度按照快速公共交通方式来选取,否则按照常规公交来选取。

将每个城市内部客运枢纽选址区域置于平面直角坐标系下,为了便于确定枢纽选址最优方案的位置,该平面直角坐标系可以参照城市用地规划平面直角坐标系选取,具体见图5-2。图中a_1、a_2、b_1、b_2分别表示枢纽的选址范围,即$a_1 \leqslant x \leqslant a_2$,$b_1 \leqslant y \leqslant b_2$;每一多边形代表城市用地规划划分的发展地块,其中数字为地块编号;f_j表示第j地块的用地性质,其取值0、1、2、3分别表示商业用地、居住用地、办公用地、其他用地;R_j表示第j地块的容积率;黑色粗斜线表示通过选址区域的城市客运交通走廊,可以通过两步聚类法确定,其表达式为:

$$y = kx + c \tag{5-1}$$

式中:k——直线方程的斜率;

c——常数项。

图5-2中,小三角符号表示选址区域内主要的客流集散点。如规划对象为新建城区,用地资源较为充裕,备选集为选址区域内的所有点,在此做一些简化,将选址范围分割成以ε为步长的小方格网,则,图5-2中小方格网的交点(x,y)作为备选的枢纽点位置,通常ε的取值在10~50m之间。

布局选址模型的目标函数为:

$$\min T = \sum_{n=1}^{m} 2\frac{\sqrt{(x - s_{1n})^2 + (y - s_{2n})^2}}{v_f} + \frac{l}{v_i} \tag{5-2}$$

式中:T——不考虑运营因素,通过备选的枢纽点出行所需的时间;

v_f——步行速度,通常为4km/h;

l——城市居民的平均出行距离;

v_i——备选枢纽点内骨干交通方式的等效出行速度;

m——枢纽选址区域内客流集散点的总数;

s_{1n},s_{2n}——第n个客流集散点的坐标。

布局选址模型的约束条件为:

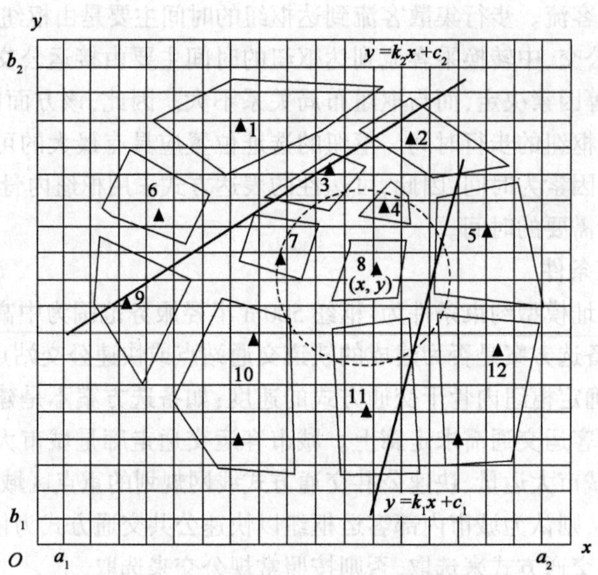

图 5-2　城市内部客运枢纽布局选址模型

$$a_{ij}=\begin{cases}1 & (f_{ij}=0,1,2)\\0 & (f_{ij}=3)\end{cases} \tag{5-3}$$

$$\frac{\sum_j A_{ij}a_{ij}}{\sum_j A_{ij}}\geqslant C_1 \tag{5-4}$$

$$\frac{\sum_j A_{ij}R_{ij}}{\sum_j A_{ij}}\geqslant C_2 \tag{5-5}$$

$$\begin{cases}v_i=v_t & (g_i=1)\\v_i=\beta_1 v_t & (g_i=2)\\v_i=\beta_2 v_t & (g_i=3)\end{cases} \tag{5-6}$$

$$\begin{cases}v_i=v_b & (g_i=0,|y-kx-c|/\sqrt{|k^2-1|}>300)\\v_i=v_t & (g_i=0,|y-kx-c|/\sqrt{|k^2-1|}\leqslant 300)\end{cases} \tag{5-7}$$

式中：f_{ij}、A_{ij}、R_{ij}——分别为第 i 个备选点 500m 半径范围内第 j 个地块用地性质、面积和容积率，可以通过 GIS 确定；

a_{ij}——判别系数；

C_1——第 i 个备选点 500m 半径范围内商业、居住和办公用地占该范围内总发展用地的最小比例，取 0.8；

C_2——第 i 个备选点 500m 半径范围用地的最小平均容积率，取 2.5；

g_i——第 i 个备选点处已建成的轨道交通线路数，通常不超过 3 条，因此取值为 0、1、2、3；

v_t——轨道交通的运营速度；

β_1、β_2——由通过备选枢纽点已建成的轨道交通线路数决定的运营速度调整系数，已建成的轨道线路数分别为2、3条时，对应β_1、β_2分别取1.10和1.15；

v_b——常规公交的运营速度。

考虑到实际进行轨道等大运量快速公交系统规划时，会根据用地条件加以微调，因此取备选枢纽点(x,y)至城市客运交通走廊距离不超过300m，则认为该备选枢纽点以轨道交通为依托，相应地枢纽点内骨干交通方式的等效出行速度取轨道交通运营速度，否则取常规公交运营速度。

建成区选址规划模型与新建城区选址规划模型形式相同，由式(5-1)～式(5-6)组成。不同之处在于建成区选址规划模型需要考虑用地资源的约束，建成区城市内部枢纽的选址是从用地条件许可的备选方案中选择最优方案，因此，建成区城市内部客运枢纽的备选点集不是选址区域内的所有点，而是由根据用地约束条件建立的备选枢纽点方案集$\{(x_i,y_i)|i\in m\}$。

选址模型所得结论还需要考虑实际建设条件(如拆迁情况、地形、地质等)及交通条件等进行适当调整和优化。

【复习思考题】

1. 城市内部客运枢纽的主要分类方法以及对应的划分类型是什么？
2. 城市内部客运枢纽的等级结构及对应的功能是什么？
3. 中心区级客运枢纽的客流特征有哪些？
4. 简述影响城市内部客运枢纽布局规划的因素。
5. 阐述城市内部客运枢纽布局规划的原则。
6. 城市内部客运枢纽布局选址模型应考虑哪些主要影响因素？
7. 城市内部客运枢纽布局选址模型的目标函数是什么？并对目标函数进行解释说明。

第 6 章

公路客运枢纽规划与设计

公路客运是区域内居民对外出行的主要方式之一。公路客运枢纽布局规划直接影响城市客运交通系统的健康发展。本章将详细介绍公路客运枢纽的布局与选址方法、公路客运枢纽的班线配置规划、场站的规模分析以及枢纽场站的交通组织流线和内部布局。

6.1 公路客运枢纽布局与选址

6.1.1 布局影响因素分析

影响公路客运枢纽布局的因素有很多,包括城市发展规模、城市功能、城市的结构形态、城市规划、城市交通系统等各种因素。本节主要分析交通系统对公路客运枢纽布局的影响。公路客运枢纽布局的影响因素主要体现为区域交通网络、城市其他运输方式以及城市内部交通。

1. 区域交通网络的影响

区域国省道等干线公路网以及铁路交通线路的规划、城市道路网与区域交通网络的衔接特点均影响着公路客运枢纽站点的布局设置。

通常公路客运枢纽站点应依托与城市快速道路衔接良好的对外干线公路网进行布局设

置，尽量靠近城市边缘（小城市可适当靠近市中心），便捷城市内外交通联系，并通过客运枢纽实现截流，将大量外来交通拦截于市中心以外，避免市内交通受到干扰。

2. 城市其他运输方式的影响

在综合交通体系中，各种运行方式并存，都在其使用范围内发挥特有的优势。各种方式不仅应合理分工，紧凑的换乘更是实现交通运行协调的关键。

公路运输是综合运输体系中的重要运输方式。其客运枢纽的布局，应综合考虑公路与水路、铁路以及航空运输方式的协调发展，做好公路站场与水路港口、铁路站场、机场之间的有机衔接，发展联运，以便各种运输方式协调一致，发挥各自特点，发展并优化城市综合运输体系。

3. 城市内部交通的影响

城市内部交通对能否实现城市的对外公路客运与市内交通的无缝衔接有重要影响。从城市交通客流的流向、流量以及城市内部交通线路的布局规划两方面来分析：

（1）城市交通客流的影响

公路客运枢纽的布局应充分利用城市交通客流流向、流量分布特点，尽量把公路客运主要集散点布置于城市主要交通流向上，以满足主要流向出行需求，保证市内交通与公路客运枢纽之间具有较短的换乘距离。

（2）城市内部交通线路的影响

在诸多城市交通方式中，城市轨道交通线路和快速公交线路（BRT）的布局走向对公路客运枢纽的布局影响较大。

①城市轨道交通线路的影响

在有城市轨道交通的城市，应尽量依托轨道交通进行公路客运枢纽布局。将城市轨道交通与公路客运交通有效衔接，可为公路客运发展带来诸多便利。

a. 加大客流集散的广度和深度。依靠轨道交通线，公路客运枢纽集散客流的广度和深度都有很大的提高，客运枢纽的辐射范围将大幅增长。

b. 提高集散效率。轨道交通运量大，速度快，单位运输的空间占用率低，是一种极为高效的客运方式。公路客运枢纽依托城市轨道交通，可以提高集散效率，减少大量的地面交通量，对城市交通组织带来便利，有利于城市特别是大城市的可持续发展。

c. 提供更多的布局选择空间。在相同的时间内，轨道交通集散速度快，能到达更远的区域，这使依托轨道交通来集散客流的客运枢纽的选址可以适当向城市的外围延伸，选择空间得到扩展。

②快速公交线路（BRT）的影响

通常，公路客运枢纽是城市进行快速公交线路规划的重要依托之一，做好快速公交与公路客运枢纽的有效衔接，可以提高公路客运枢纽的集散效率和换乘效率。同时，在进行公路客运枢纽布局规划时亦应充分考虑城市现有或即将规划的公交快速专用道布局。

6.1.2 公路客运枢纽布局与选址的原则

公路客运枢纽布局的合理与否会在一定程度上直接影响城市对外公路交通的出行吸引量、居民出行时间的节约和城市对外客运交通结构的合理化，同时会对城市的用地布局形态以及城市社会经济和环境的可持续发展产生较为深远的影响。所以，对城市公路客运枢纽的布局与选址的研究,应当从科学、理性的角度出发,遵循一定的原则,认真分析影响枢纽布局的因素条件,结合整个城市对外客运交通的结构,确定出公路客运枢纽的合理布局形式和准确的地理位置。

1. 总体原则

城市公路客运枢纽的布局应根据城市的交通走廊、大型活动中心、居民区的分布、重点卫星城镇以及城市的总体规划来确定,应有利于土地利用的集约化。

2. 协调原则

公路客运枢纽规划是城市总体规划的一部分。城市总体规划不仅对城市的用地性质做出了明确划分,而且对城市的交通系统以及对外交通作了指导性的规划。因此公路客运枢纽的规划位置应尽量符合城市的总体规划,同时应该与整个城市的客运交通系统相互协调。

3. 衔接原则

城市与周边城市以及卫星城镇之间的衔接联系离不开发达的城市对外交通系统。合理的布局与选址有利于将城市的对外交通线路与城市内部交通系统如公交线网、轨道线网等有效衔接,并有利于相关交通线路的优化调整,加强城市与周边城市的交通衔接。

4. 连续原则

公路客运枢纽的布设应保证乘客出行的连续性。枢纽的位置应为乘客提供选择最佳交通线路的机会,为乘客换乘提供方便。枢纽的合理布局,可以有效缩短乘客到枢纽站点的出行时间,保证换乘的连续。

5. 定量原则

公路客运枢纽的规划要定量分析。在交通集散中心、乘客换乘集中地,应根据城市的具体情况,经过定量预测分析来确定是否需要设立枢纽。

6.1.3 公路客运枢纽选址方法

城市市中心土地利用强度高,道路结构复杂,城市对外出入口较多。在进行公路客运枢纽布局规划选址时,应结合城市发展的诸多特点,采用“模糊定位、精确选址”的布局思路。

1. 模糊定位

由于城市轨道交通对公路客运枢纽的布局有重要影响,因此对于城市公路客运枢纽的模糊定位,需针对城市是否存在城市轨道交通建设或规划期内是否有相关规划意向,分为无轨道交通城市和建有轨道交通城市(以下简称“无轨”城市和“有轨”城市)。

(1)“无轨”城市

“无轨”城市公路客运枢纽布局的“模糊定位”可分为两步进行,即对公路客运枢纽的服务区域进行模糊划分并进一步拟定公路客运枢纽的位置可选范围。

第一步:公路客运枢纽服务区域的划分

综合考虑影响公路客运枢纽布局的各种因素,结合城市出入口的位置、对外客运交通流的方向性、城市用地功能的分区(重点是居民区和商业区的分布),对城市的公路客运枢纽拟定位置所辐射的服务区域进行模糊划分。进行服务大区的模糊划分时需要重点注意以下几个方面。

①总体需求规模

把握公路客运枢纽的需求总规模是进行公路客运枢纽布局选址的先决条件。城市公路客运枢纽服务区域的划分应在公路客运枢纽总体需求规模基础上进行。公路客运枢纽需求总规模对服务半径的最终取值有着决定性的影响。

②服务半径

服务半径的大小是确定公路客运枢纽模糊分区的面积和数量的重要参考依据。公路客运枢纽站点的服务半径为3～5km,超出这个范围人们将难以接受。

③城市出入口

公路客运枢纽的模糊分区应尽量以城市出入口为依托,保证公路客运枢纽具有良好的对外交通条件,以便对外客运车辆能够快速出城。同时也需保证公路客运枢纽与城市内部交通系统如城市主干道、快速公交专用道、轨道交通线路的衔接良好。

④客运流量流向

对外客运的流量流向可作为选择枢纽可依托的城市出入口的参考指标。在城市用地、交通配套等条件可满足的条件下,选择公路客运枢纽可依托的城市出入口时,应尽可能选择对外客运比例较大的方向。客运流量的各方向分担量可依据城市公路客运的历史现状以及城市公路客运发展趋势进行分析预测。

第二步:公路客运枢纽位置可选范围拟定

在第一步公路客运枢纽的服务大区划分之后,其服务大区的覆盖区域及其用地功能划分依然比较复杂。为了进一步简化公路客运枢纽的选址,在公路客运枢纽的服务大区已划定的基础上,结合影响公路客运枢纽布设的关键因素,缩小可选范围,确定公路客运枢纽位置的可选小区。此过程需关键把握以下几方面:

①公路客运枢纽应尽量靠近城市外围区域,避免设于城市核心区;

②公路客运枢纽不宜远离城市出入口,应尽量将到达出入口时间控制在半小时以内;

③应尽量避免与城市总体规划中的对外交通用地范围不一致。

因此公路客运枢纽的可选位置范围应该是:服务大区∩城市核心区的补集∩出入口的半小时范围∩城市规划对外交通用地范围。具体如图6-1所示。将某城市划分为A、B、C、D四个大区,并以A区为例进行该区公路客运枢纽可选范围的拟定,综合考虑城市核心区E、出入口半小时范围限定F以及城市规划用地G的影响,拟定公路客运枢纽可选区域为$A\cap\overline{E}\cap F\cap G$,即图中所示的区域H。

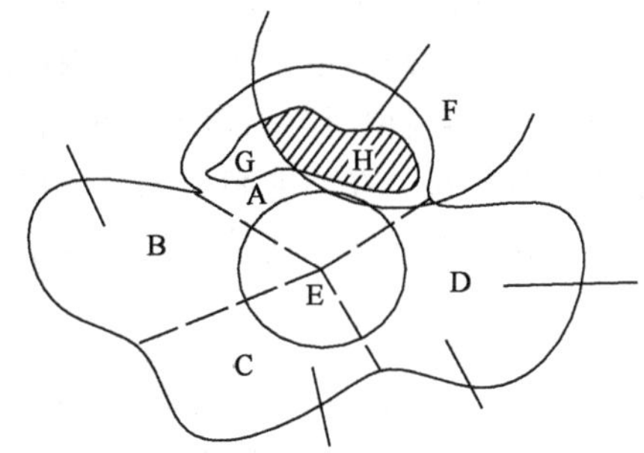

图6-1　模糊定位简单示意

(2)"有轨"城市

"有轨"城市遵循优先考虑公路客运与城市轨道交通紧密衔接的原则,分为三步进行公路客运枢纽服务区域的划分。

第一步:与城市轨道交通衔接紧密的公路客运枢纽服务区域划分

轨道交通集疏客流下公路客运枢纽的服务区域,除了常规考虑公路客运枢纽对周边居民出行的吸引影响区域外,还包括相衔接的城市轨道交通沿线影响区域(图6-2)。

由于轨道交通是封闭运营,仅靠站点来与外界联系,其客流的集散都是通过站点来完成,因而,其服务范围为围绕各站点一定服务半径的区域,整体呈"串珠式带状",其区域大小随着与公路客运枢纽间距离增大而逐渐减小。

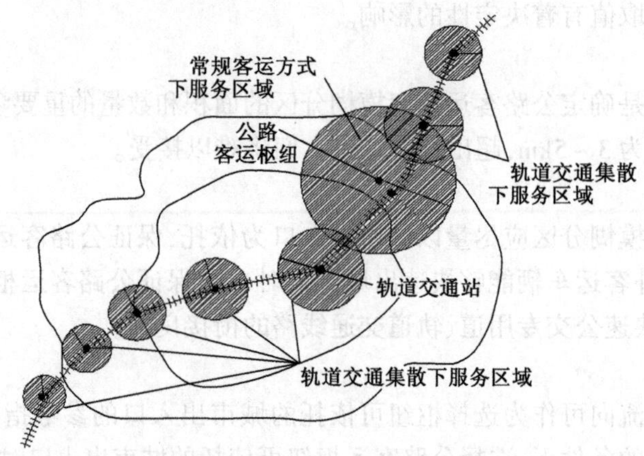

图 6-2　城轨交通影响下公路客运枢纽服务区域示意

第二步:其他公路客运枢纽服务区域划分

对于上述与城市轨道交通衔接紧密的公路客运枢纽所不能服务到的区域,需要继续进行公路客运枢纽的补充规划。与"无轨"城市中公路客运枢纽服务区域的划分过程一样,具体服务大区划分时,在全面衡量各种影响因素的前提下,重点把握城市出入口、服务半径、城市对外客运流量流向等关键因素确定,具体此处不再赘述。

第三步:公路客运枢纽位置可选范围拟定

需针对公路客运枢纽是否与城市轨道交通衔接紧密分为两种情况。对于与城市轨道交通关联不很密切的公路客运枢纽,其位置的可选范围与前文"无轨"城市中相关内容类似,对与城市轨道交通衔接紧密的客运枢纽需按下述方法进行分析。

由于该公路客运枢纽与城市内部交通的衔接在很大程度上是依托城市轨道交通进行的,因此,公路客运枢纽与城市轨道枢纽之间应有便捷的换乘条件,最理想的方式是零距离换乘,实现无缝衔接。在不能满足无缝衔接的条件下,要能保证绝大多数的乘客从轨道枢纽站点下车至到达公路客运枢纽站点间的换乘时间控制在 10min 以内。此外,公路客运枢纽位置的确定同样还需考虑其他几个关键因素:避免设于城市核心区、不宜远离城市出入口、与城市规划中交通用地一致等。具体如图 6-3 所示,$A\cap\bar{E}\cap F\cap B$ 即图中阴影部分 H 为拟定公路客运枢纽位置的可选区域。

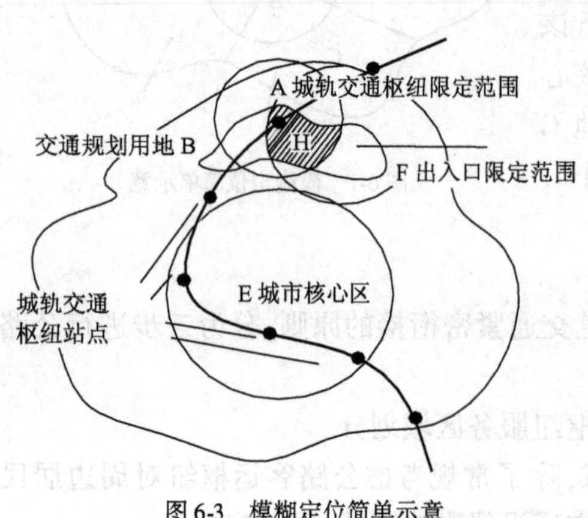

图 6-3　模糊定位简单示意

2."精确选址"

通过"模糊定位"之后,大城市的多个公路客运枢纽的选址问题已简化为某一区域内一个枢纽的选址问题。这样,相对多元选址模型,建立一元选址模型就要简单得多,且可操作性强。

人们对外出行时往往更注重"时间成本"。

因此，在对公路客运枢纽站点进行"精确选址"时，应建立以时间最小为目标函数的优化模型。

在对某一个服务大区进行公路客运枢纽选址时，可运用式(6-1)对各个拟选位置进行比较。

$$T(x,y) = T_0(x_1,y_1) + \alpha T_1(\bar{x},\bar{y}) + \beta T_2(x_2,y_2) + \gamma T_3(x_3,y_3) \tag{6-1}$$

$$(x,y) \in H_{(x,y)}$$

式中：$T(x,y)$——公路客运枢纽设于该位置时所涉及的各方面的时间总和；

(x,y)——拟定公路客运枢纽位置的坐标；

$H_{(x,y)}$——该服务大区内公路客运枢纽的拟选小区范围；

T_0——该服务大区内人们出行时间的总和；

(x_1,y_1)——该服务大区内旅客出发点位置的坐标；

T_1——其他服务大区与该服务大区之间的出行时间总和；

$(\bar{x},\bar{y})$——其他服务大区的公路客运枢纽位置的坐标，位置未定的可用其大区内的可选小区的重心代替；

T_2——该区枢纽到达城市各出入口间的时间总和；

(x_2,y_2)——城市各个出入口位置的坐标；

T_3——其他旅客运输方式与该区枢纽间的联系时间总和；

(x_3,y_3)——其他运输方式的客运枢纽位置的坐标；

α——$T_{区间}$相对于$T_{区内}$的权重系数；

β——$T_{出入口}$相对于$T_{区内}$的权重系数；

γ——$T_{综合运输方式}$相对于$T_{区内}$的权重系数。

(1)$T_{区内}$的计算

服务大区内人们出行时间的总和$T_{区内}$的计算可由式(6-2)获得：

$$T_0(x_1,y_1) = \sum_{i=1} S_i/V_i \qquad (i=1,2,3,\cdots) \tag{6-2}$$

式中：S_i——该服务大区内人们到达枢纽站点时所选取的第i条道路的出行距离，为了体现公平性的原则，这里考虑普通居民出行的交通方式选择，一般选取常用公交所行驶路线的相关道路；

V_i——该服务大区内人们到达枢纽站点所选取交通方式在第i条道路上的平均通行速度，同上考虑，相应的通行速度一般取公交的运行速度，10～40km/h。

交通网络流量的不均、道路设计等级的不同，使得城市中不同道路的通行速度也不同。在具体出行时间计算时，应针对枢纽所服务对象中的主体的交通出行方式选择习惯进行分析，为选择相应的道路及通行速度提供依据。不过，优化模型遵循的是逐步优化的思想，是对相关数据不断比较从而进行选择优化的过程，对数据的精确性要求不高，只要相关数据之间能反映出其间的关系即可。因此在具体计算时并非需要精确到服务大区内的每一条道路，可选择具有代表性的几条道路及其通行速度进行估算。

(2)$T_{区间}$的计算

其他服务大区与该服务大区之间的出行时间总和$T_{区间}$可由式(6-3)获得：

$$T_1(\bar{x},\bar{y}) = \sum_{j=1}^{m} U_j/V_j \qquad (j=1,2,3,\cdots,m) \tag{6-3}$$

式中：U_j——第j个服务大区的公路客运枢纽与该服务大区的枢纽之间的快速联系道路的距离；

V_j——相应第j个服务大区公路客运枢纽与该服务大区枢纽之间的快速联系道路的平

均通行速度。

这里考虑的是其他区枢纽与该区枢纽之间的出行时间问题，计算时可把枢纽简化为点。已经确定了客运枢纽位置的区选取的点为枢纽所在点，未确定的区可取其中心点代替。城市对外出行车辆不宜穿越市中心，枢纽间的快速联系道路应选择市中心外围的城市道路。

(3) $T_{出入口}$的计算

该服务大区的公路客运枢纽到达城市各出入口间的时间总和 $T_{出入口}$ 可由式(6-4)计算：

$$T_2(x_2,y_2)=\sum_{k=1}^{n}C_kW_k/V_k \qquad (k=1,2,3,\cdots,n) \tag{6-4}$$

式中：W_k——该服务大区公路客运枢纽与城市的第 k 个出入口之间快速联系通道的距离，同样，该区的枢纽与出入口间的联系道路应选择市中心外围城市道路；

V_k——相应的第 k 个出入口与该服务大区公路客运枢纽之间快速联系通道的平均通行速度；

C_k——比例因子，城市不同的对外出入口所吸引的客流量是不同的，因此具体计算时应根据城市对外公路客运方向的不均性给予一定的比例因子，使得模型与实际联系更加密切。

(4) $T_{综合运输方式}$的计算

其他对外旅客运输方式与该服务大区枢纽间的联系时间总和 $T_{综合运输方式}$ 可由式(6-5)计算：

$$T_3(x_3,y_3)=\sum_{p=1}^{q}R_p\cdot H_p/V_p \qquad (p=1,2,3,\cdots) \tag{6-5}$$

式中：H_p——第 p 种对外客运方式与该区公路客运枢纽之间快速联系通道的通行距离。其他对外旅客运输方式主要有铁路、航空等；

V_p——指相应的第 p 种对外客运方式与该服务大区公路客运枢纽之间快速联系通道上的平均通行速度；

R_p——比例因子，不同的客运方式承担着不同比例的客运量，在具体计算时应联系实际将各种运输方式乘上一比例参数。

综合以上各个参数的分析，可以得到时间最小化优化模型：

$$T(x,y)=\sum_{i=1}^{m}S_i/V_i+\alpha\sum_{j=1}^{n}U_j/V_j+\beta\sum_{k=1}^{l}C_kW_k/V_k+\gamma\sum_{p=1}^{q}R_PH_p/V_p \tag{6-6}$$

式中各指标的意义同上。

需要说明的是，对于不同服务大区进行公路客运枢纽选址时，其各参数的取值是不同的，如对于含有铁路客运枢纽的服务大区，其公路客运枢纽的位置选择应尽量依托于铁路客运枢纽的位置，以便两种客运方式间的中转换乘。此时铁路客运对应的 R 取值明显较大。

在对大城市的公路客运枢纽进行模糊定位的基础上，运用该时间最小优化模型便可获得枢纽的规划位置。

6.2 公路客运枢纽班线配置规划

6.2.1 公路客运班线体系

公路客运由于其所联系城镇节点的地理距离、经济与产业联系方式、行政隶属关系的不同,其运输联系的紧密程度、通达深度、班线配置强度、运力投放数量和档次都有很大的区别,呈现出很强的层次性,形成一张以城市为核心的放射状的,覆盖各级城镇、层次分明的客运运输网络。城市公路客运班线网络层次且各自的特征见表6-1。

公路客运班线网络层次及其属性 表6-1

通达节点	覆盖广度	班线性质	班线密度	运力配置	服务效果
市域县区	覆盖所有的重点乡镇	短途班线,农公班线	流水发班,很密	中巴,普通客车	网络状,面状
临近城镇(不受行政隶属约束的都市圈组合城市)	覆盖紧靠中心城市四周环形区域内的乡镇,多呈现为以其为中心的都市圈	短途班线	流水发班,较密	中巴,普通客车	环形,网络状
属于相同行政区域的城镇	覆盖所有的同级城镇,并涉及次级城镇中的重点城镇	中长途班线	同级城镇较密,次级城镇较稀	普通客车,高级客车	树状,线状
跨越所属行政区域,也非临近	覆盖国内主要中心城市,发展十分突出或者有特殊联系的城镇	长途班线	较稀(每日只有几班)	高级客车,卧铺客车	线状

6.2.2 公路客运枢纽班线宏观配置策略

班线的分配要体现规模效应,如部分长途班线应该集中组织,或者将某一类班线集中组织,由于这类资源的特点的面广而量少,通过这种手段将大范围内的资源进行整合,集中组织,这种集中的服务能为乘客提供更多的选择,这就需要班线资源向少数的客运站集中;班线的分配还要考虑到供应的空间均衡性,尤其是出行距离不长而客运需求旺盛的班线,这需要在城市空间的各个分区都能就近满足这种客运需求,这需要班线资源向更广的范围内扩散。

协调这两种需求,在两者之间寻求平衡点是公路客运班线配置的核心。公路客流的出行也包括多个层次,各层次班线的配置策略也不同。宏观配置班线这一层面主要把握各类别的班线在各类场站中的配置策略,需要基于对班线详细信息的掌握和多层次分析,结合场站体系和场站功能定位的深刻把握,在班线宏观配置中可以参考以下策略。

由于旅游客运站主要为旅游客运专线班车提供运输组织服务,有其特有的服务功能、特定的服务人群和班线类型,因此,对于旅游客运站的班线配置,只需将所研究的旅游客运班线划分出来分配到车站即可。若城市旅游班线已经纳入到综合型枢纽站,则这部分班线在综合枢纽站中分配。

各层次班线的配置策略见表6-2。

各层次班线的配置策略 表6-2

班线性质	覆盖广度	班线配置策略	适合配置始发线路的主要场站
短途班线 农公班线	覆盖所有的重点乡镇	在城市各主要的农公班线对外方向配置方向性强的农公班线,使得某一方向的农公班线集中于相对应方向,并实现城乡公交的高效衔接	片区配载站 过境配载站
短途班线	覆盖紧靠中心城市四周环形区域内的乡镇,多呈现为以其为中心的都市圈	注意班线的区域均衡性,这一层次线的运力尽量分布在较为广泛的区域,根据客流流量流向微观调整,保证客运资源调配的合理	片区配载站 过境配载站 集散换乘站

续上表

班线性质	覆盖广度	班线配置策略	适合配置始发线路的主要场站
中长途班线	覆盖所有的同级城镇，并涉及次级城镇中的重点城镇	在部分主要站点集中布置，同时又要兼顾各个片区的此部分客流，客流很少则适当进行配载，如达到一定规模配置始发班线	辅助枢纽站 片区枢纽站 综合性枢纽站 快速客运站
长途班线	覆盖国内主要中心城市，发展十分突出或者有特殊联系的城镇	注重班线配置的聚集效应，将其集配置于综合性枢纽站和快速客运站，通过集中组织合资源，给予乘客以更多选择	综合性枢纽站 片区枢纽站 快速客运站

6.2.3 公路客运枢纽布局与班线配置的关系

1. 客运班线与公路客运系统

公路客运班线一般包含班线始发站点、班线行使路径、班线班次、票价等主要信息，这些信息说明了客运班线要发挥运输生产效能必须依靠运输线路、客运站场、客运车辆三个公路客运系统的硬件组成要素，通过与它们相互联系、相互作用来体现与公路客运系统的关系。

(1)班线与运输线路

客运班线与客运线路最大的不同是，班线指明了客运车辆运营方式，通过班次体现班车运输组织形式。班次是班车车次的简称，包含每条班线的两种信息，一是日运输工作次数，二是运输工作时间间隔。通常，由于班次是依据线路客运需求情况及其他影响因素而确定，班线具有多样性，实体旅客运输线路上可能有多种客运班线存在。

(2)班线与客运站场、客运车辆

客运班线作为公路客运最基本运输方式，班车客运的组织形式，客运站场、客运车辆、线路等都围绕它开展运输业务工作：客运站场要按照其始发的所有班线班次、运量等情况进行合理调度安排、站房停车场交通流线组织优化等；客运车辆(狭义的运力)按照班线的客运需求特点进行车型优选、运力资源整合等；运输线路根据不同种类的班线进行合理路径选择等。

因此，客运枢纽能否快捷、高效地集散、中转旅客，取决于其运营管理的所有客运班线，而这些客运班线对于一个地区或城市来说，只是其中的一部分，公路客运班线配置问题关键在于哪些班线与该客运站的结合能发挥更加高效、快捷的作用。

2. 枢纽布局模式引导班线配置

公路客运枢纽布局模式及各站功能定位的确定是进行班线配置的基础，在一定程度也引导班线的配置。

如广州市在进行公路客运枢纽规划时，场站由内到外沿环线布设，内环为辅助站，二环为主枢纽站，三环为简易站。各级站场基本依其所在方位来承担相应方向的发班任务，所有枢纽站服务区域组合覆盖全部地区，并允许有一定重叠。同时，根据环路半径的逐渐增加，场站发车方向性由内到外依次增强。另外，根据客流出行距离和客流分布特点，班线根据客运站功能区位由外到内呈远、中、近空间分布，规划内环路站场以直达豪华快巴为主，一般只到发珠三角中短途班车；主枢纽站场以发省际超长途、长途和省内长途为主，三环路车站则以集配为主，兼发少量省际及超长途普通班车。

上海在新一轮公路客运枢纽规划中，规划了“三主、七辅、四旅游、一平台”的格局。其中，七个辅助枢纽站按客流方向的不同进行设置，恒丰路高速客运站、交通大众长途客运站和浦东白莲泾长途客运站将分别为江浙皖高速公路客流、江浙豫皖客流和全国各地的长途客流服务；沪太路长途客运站和虹桥机场长途客运站主要为江浙鲁皖等全国长途客流以及江浙到虹桥机场的高速客流服务；杨浦长途客运站和在浦东机场内新建的浦东机场长途客运站分别为江、豫客流和江浙到浦东机场的高速公路客流服务。

6.2.4 公路客运枢纽班线配置规划思路

枢纽场站的布局和班线资源都是一个动态调整的过程，客运班线资源也具有空间重新分配的需求。枢纽布局的调整规划，将打破原有班线资源分配的平衡，新建的场站也势必会分流原有场站的班线。因此，在进行枢纽布局规划的时候应协调班线配置进行规划。

公路客运枢纽班线配置规划是在把握公路枢纽客流需求、确定布局模式的基础上，同期开展对客运站进行具体选址及班线初步配置方案的论证。

在布局选址时，考虑与城市道路网、与城市出入口衔接的便捷度，以各小区班线初步配置方案来划分客运市场，确定布局选址的合理方案。考虑各客运站的功能定位及服务区域范围对班线的影响，对班线配置方案进行优化调整。具体的规划思路如图6-4所示。

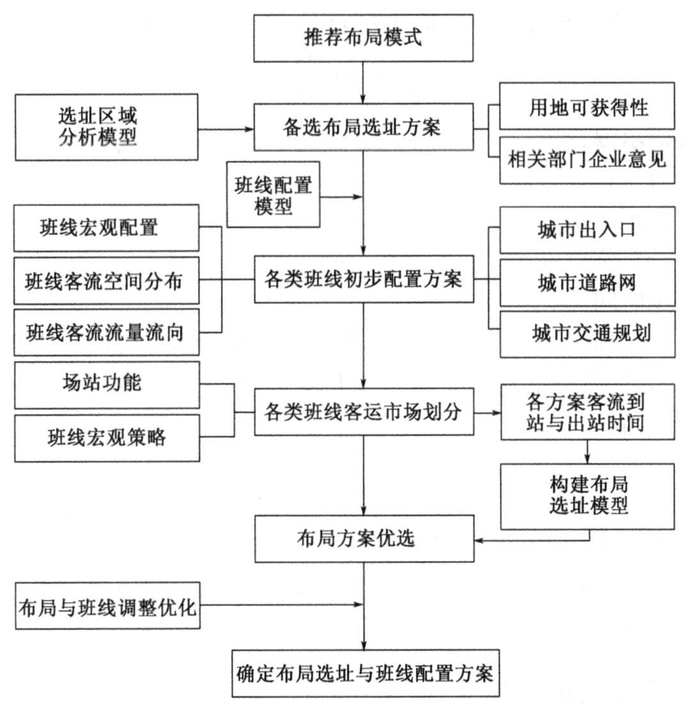

图6-4 公路客运枢纽布局与班线配置规划

6.3 公路客运站规模分析

6.3.1 公路客运枢纽总规模

根据《公路运输站场投资项目可行性研究报告编制办法》,公路客运站的规模需求根据规划特征年(项目建成后10年)年旅客发送量进行确定。依据《汽车客运站级别划分和建设要求(JT/J 200—2004)》,综合考虑场站的合理生产规模、资金情况、建设条件等因素,确定汽车客运站的站级。

1. 总体规模

站场用地需求规模可按式(6-7)测算:

$$A = \sum\mu_i \cdot Q_i + C \tag{6-7}$$

式中:A——站场需求规模(土地面积);

Q_i——目标年站场旅客发送量或货物吞吐量(人次或t);

μ_i——站场单位生产能力所需面积(面积单位/人、面积单位/t);

C——发展调整参数,一般根据运输枢纽理念发展及长远发展预留确定(面积单位)。

2. 两个关键指标

(1)有效发车位

发车位是影响公路客运枢纽主体建筑设施规模的重要指标,发车位需求数按式(6-8)计算:

$$P = \alpha\beta\frac{M}{60T} \tag{6-8}$$

式中:P——发车位需求数;

α——高峰小时系数;

β——设计发车班次;

M——平均每个车位每发一个班次所需时间;

T——每天发车时间。

现代化公路客运枢纽尤其是大城市的公路客运枢纽的营运时间和周转效率都已大大提高,参考国内外大型客运枢纽的营运特征,T可按每天营运15~16h取值,M可按每车位每小时发送2~3班车来取值。

(2)最高集聚人数

由于人们时间观念的增强、枢纽内公交接驳的便捷以及长途发车频率的提高,现代公路客运旅客候车时间已大大减少,因此,最高集聚人数与日均发送量的比例随着日均发送量的增大而逐渐减小。参考国内其他大城市的公路客运枢纽规划设计,建议最高集聚人数占日均发送量的比例宜控制在10%~15%。

6.3.2 枢纽主要交通设施规模

1. 集散客流在枢纽内步行所需的规模

集散客流指的是通过步行方式到达枢纽或者是通过步行方式离开枢纽的客流。集散客流从进入枢纽通过步行到达枢纽内的乘车点，或者从枢纽内站点下车离开枢纽，需要提供为集散客流在枢纽内步行所需的设施。对于该部分规模采用行人时空消耗以及设施的广义容量来确定。两者的关系为：

$$C_{h}Q_{g}=S_{g}T \tag{6-9}$$

相应地，集散客流在枢纽内步行所需的规模计算式(6-10)为：

$$S_{g}=C_{h}Q_{g}/3\,600=\bar{S}_{h}\frac{L_{1}}{V_{h}}Q_{g}/3\,600 \tag{6-10}$$

式中：C_h——枢纽内行人的平均时空消耗(m^2/人)；

$\bar{S}_h$——行人所需要的动态个人空间(m^2/人)；

L_1——每一集散客流在枢纽内的步行距离(m)，对于公路客运枢纽内步行距离一般取100～300m；

V_h——步行的平均速度(m/s)；

S_g——集散客流在枢纽内步行所需要的规模(m^2)；

Q_g——客运交通枢纽高峰小时集散客流量(人/h)；

T——步行设施的使用时间，这里为高峰小时，即3 600s。

按照《交通工程手册》中人行道行人交通服务水平标准，在C级服务水平时，行人占用面积为1.2～2m^2/人，步行速度为1.0m/s。

2. 长途车辆在枢纽内行驶所需的规模

主要指长途车辆在枢纽内行驶所需要的道路设施。对于这部分规模的确定，采用车辆的时空消耗和设施的广义容量来确定。具体计算式为：

$$S=\left(\frac{N_{coach}}{P_{coach}}\cdot S_{coach}\cdot\frac{L_{coach}}{V_{coach}}\right)/3\,600 \tag{6-11}$$

式中：S——车辆在枢纽内行驶所需要的规模(m^2)；

N_{coach}——高峰小时乘坐长途大巴到达枢纽或离开枢纽的客流量(人/h)；

P_{coach}——长途大巴的平均载客量(人/辆)；

S_{coach}——长途大巴行驶时所占用的动态空间(m^2/辆)；

L_{coach}——长途大巴在枢纽内行驶的平均距离(m)；

V_{coach}——长途大巴在枢纽内运行的平均速度(m/s)。

3. 长途车辆停车场规模

主要是指公路客运枢纽内停车换乘长途车辆所需的停车场面积以及驻站长途车辆所需的停车场面积。前者与高峰小时长途大巴停车换乘的客流量、长途大巴的平均载客数、每辆车停靠所需的面积以及停车场的周转率等相关，后者与日发送班次等相关。具体的计算式为：

$$S_{park}=\frac{N_{park}\bar{S}_{park}}{P_{park}\lambda_{1}}+\bar{S}_{park}M\partial \tag{6-12}$$

式中：S_{park}——公路客运枢纽内长途车辆停车场的规模(m^2)；

N_{park}——高峰小时内停车换乘的客流量(人/h)；

P_{park}——长途大巴的平均载客数(人/辆);

$\overline{S}_{park}$——长途大巴的平均停车面积,每个车位占用面积通常取客车投影面积的3倍计算,即$30 \times 3 = 90m^2$;

λ_1——长途大巴停车场的平均周转率;

M——公路客运枢纽高峰时期日发送班次(班次/日);

∂——驻站长途车辆占日发送班次的比例,其取值随着长途车辆的出行距离的增加而增大,一般取15%~25%。

4. 与城市交通相关联的主要设施规模

(1)集散设施的规模

①换乘客流在枢纽内步行所需的规模

换乘客流是利用除步行之外其他交通方式如常规公交、自行车等到达枢纽或者离开枢纽的客流。换乘客流在枢纽内需要通过步行从一种交通方式的站点到达另一种交通方式的站点,或者是从同一种交通方式的一条线路到达另一条线路,需要枢纽提供为换乘客流步行所需的设施。其所需规模计算方法同集散客流在枢纽内步行所需规模的计算方法。具体计算式为:

$$S_t = C_h Q_H / 3\,600 = \overline{S}_h \frac{L_2}{V_h} Q_H / 3\,600 \tag{6-13}$$

式中:C_h——枢纽内行人的平均时空消耗(m^2/人);

$\overline{S}_h$——行人所需要的动态个人空间(m^2/人),同上取$1.2 \sim 2m^2$/人;

L_2——每一集散客流在枢纽内的步行距离(m),对于公路客运枢纽内步行距离一般取100~300m;

V_h——步行的平均速度(m/s);

S_t——集散客流在枢纽内步行所需要的规模(m^2);

Q_H——客运交通枢纽高峰小时集散客流量(人/h)。

②车辆在枢纽内行驶所需的规模

车辆在枢纽内行驶所需的设施主要是常规公交、自行车、小汽车和出租车(对于常规公交枢纽主要是前两种)在枢纽内行驶所需要的道路设施。对于这部分规模的确定,采用车辆的时空消耗和设施的广义容量来确定。计算式见式(6-14):

$$S = \frac{\frac{N_{bus}}{P_{bus}} \cdot S_{bus} \cdot \frac{L_{bus}}{V_{bus}} + \frac{N_{car}}{P_{car}} \cdot S_{car} \cdot \frac{L_{car}}{V_{car}} + \frac{N_{taxi}}{P_{taxi}} \cdot S_{taxi} \cdot \frac{L_{taxi}}{V_{taxi}} + \frac{N_{bike}}{P_{bike}} \cdot S_{bike} \cdot \frac{L_{bike}}{V_{bike}}}{3\,600} \tag{6-14}$$

式中:S——车辆在枢纽内行驶所需要的规模(m^2);

N_{bus}——高峰小时通过常规公交到达枢纽或离开枢纽的客流量(人/h);

P_{bus}——常规公交的平均载客量(人/辆);

S_{bus}——常规公交行驶时所占用的动态空间(m^2/辆);

L_{bus}——常规公交在枢纽内行驶的平均距离(m);

V_{bus}——常规公交在枢纽内运行的平均速度(m/s);

N_{car}——高峰小时通过小汽车到达枢纽或离开枢纽的客流量(人/h);

P_{car}——小汽车的平均载客量(人/辆);
S_{car}——小汽车行驶时所占用的动态空间(m^2/辆);
L_{car}——小汽车在枢纽内行驶的平均距离(m);
V_{car}——小汽车在枢纽内运行的平均速度(m/s);
N_{taxi}——高峰小时通过出租车到达枢纽或离开枢纽的客流量(人/h);
P_{taxi}——出租车的平均载客量(人/辆);
S_{taxi}——出租车行驶时所占用的动态空间(m^2/辆);
L_{taxi}——出租车在枢纽内行驶的平均距离(m);
V_{taxi}——出租车在枢纽内运行的平均速度(m/s);
N_{bike}——高峰小时通过自行车到达枢纽或离开枢纽的客流量(人/h);
P_{bike}——自行车的平均载客量(人/辆);
S_{bike}——自行车行驶时所占用的动态空间(m^2/辆);
L_{bike}——自行车在枢纽内行驶的平均距离(m);
V_{bike}——自行车在枢纽内运行的平均速度(m/s)。

(2)站场类设施的规模

①常规公交站场的规模

常规公交站场包括首末站和中间站两个部分,首末站规模可以采用式(6-15)计算:

$$S_{ts} = \sum_{i=1}^{m} b_i \cdot S_b \tag{6-15}$$

式中:S_{ts}——常规公交首末站的规模(m^2);
m——在此设首末站的公交线路的条数(条),该值由公交规划确定;
b_i——计算第 i 条公交线路的首末站面积时应考虑的公交车辆数(标台),按规范规定可以取该条线路配备的公交车辆数的60%,该条线路配备的公交车辆数由公交规划确定;
S_b——每标车在首末站中的占地面积,按规范规定通常取 $100m^2$/标车。

常规公交中间站规模的计算主要采用时空消耗理论。时空消耗是指交通个体(人或车)一定时间内占有的空间或一定的空间上使用的时间,单位是 $m^2 \cdot h$/人或 $m^2 \cdot h$/车。常规公交在中间站停靠的时空消耗为常规公交在中间站停靠所需的空间和停靠时间的乘积。由公交车辆在中间站的时空消耗等于中间站的广义容量(为中间站的面积与其使用时间的乘积)。可以得到:

$$S_{ms} \cdot T \cdot \eta = \sum_{i=1}^{n} f_i \cdot S_{bus} \cdot t_{bus} \tag{6-16}$$

相应地,常规公交中间站规模的计算式为:

$$S_{ms} = \frac{\sum_{i=1}^{n} f_i \cdot S_{bus} \cdot t_{bus}}{T \cdot \eta} \tag{6-17}$$

式中:S_{ms}——常规公交中间站的规模(m^2);
n——在中间站停靠的公交线路的条数;
f_i——第 i 条公交线路在高峰小时发送的车辆数,一般在12辆左右/高峰小时;
S_{bus}——常规公交停靠时的平均占地面积(m^2);

t_{bus}——常规公交在中间站的停靠时间，包括乘客上下车的时间以及车辆启动的时间等，通常取1~2min；

T——高峰小时，60min；

η——表示高峰小时常规公交中间停靠站的利用率，通常取0.6~0.8。

因此，枢纽内常规公交站场的总规模为：

$$S_{pt} = S_{ts} + S_{ms} = \sum_{i=1}^{m} b_i \cdot S_b + \frac{\sum_{i=1}^{n} f_i \cdot S_{bus} \cdot t_{bus}}{T \cdot \eta} \tag{6-18}$$

式中：S_{pt}——枢纽内常规公交站场的规模（m^2）；其他符号意义同上。

②小汽车停车场的规模

小汽车停车场的规模，主要是指在公路客运枢纽内小汽车停车换乘所需的停车场面积。其与高峰小时小汽车停车换乘的客流量、小汽车的平均载客数、每辆车停靠所需的面积以及停车场的周转率等相关。具体计算式为：

$$S_{car} = \frac{N_{car}\overline{S}_{car}}{P_{car}\lambda_2} \tag{6-19}$$

式中：S_{car}——公路客运枢纽内小汽车停车场的规模（m^2）；

N_{car}——高峰小时内停车换乘的客流量（人/h）；

P_{car}——小汽车的平均载客数（人/辆）；

$\overline{S}_{car}$——小汽车的平均停车面积，通常取25~30m^2/小汽车；

λ_2——小汽车停车场的平均周转率。

③出租车停车场的规模

公路客运枢纽内出租车停车场主要为出租车停车候客服务，其规模确定的方法与机动车停车场规模确定的方法相同，主要区别在于参数的选取上，特别是平均载客数和停车场的周转率指标。出租车停车场规模的计算式为：

$$S_{taxi} = \frac{\beta N_{taxi}\overline{S}_{taxi}}{P_{taxi}\lambda_3} \tag{6-20}$$

式中：S_{taxi}——公路客运枢纽内出租车停车场的规模（m^2）；

N_{taxi}——高峰小时内利用出租车到达或离开枢纽的客流量（人/h）；

β——到达枢纽的出租车进入停车场停车候客的比例，一般取0.5~0.8；

P_{taxi}——出租车的平均载客数（人/辆）；

$\overline{S}_{taxi}$——出租车的平均停车面积，通常取25~30m^2/小汽车；

λ_3——出租车停车场的平均周转率，一般大于小汽车停车场的周转率λ_2。

④自行车停车场的规模

一般来说，公路客运枢纽内通过自行车到达或离开枢纽的客流较少。自行车停车场规模的计算方法与机动车停车场规模的计算方法相似。主要考虑的因素为到达枢纽的自行车车辆数、每辆自行车停车占用的面积以及自行车停车场的周转率。其具体计算式为：

$$S_{bike} = \frac{N_{bike}\overline{S}_{bike}}{P_{bike}\lambda_4} \tag{6-21}$$

式中：S_{bike}——自行车在公路客运枢纽内停车换乘所需要的规模（m^2）；

N_{bike}——高峰小时内通过自行车到达或离开枢纽的客流量(人/h);
P_{bike}——自行车的平均载客数,取1人/辆;
$\bar{S}_{bike}$——自行车的平均停车面积(m^2);
λ_4——自行车停车场的平均周转率。

6.4 公路客运站功能布局与交通组织

6.4.1 公路客运站功能分区布局

1. 主要设施构成

公路客运站的主要功能设施包括场站设施、站务用房、办公用房、生产服务设施和生活服务设施五大部分(表6-3)。

公路客运站设施构成表　表6-3

功能设施名	设施构成
场站设施	站前广场、停车场、发车位
站务用房	候车厅、重点旅客候车室、售票厅、行包托运厅、综合服务处、站务员室、驾乘休息室、调度室、治安室、广播室、医疗救护室、无障碍通道、残疾人服务设施、饮水室、盥洗室和旅客厕所、智能化系统用房
办公用房	办公楼
生产服务设施	汽车安全检验台、汽车尾气检测室、车辆清洗、清洗台、汽车维修车间、材料库、配电室、锅炉房、门卫、传达室
生活辅助用房	司乘公寓、餐厅、商店

2. 布局原则

公路客运站在进行总体平面布局时,应符合以下原则要求:

(1)公路客运站的总平面布局应紧凑,充分利用地形特点布置站房,力求节约用地、减少拆迁、节约投资。

(2)公路汽车客运站的总平面布局应根据工艺要求合理分区,方便使用,方便管理,有利于有序安全营运。站内客运和业务办公用房及维修用房等应有明确的区域划分,避免客流、车流、货流交叉干扰,使客运站能有序高效运转。

(3)汽车客运站的总平面布局应根据客运站的建设规模、所在城市的性质与客运站周围的环境,妥善安排站房、站前广场、发车位、停车场和保养场的相互位置及平面关系,以满足各部分的使用要求,方便各部分的相互联系。

(4)应考虑市内公共汽车、有轨电车停车位的衔接,以方便旅客换乘。有地铁到达的车站,应预留地铁出入口。

3. 功能分区布局

根据功能分区,汽车客运站内部布局可分为:站房区、站前广场区、发车区、下客区、配套开发区、停车区、维修保养区。

在功能分区布局上,站房区应与下客区和发车区紧密衔接。在平面布局的情况下,站内应大致分为人流区与车辆区两个大区,实现“人车分流”,保障旅客安全及车辆的快出高效。站前广场主要用于旅客的集散以及与配套交通方式间的换乘联系，广场两侧宜设置公交站台、首末站、出租车上客区等城市交通换乘设施。下客区和发车区宜紧邻站区对外出入口，并与站房紧密衔接。停车区和维修保养区宜设置在站区的内侧，所占用面积较大，如图 6-5 所示。

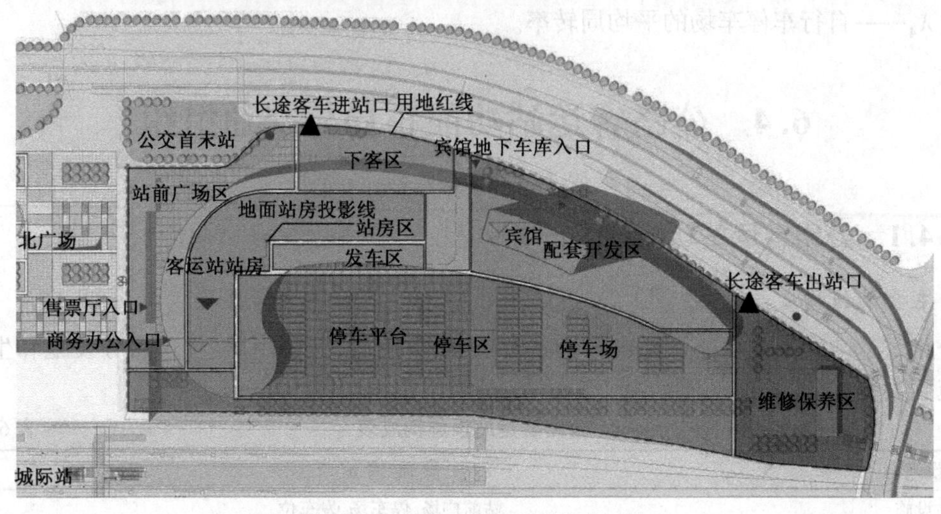

图 6-5　汽车客运站内部的功能布局图

(1)站前广场

站前广场主要是用于满足客流高峰期的大量旅客集散，是进出站的旅客与实现与其他交通方式换乘的缓冲区和联系纽带。其规划应考虑城市道路交通及周边商业、服务性建筑的关系，从交通流线组织、旅客出入口、车辆出入口等布置安排，对广场各个组成部分进行统筹布局。

一般大型车站客流高峰期间，需要较大的广场以满足旅客安全、迅速的集散。同时广场具有组织旅客在室外候车的功能，候车厅内客流较为拥挤的情况下，广场可作为临时候车场所。虽然大型广场的设置增加了旅客步行换乘的距离，不符合用地集约、换乘高效的枢纽建设理念。但在一定时期内，大型广场的设置适合我国客运场站发展的基本国情。

未来随着运输组织水平的提高，候车等待时间逐步减少后，站场基本实现“即到即走”的组织模式。站场对广场的依赖和需求将逐步减少，广场可融入城市景观，以绿化地带、建筑小品等构成公共活动空间的组成部分。在综合客运枢纽的大力发展时期，各种类型的交通方式宜紧密衔接，充分通过站前广场进行旅客集散和换乘。

(2)站房设计

现代客运枢纽发展理念是实现站区设计室内化，即将站房设计的内涵由主体建筑本身扩大至整个站区。枢纽总体发展理念的变化将促进站房设计在功能上进行局部调整，部分站房组成单元在设计形式和规模面积上发生变化，如随着网络售票和电子客票的普及，单位旅客运输量所需的售票厅和候车厅面积将减少。

站房的规划设计在未来运输组织的变化条件下，应考虑以下问题：

①候客厅的面积不宜过大，按照日常旅客最高集聚人数确定，春节及长假期旅客短期猛增的情况，应采取临时措施解决。

②售票区宜设置在靠近旅客进出口处，供旅客在进站和出站时方便快速地购票，宜采用自动售票和人口售票相结合的方式。

③宜采取开敞式的站房设计形式，与城市景观、自然风貌相有机结合，强调采光和通风，并

保留一定区域的开敞空间。

④各个功能区之间宜导引清楚、换乘便捷，走道设计应满足正常状态下旅客通行和紧急情况下安全疏散的要求。

⑤位于城市中心的大型枢纽场站宜采用立体化设计，与城市街道周边建筑连接，形成城市公共交通楼宇群。

(3)停车场

汽车客运站的停车场包括长途汽车的停车场和社会公共停车场两部分。社会公共停车场有条件的场站宜设置于地下一层，长途汽车的停车场宜设置于车站的车辆出口处。停车场不仅是车辆停靠存放的场所，而且承担车辆的维修、油料供应等工作。为保障停放车辆的安全及停车场的高效使用，其设计时应满足以下要求：

①保证停车场具有足够的规模，有足够宽度的通道保证车辆的进出，紧急疏散通道宽度不少于4m；

②实现停车场与人行区分离，避免旅客流线穿越经过停车场，造成安全隐患；

③应充分考虑车辆的尺寸设计停车泊位及站内道路的转弯半径，同时应满足一定的安全视距要求，出入口处不应小于120°的视角；

④停车场宜靠近站房和发车位，便于实现车辆调度；

⑤停车场内的洗车、停车、发车、调车及维修、保养、加油区应根据车辆进出站的流线组织合理安排，避免和减少车辆无效绕行。

(4)下客区和发车区

长途旅客从客车下车后，站内应有人行走廊和步行通道将其引导至站前广场和其他交通方式换乘站，实现换乘过程室内化。发车区紧靠站房，在发车位组织旅客的上车，应毗邻候车室与检票口。长途车的落客区和上客区是车站客运组织的主要环节，落客区与上客区的设计应体现人性化的原则，以宜人、宽敞的配套设施满足旅客舒适、便捷的出行需求。

在车站地区，出租车不宜采用随意的路抛制，应设置专门的出租车发车区和落客区。落客区宜与发车区相分离，落客区应毗邻旅客入站口和售票厅，发车区应毗邻旅客出站口。

6.4.2 配套设施分析

客运站的配备设施主要为生产辅助设施和生活服务设施，以实现客运站旅客服务水平的提高和生产作业的高效完成。

汽车客运站的配套设施应注重以下四个方面的内容。

(1)使用统一的客运站标记，并在车站内设置母婴、残疾人等特殊候车室和残疾人专用停车位；站区内按照国家有关规定设置交通标志，对售票窗、检票口、总服务台、行李寄存处、行包托运处等设施标注明显标示；在无障碍通路、服务台、公用厕所、轮椅坡道等位置设置国际通用的无障碍通路。

(2)统一设置在站场监控系统，候车大厅每个入口处配备一套安检系统，并且闭路电视可对站场进行全天候监视和持续长时间录像。

(3)统一设置触摸和有线电视。班车信息从独立频道播出，售票窗、候车厅、各检票窗口等处各设置1块LED屏，显示线路、班次、票价、售出座位、余留座位和检票、发车等信息。

(4)统一设置公用电话，增加手机充电设施，让旅客享受方便、快捷、安全、细心、周到、规范的服务。

根据行业标准《汽车客运站级别划分和建设要求》(JT/T 200—2004)的要求,配套设备可分为站务设备、管理设备和后勤服务设备。等级以上客运站宜配备的设备见表6-4。

客运站设备配套情况 表6-4

设备名称	
站务设备	购票设备
	电子验票设备
	行包安检设备
	LED电子显示设备
	监控设备
	广播通信设备
	公用电话
	触摸屏系统
	VHF对讲机
	电瓶行李装运车
	行李提升设备
	旅客座椅、母婴床等
	宣传告示设备
管理设备	工作站
	计算机
	打印机
	数据库
	传真机
	工具软件
	通信差转台
	通信站设备
	行政办公设备
	枢纽信息中心预留设备
卫生服务设备	中央空调设备
	车辆安检设备
	车辆维修设备
	洗车设备
	加油设备
	锅炉设备
	变配电设备
	消防安全设备
	供水设备
	清洗卫生设备

公路客运枢纽配套设施涉及内容繁多，原则上应符合以上要求。具体实施时，在不影响枢纽功能实现前提下，可考虑地区差异等其他因素进行适当调整。

6.4.3 公路客运站内部交通流线

1. 内部车辆流线组织原则

公路客运枢纽内部交通流线的组织必须遵循如下原则。

(1)人车分流

将客运枢纽内部的车流线和人流线分开，人行流线是客运站内部最主要的流线，是联系场站各种设施之间的纽带，必须为乘客提供安全、连续和环境优美的步行环境；而人车分流，也为各种车流减少了运行的障碍，简化组织的复杂度。

(2)进出分离

场站进入口功能明确，避免进出混杂；简化流线，保证运行的顺畅，也避免进入干扰而造成的安全隐患。

(3)高效衔接

人流线和车流线在换乘节点有高效的衔接，保证乘客能方便地进行交通方式间的转换。

(4)互不干扰

各种流线尽量避免交织，减少相互干扰，巧妙地利用场地和通道资源，将场站内部的交通流均衡分布。

2. 内部行人流线组织

站区行人流线应结合站房设计考虑，提供舒适的换乘通道，避免旅客在户外进行换乘。换乘公共交通的客流是枢纽集散客流的主体，因此为实现公共交通客流的快速集散，减少乘客滞留时间，流线设计应较为简短，站内换乘距离不宜超过200m。

旅客流线组织分为进站和出站流线。结合站前广场和换乘通道进行集散，换乘通道可采用天桥、屋内走廊、地下通道、垂直通道等形式，满足旅客出站、进站与其他换乘交通方式。

6.4.4 对外交通组织

枢纽对外交通流线组织如图6-6所示。对外交通组织包括长途车、公交车、出租车和社会车的交通组织。

1. 长途车的交通组织

长途车的交通组织应考虑客运站班线的方向性以及城市对外交通出入口的位置。长途客车应能快速地行驶至城市快速路或主干路并连接至高速公路或国省道，实现车辆进出城的“快进快出”。

出入城不同方向的长途车宜选择相应的道路进行交通组织，大型车站的进出车辆应遵循“进出分离”原则，采用不同集散道路连接至快速路网，分解高峰时段的交通压力，避免过多车辆造成局部路段的拥堵。

2. 公交车、出租车和社会车辆的交通组织

公交车结合首末站和公交线路的设置，重合度高的线路应尽量避开长途车的进出道路，防

止局部道路线路过密。可在站区外围设置过境的公交中途站,在提高站区可达性的基础上减少公交车辆的进出站。

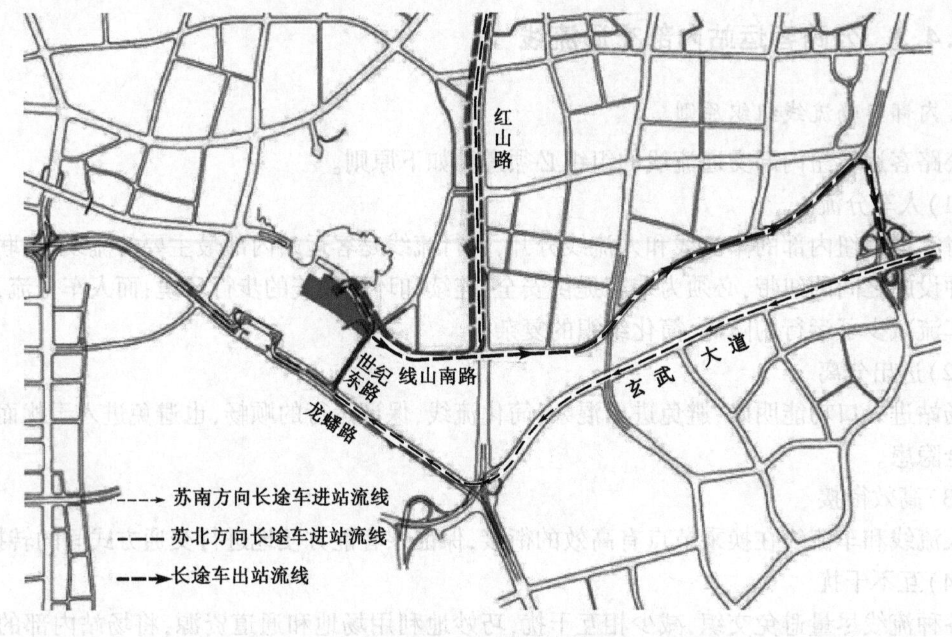

图6-6　枢纽对外交通流线组织图

出租车运行灵活多变,在站区周围如采用路抛制将易干扰道路交通的正常运行。应设置固定的出租车上下客站点,禁止周边道路上随意车辆上下客。出租车转弯半径较小,可利用的集散道路范围较广。社会车辆应避免在站区长时间的停留,其流线安排尽量以通过为主。

【复习思考题】

1. 公路客运枢纽的规划布局影响因素有哪些?其布局选址的原则是什么?
2. 简要阐述公路客运枢纽的选址方法。
3. 简述公路客运枢纽各层次班线的配置的策略。
4. 简要说明客运班线与公路客运系统的关系。
5. 简述公路客运枢纽班线配置规划流程。
6. 公路客运枢纽的总体规模测算应考虑哪些因素?
7. 公路客运枢纽集散设施的规模测算包含哪些内容?简述各自的测算模型。
8. 公路客运站有哪些功能分区?其各自的功能是什么?
9. 公路客运枢纽的配套设施应考虑哪些方面的内容?
10. 公路客运枢纽对外交通组织包含哪些内容?

第 7 章

铁路客运枢纽规划与设计

本章以铁路为单一对外运输方式的客运枢纽,作为分析对象,首先阐述铁路客运枢纽的概念、内涵与构成分类,并介绍枢纽布局选址影响因素及典型布局形式;随后分析铁路枢纽客运站设计及设施配置要求,包括客运站的功能分类、站房内多种用房及站房外附属设施的配置;最后对客运站流线构成与设计要求进行分析。

7.1 铁路客运枢纽内涵及分类

7.1.1 铁路客运枢纽的内涵

在铁路干、支线的交汇点或终端区,由各种铁路线路、专业车站以及其他为运输服务的设备组成的综合体称为铁路枢纽。铁路枢纽是为城市、工业区或港埠区服务,并与国民经济各部门联系的重要纽带,也是交通运输枢纽的主要组成部分。

铁路客运站是铁路旅客运输的基本生产单位,是办理铁路旅客列车或客运专线旅客列车业务的专用客运站。其主要任务是安全、迅速、有序地组织旅客上、下车,为旅客办理旅行手续、提供优质的服务和候车环境,保证铁路与市内交通联系便捷,使旅客迅速疏散。

7.1.2 铁路客运枢纽构成与分类

1. 铁路客运枢纽构成

在铁路客运枢纽内一般设有下列全部或部分设备:

(1)铁路线路:包括正线、支线、联络线、环线、直径线、工业企业线等。

(2)专业车站:包括中间站、区段站、客运站、货运站、编组站、工业站、港湾站等。

(3)疏解设备:包括铁路线路之间的平面和立交疏解、铁路线路与城市公路的跨线桥、平交道口和线路所等。

(4)其他设备:包括机务段、车辆段、客车整备所等。

上述部分或全部设备应在分析枢纽内客货流的基础上,密切配合城市规划、工农业建设、地形条件、工程条件以及既有铁路设备的现状,进行总体规划,分期发展。

2. 铁路客运枢纽分类

铁路客运枢纽因设施方式组合、枢纽功能、站址区位、运量规模的差异分为不同类型,分类说明如表 7-1 所示。

铁路客运枢纽的分类说明　　表 7-1

标准	类型名称	说　明
方式组合	单一型	铁路客运站与市内其他客运方式的换乘衔接枢纽,主要服务于城际铁路旅客换乘各种市内客运方式
	综合型	与国铁、公路或机场联合形成的综合型客运枢纽
枢纽功能	区域中心型	城市群区域中心城市的城际中心站,承担城际铁路网络中转、集散功能
	地区中心型	城市群主要城市的城际中心站,城际铁路网络中的重要节点
	一般型	城市群城市组团或次级城镇的城际站,承担一般集散功能
站址区位	中心型	站址位于城市中心区,周边开发强度较高,多以商业、居住、办公和服务业为主的业态,枢纽与城市中心有较好的耦合,同时枢纽应具备较强的客流集散能力
	边缘型	站址位于城市中心区外围,周边为低密度开发区域,多为工业、居住等业态,需依靠快速道路等交通方式与城市中心区相连。在城市化过程中,边缘型枢纽可能会成为城市增长的核心,改变城市的空间形态
	外围型	站址距城市建成区有一定的距离,周边为低密度建筑和农业用地业态,需依靠区域公路交通等方式与城市相联系。在城市化进程中,可能依托飞地型枢纽开发形成新城镇
运量规模	特大型	平均日旅客发送量为 10 万人次以上
	大型	平均日旅客发送量为 5 万 ~10 万人次
	中型	平均日旅客发送量为 2 万 ~5 万人次
	小型	平均日旅客发送量为 2 万人次以下

7.2 铁路客运枢纽布局选址

7.2.1 枢纽布局选址影响因素

铁路客运枢纽布局选址需依据城镇空间发展战略和铁路线路总体走向及技术要求,对枢纽的位置、规模、功能和枢纽地区发展取向做出规划。

枢纽选址的影响因素可以从铁路和城市两个方面考虑:铁路方面需依据国家、地区铁路网规划,进行铁路线路的预可、工可和城市铁路枢纽总图规划,初步确定枢纽的位置和规模;城市方面需在城市总体规划指导下,依据枢纽所在地分区规划,确认枢纽位置、规模,对于特大型、大型枢纽应明确枢纽地区城市发展战略定位、产业导向等宏观发展取向。两方面影响因素具体分述如下。

1. 从铁路规划角度应考虑的因素

(1)铁路线路接入城市的方向

枢纽的选址应该尽可能靠近铁路线路接入城市的方向,减少铁路正线(或连接线)在城市市区绕行,减弱对外交通与市内交通的相互影响。

(2)铁路枢纽类型

枢纽在系统中的定位和主要服务的旅客运输形态随着枢纽类型的不同而具有差异性,如城际铁路客站、客运专线(铁路)客站、普速铁路客站等。不同类型的枢纽因具有不同的技术经济特征以及不同的途外附属时间敏感性,其对用地区位、城市交通可达性要求及周边用地和建设开发的要求各不相同。

(3)枢纽用地规模

城市土地价值分布呈现非均匀性且差值较大,客站选址及布局需考虑土地价值因素,用地规模不同的客站在选址上也存在差别。

(4)铁路运输组织因素

尤其是针对设置了多个铁路客站的城市而言,铁路客站选址应该尽可能消除或减少多个客站在运营过程中的冲突和干扰。

2. 从城市发展角度应考虑的因素

(1)城市用地条件

枢纽占地较大,对场地要求也较高,城市的地形、地貌及地质、水文等自然条件会限制枢纽的具体选址。另外,枢纽引入城市会使铁路线路对城市用地产生影响。在技术手段无法处理铁路分隔城市用地的情况下,铁路客站选址距离城市过近,将给城市未来的开发带来高昂的成本。

(2)城市规划因素

城市规划因素主要包括城市人口分布、用地布局及空间发展战略等,这些因素都对客流的产生及客流流向有重要影响。另外,枢纽的选址在宏观上还应与城市空间发展战略相协调,引导城市功能空间的合理布局。

(3)多方式联运

枢纽与其他对外交通枢纽之间的位置关系影响着枢纽体系整体功能的发挥。枢纽之间的衔接配合对于构建顺畅连接和高效运行的旅客一体化运输网络具有重要作用。

(4)市内交通系统的发展因素

枢纽选址需要注意与城市道路网、城市轨道交通网络规划相协调,尤其要系统考虑城市轨道交通网络对城市交通体系的影响,以促进城市轨道交通网络与铁路客运枢纽选址的相互耦合。另外, 市内交通系统完善程度对区域可达性的影响,也是枢纽选址需要考虑的因素。

7.2.2 铁路枢纽布局形式

1. 客运站设站条件及数量的确定

小城市城市范围小、到发旅客人数不多,一般设一个客运站即可满足始发中转旅客的要求,并且站址一般设置于距离城市中心相对较近的位置。

中等或大城市枢纽具备以下条件时,应考虑设置两个及以上客运站:①有较多铁路线引入,客流量较大且客流性质复杂;②城市分散或新开发区兴建,各地区的客流量均较大,且具有单独办理客运作业的条件;③改建既有枢纽,原有客运站无发展余地,无法承担枢纽内全部客运量而需要新建客运站;④引入线路类型和服务客流对象有较大区别,如高速铁路和普通铁路,原有站点难以满足。

2. 布局形式

铁路枢纽按枢纽范围内的专业车站和铁路线路布局上的特点分为一站枢纽、三角形枢纽、十字形枢纽、顺列式枢纽、并列式枢纽、环形枢纽、尽端式枢纽和混合式枢纽等8种类型。铁路枢纽与城市布局的关系不断发展变化,其基本原则是既考虑枢纽本身运营的需要与发展,又要力求避免干扰城市。各枢纽布局形式如下:

(1)一站铁路枢纽

一站铁路枢纽一般由一个综合性车站(兼办客、货、改编作业)和3~4条引入线路组成,是铁路枢纽布置图形中最简单的一种结构形式,通常位于中、小城市。这种枢纽的运营特点是所有客货运及列车改编作业完全集中在一个车站上进行,不存在保证各车站间运输联系通道和作业量分配等复杂问题,设备集中,管理方便,运营效率较高。但由于作业集中,容易产生大的作业进路交叉干扰,通过能力和改编能力都较弱。运量较大时,要修建必要的立体疏解设备;引入新线时,应保证主要车流方向的中转列车不变更运行方向。

一站铁路枢纽适用于线路数少、城市规模较小、无改编中转列车占较大比重、没有必要设置几处车站的情况。

一站铁路枢纽与城市的关系比较简单,往往将客运站房设置于城市一侧,位于城市边界,服务于城市的主要部分。若铁路干线分割城市地区,应修建跨越铁路的立交桥,以尽量减少铁路对城市交通的干扰。

一站铁路枢纽布置如图7-1所示。

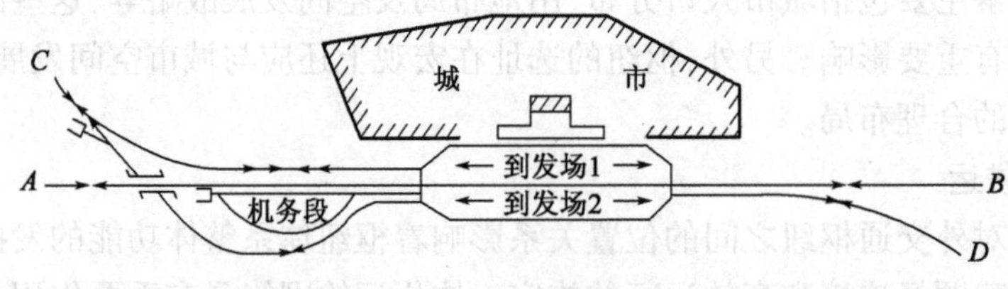

图7-1 一站铁路枢纽布置图

(2)三角形铁路枢纽

三角形铁路枢纽是枢纽线路汇集于三点,并在三点间修建相应的联络线而形成。一般各衔接方向间都有较大的客货运量交流。图7-2为衔接A、B、C三个方向的三角形枢纽布置图。

在改编作业量较大的 *AB* 线路上设有一个客货共用站,*A* 与 *C* 间的折角直通列车不进入客、货共用站而经由中间站 1 和中间站 2 间的联络线运行,以缩短列车行程和消除变更运行方向列车的有关作业。折角列车更换本务机车的作业可由客、货共用站派送机车在中间站 1 或 2 进行。当折角列车数较多时,也可在中间站 1 或 2 修建专用通过车场和机车整备设备,并采用循环交路。

为适应发展的需要,枢纽改、扩建时,可将客、货共用站改为客运站,既有货物运转设备用来为地方车流服务,在主要车流干线上新建编组站。当远期有第四方向衔接时,也可新建编组站,如图 7-2 中的虚线所示。

(3)十字形铁路枢纽

十字形铁路枢纽布置图形的主要特征是两条铁路线近似正交,在枢纽中心设有呈“十字形”的交叉疏解布置,车站设在各线上,根据车流状况和车站布置修建必要的联络线。它适用于相互交叉的衔接线路之间交换的客货运量很少,而直线方向具有大量的直通客货流的铁路枢纽。图 7-3 为 *AB* 和 *CD* 两路线正交,在线路上先建一个客、货共用站,随着运量的增长,再修建联络线和其他车站。这种枢纽布置图形的优点是能保证相互交叉线路独立作业,互不干扰,直通客、货列车可顺利通过本枢纽,获得缩短运程、节省投资的经济效果。但随着相交线路间换乘的旅客、转线的货物列车等作业的增加,这种布置图的优越性将会越来越小。

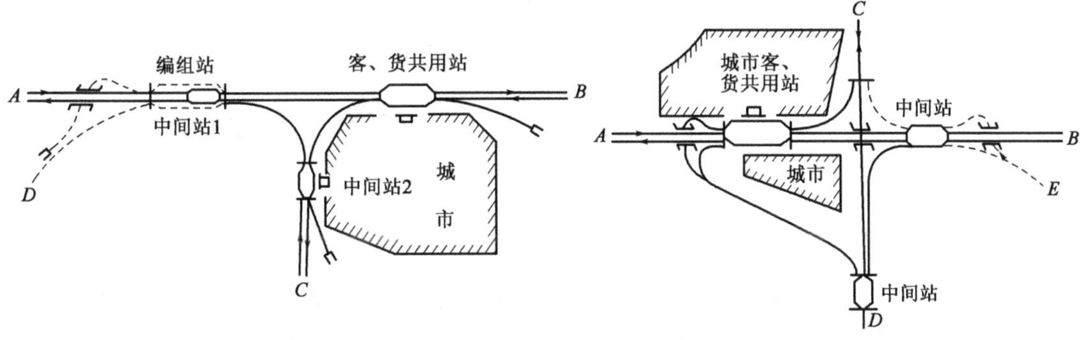

图 7-2 三角形铁路枢纽布置图

图 7-3 十字形铁路枢纽布置图

三角形与十字形铁路枢纽与城市的相互位置有三种可能方案:如图 7-4a)所示,城市基本上位于枢纽的某一象限内,这种布置互相干扰少,城市也有一定的发展余地;如图 7-4b)所示,城市跨枢纽两个象限发展,被分割为二,互相干扰较大;如图 7-4c)所示,城市跨三个象限以上,被十字交叉的铁路干线分割成多块,互相干扰更加严重,

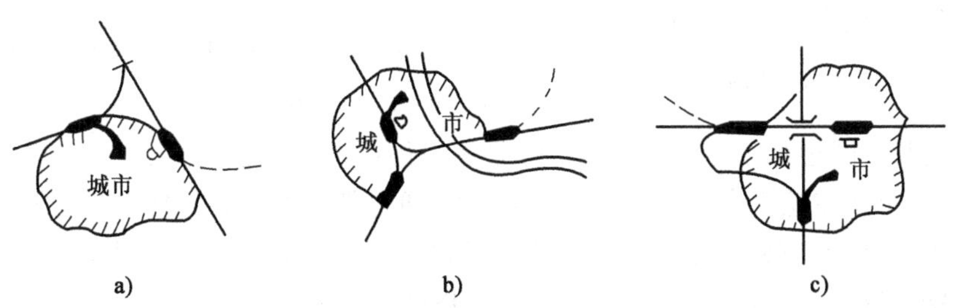

图 7-4 三角形、十字形枢纽在城市中的布置方案

(4)顺列式铁路枢纽

顺列式铁路枢纽的主要特征是枢纽内的所有车站(包括客运站、货运站、编组站等)都顺序纵列布置在枢纽内同一条通道上。顺列式铁路枢纽多数是受地形的影响,布置在傍山沿河等狭长地带而形成。线路一般都汇合在枢纽的两端,顺向车流可通过纵向通道运行,折角车流宜在枢纽前方组织分流而不进入枢纽,枢纽两端引入线汇合处应设置编组站或联络线等设施。

顺列式枢纽的优点是进、出站线路疏解布置简易,客、货运站和编组站的布置有较大的灵活性,枢纽分阶段发展适应性较强。其缺点是到发和通过枢纽的客、货列车及枢纽内小运转列车均集中运行在同一条通道上,区间通过能力紧张,车站咽喉区负担过重,货物列车通过客运站对客运作业干扰大。

为了增强共同通道的通过能力,可铺设第三、第四正线,安装先进的信号设备,在枢纽两端的编组站之间修建迂回线以分流货物列车,沿迂回线修建货运站或工业站以分流枢纽内小运转车流,如图7-5中虚线所示。

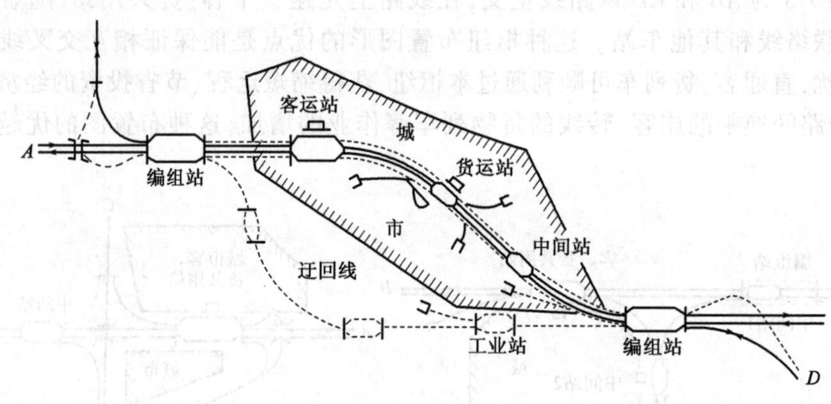

图7-5　顺列式铁路枢纽布置图

对于线路分别在枢纽两端会合,位于傍山沿河的狭长地带以及沿着共同通道分布工业区和仓库区,需要设置两个以上专业车站的枢纽,可参照顺列式枢纽进行规划。枢纽干线应尽量避免分割城市,如图7-6所示。

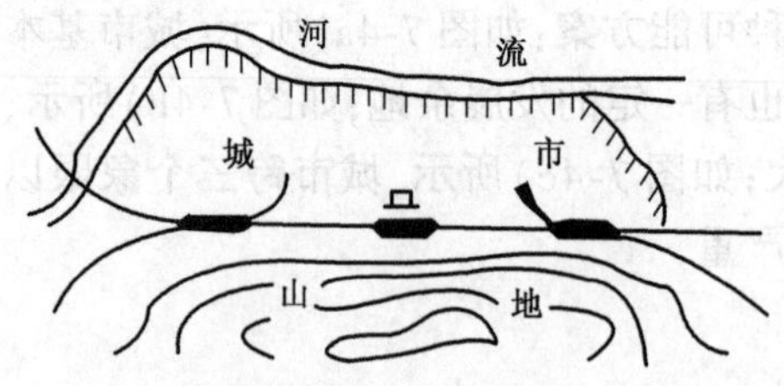

图7-6　顺列式枢纽在城市中的布置方案

(5)并列式枢纽

并列式铁路枢纽的特点是编组站与客运站平行布置在两条并列的通道上,衔接铁路线先按线路方向,再按列车种类(客、货)分别平行布置的编组站和客运站。

图7-7为有两条铁路干线交叉的并列式枢纽布置图。编组站布置在市区的边缘,客运站布置在市区范围内。它是随着市区边缘编组站的新建,将原客、货共用站改建为客运站形成的。其优点是客、货列车运行径路在枢纽内完全分开,互不干扰,通过能力大;在当地条件受限制时,客运站和编组站位置的选择有较多的活动余地;货物列车在市区边缘运行,不干扰城市。其缺点是进、出站线路疏解布置较为复杂,引线工程较大,枢纽内线路的平、纵断面技术条件较差,增加了客、货列车的运营里程和费用,枢纽的分期过渡也比较困难。

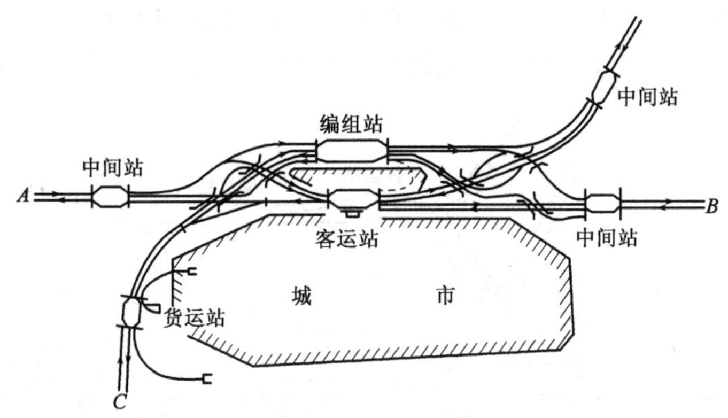

图 7-7 并列式枢纽在城市中的布置方案

这种枢纽图形通常适用于客、货运量都很大而当地条件又适合并列布置两个专业站的枢纽。应将客运站布置在市区一侧,而将编组站布置在市区边缘,两端复杂的进站线路疏解区也应尽量避免设在市区内。市区应尽量在靠近客运站一侧发展,如图 7-7 所示。

(6)环形铁路枢纽

环形铁路枢纽布置图形的主要特征是线路方向较多,用环形线路将所有线路方向连接起来形成一个整体。各种专业车站布置在环线、半环线上或自环线引出伸入城市中心附近,利用联络线将车站与环线连接。

这种枢纽的主要优点是:线路分散在环线上,避免了接轨点过分集中在编组站或枢纽两端带来的客、货列车相互干扰的情况;专业站的设置有更多的选择余地,能更好地结合城市规划使其布置在适当地点;便于各方向间大量车流(包括折角)的交换,通道灵活,环线对运行通路能发挥平衡与调节作用,枢纽通过能力大。其缺点是:环线的修建工程费用大,部分方向的列车必须迂回接入编组站或客运站,增加了列车运行里程。

图 7-8 为众多方向的环形铁路枢纽布置图,设有与城市联通的客运站,并在客运站间用地下直径线相连接,给旅客换乘带来方便。在较多线路的地方设置编组站,以便利改编车流的作业。环线设在市区范围以外,为各方向提供灵活便捷的通道。

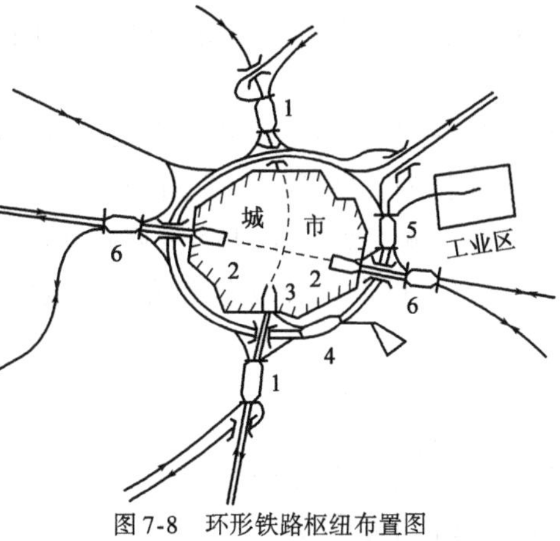

图 7-8 环形铁路枢纽布置图

1-编组站;2-客运站;3-货运站;4-客货共用站;5-工业站;6-中间站

环形铁路枢纽布置图一般适用于有众多线路方向分散,且其间有大量的客、货运量交流,并要求枢纽内的列车运行径路有较大的灵活机动性,需设置环线或半环线的大城市铁路枢纽。

这种枢纽的城市,一般都在铁路环线内发展。当设有两重环线时,内环线主要为城市货运或客运服务,设置或衔接客运站、货运站或货场,外环为铁路运转服务,设置编组站。环线的位置既不宜布置于市区内而影响城市发展,也要防止将环线移出城市过远而不便于城市使用。

(7)组合式铁路枢纽

组合式铁路枢纽是路网发展、城市改建、车流条件和自然条件等多种因素影响下逐步发展形成的。图 7-9 所示为位于两江汇流处的大城市铁路枢纽,用两座大桥将江河分割的三段路线连接在一起，并贯通 AB 干线。它是由三角形、顺列式以及环形枢纽组成的组合式铁路枢纽。从总图布局分析，它在不同程度上既保留着上述形式的特征，又相互联系成一整体。

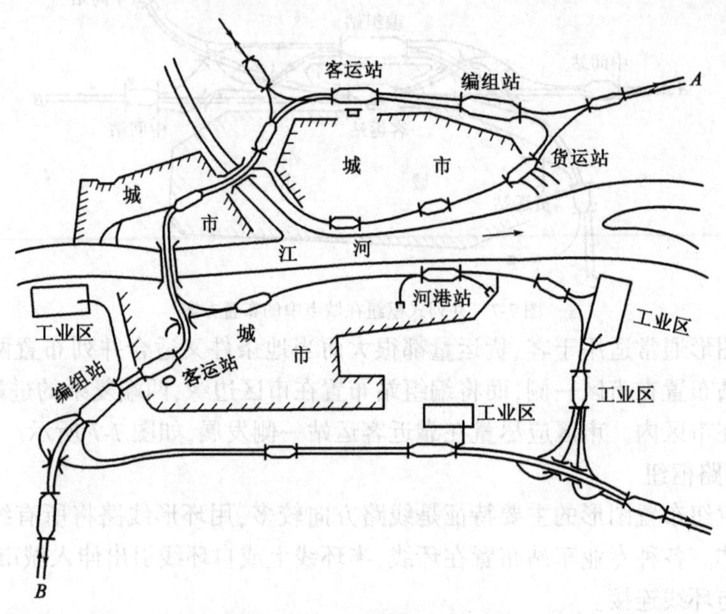

图 7-9 组合式铁路枢纽布置图

在城市组成庞大、工业企业布置分散、客货运量大、线路多、地方和中转车流任务繁重，或有江河相隔处，需设置多处客运站、货运站、编组站和工业站。根据上述各种枢纽图形规划枢纽内各项设备不能满足运营要求时，可根据具体情况，参照具有不同结构的组合式铁路枢纽进行总体规划。

(8)尽端式铁路枢纽

尽端式铁路枢纽位于铁路网的起点或终点，一般设在大港湾、大工业区或采矿区等有大宗货流产生及消失的地区。按其分布地点的不同可划分为两大类，即位于滨海地区和位于内陆的尽端式铁路枢纽。

图 7-10 所示为位于滨海地区的尽端式铁路枢纽，编组站布置在枢纽的出入口处，能有效地控制枢纽的车流。客运站接近市区中心，与编组站顺序排列，港湾站、工业站分布在港区和工业区，并与编组站有方便的联系。为了方便各装卸点间车流交换，可根据需要修建相应的联络线。当枢纽作业量较大，为了减轻出、入口咽喉的负荷，还可设置绕过编组站的通过线，如图 7-10中虚线所示。

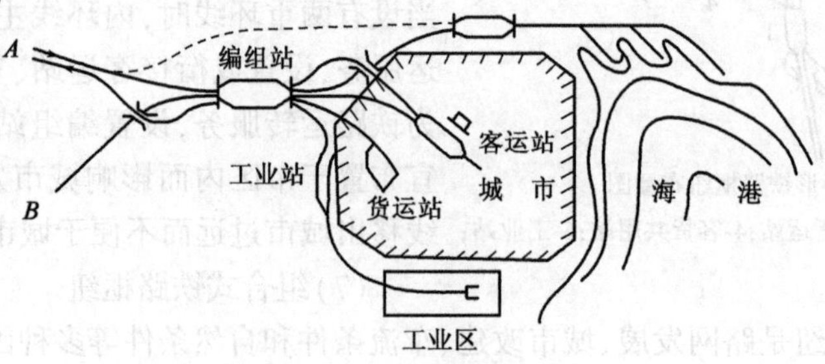

图 7-10 尽端式铁路枢纽布置图

这种枢纽的布置要服从枢纽终端的港湾、矿区或工业区的布局。滨海地区尽端枢纽的引入应尽量沿城市内陆的边缘,避免分割城市与海湾的联系。

7.3 铁路客运站设计

7.3.1 铁路客运站功能与分类

客运站是构成铁路枢纽的基本单位之一,运输组织中客运站起着集中疏散枢纽内客流的作用。根据铁路枢纽所在城市的规模大小与经济发展水平及铁路枢纽自身的特点,一个铁路枢纽内会存在一个客运站或多个客运站。

1.铁路客运站功能

铁路客运站的作业主要分为以下三类。

(1)客运服务作业

包括旅客上下车、候车、问讯、小件行李寄存,以及对旅客文化生活、饮食卫生方面的服务等。

(2)客运业务

包括客票发售,行李、包裹的承运、装卸、保管和交付,邮件装卸等。

(3)技术作业

如列车接发、机车摘挂、技术检查、变更列车运行方向,办理餐车供应及上燃料等作业。

2.铁路客运站规模与分类

客货共线铁路客运站规模应按最高聚集人数确定。客运专线规模应按高峰小时发送量确定。最高聚集人数是指客运站全年上车旅客最多月份中,一昼夜在候车室内瞬时(8 ~ 10min)出现的最大候车(含送客)人数的平均值。高峰小时发送量是指车站全年上车旅客最多月份中,日均高峰小时旅客发送量。客运站规模等级分类见表7-2。

《铁路旅客车站建筑设计规范》规定的铁路客运站规模等级 表7-2

指标	客货共线铁路旅客车站最高聚集人数(人)	客运专线铁路旅客车站高峰小时发送量(人)	客货共线铁路旅客车站日均发送量(人/d)	客运专线铁路旅客车站日均发送量(人/d)
特大型	≥10 000	≥10 000	≥100 000	≥200 000
大型	[3 000,10 000)	[5 000,10 000)	[30 000,100 000)	[100 000,200 000)
中型	[600,3 000)	[1 000,5 000)	[6 000,30 000)	[20 000,100 000)
小型	<600	<1 000	<6 000	<20 000

注:按照高峰小时系数1.2,最高聚集人数按照日均发送量的10%折算。

3.站房与站台布置形式

站房按其地面与站台面间的高差关系可分为以下三种形式:

(1)线平式。站房与站前广场毗连一层的地面高程与站台面的高程相平或相差很小,如图7-11a)所示。

(2)线上式。站房与站前广场毗连一层的地面高程高于站台面的高程,如图7-11b)所示。

(3)线下式。与线上式相反,如图7-11c)所示。

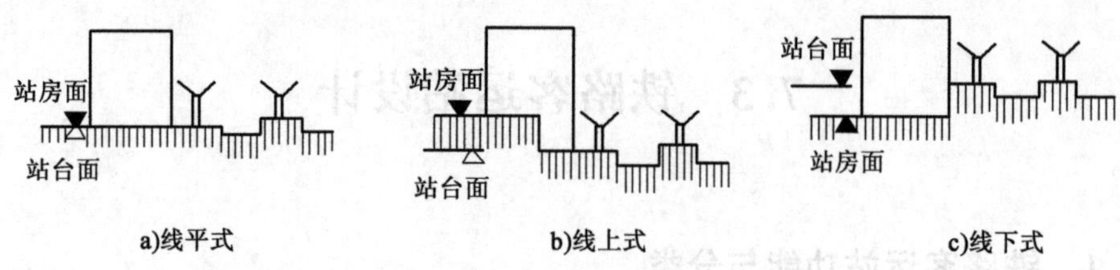

图7-11　站房与站台平面高差关系图

线下式或线上式一般是由于地形、城市规划等条件的限制,为了减少填、挖方数,节省工程造价,或使旅客进出站走行的升降高度最小而建造的。

按服务旅客的性质,旅客站房可设计为长途与市郊旅客合用的站房、专为市郊旅客用的市郊站房、铁路与其他运输方式共用的联合站房等。

7.3.2　铁路客运站房内各种用房的设置

1. 铁路客运站房构成

旅客站上所有房室及其布置,应根据站房等级、类型、服务旅客的种类、车站工作量及工作性质等因素来确定。小型站房较简单,大、中型站房一般应具有下列三类房室:

(1)客运用房。由候车部分(候车室)、营业部分(包括售票厅、行包房、小件行李寄存处、问讯处、服务处等)以及交通联系(广厅、通廊、过厅等)三部分组成。

(2)技术办公用房。包括运转室、站长室、办公室、会议室、公安室等。

(3)职工生活用房。为车站职工生活服务的各种房室。

2. 客运用房房室及其设置要求

(1)候车室(厅)

候车室(厅)是旅客休息候车和组织旅客进站的场所。候车室应有适宜的候车环境,与站房的主要入口、检票口联系方便,并尽可能地靠近站台,以缩短旅客进站距离。候车室的布置形式视站房的规模、客流构成的繁简和布局的需要,可分下列几种(图7-12)。

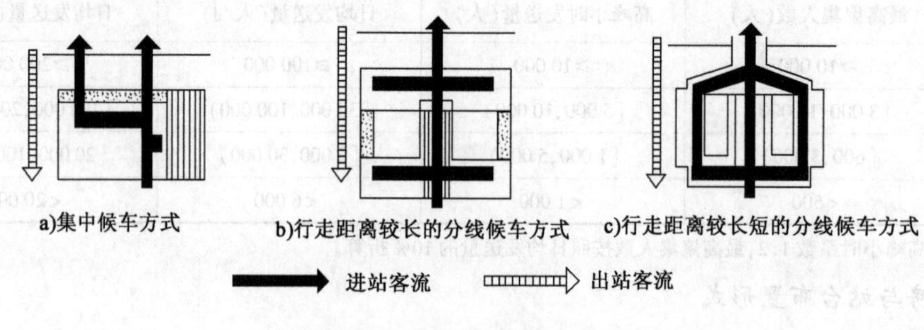

图7-12　候车室布置形式示意图

①集中候车方式,如图7-12a)所示。这种布置方式,候车室使用机动灵活,利用率高。但当客流量较大,且旅客性质复杂时,候车秩序较难维持,甚至会造成个别旅客误上其他列车的

现象。因此,这种候车方式适用于客流量较小的客运站。

②分线候车方式,如图 7-12b)、c)所示。这种候车方式宜在客流量较大,且客流性质复杂时采用。其中,图 7-12b)布置形式的旅客走行距离较长,图 7-12c)布置形式的旅客走行距离较短,旅客在候车室内无往返行走,秩序也易维持。在选择这两种布置形式时,也应结合站房造型统筹考虑。

(2)售票处(厅)

售票处(厅)位置主要根据普通进站旅客流线的流程来确定,通常要求将售票处设在旅客进站流线中靠前且明显易找的地方,布置形式如图 7-13 所示。

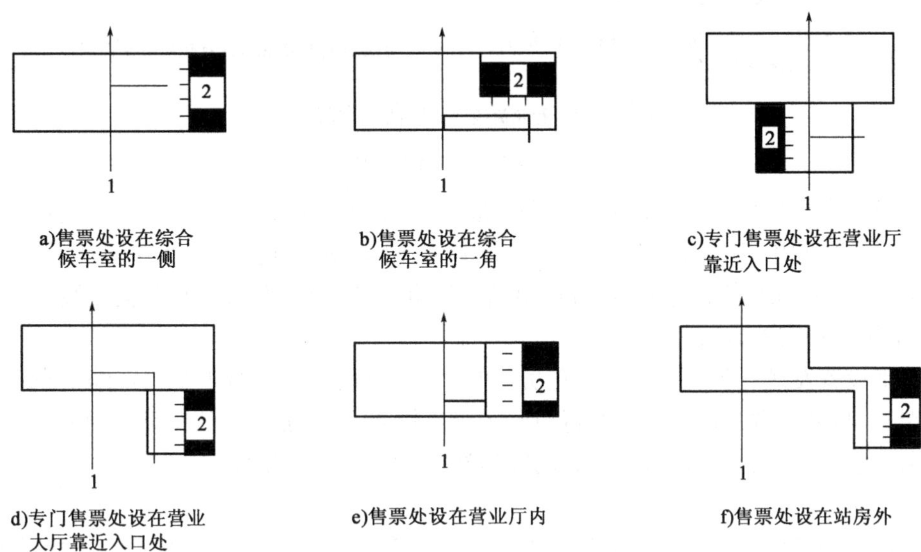

图 7-13 售票处在站房中的位置示意图

1-旅客进站流线;2-售票处

①售票处直接向综合候车室开设窗口的布置形式,如图 7-13a)、b)所示。这种布置形式的优点是明显易找,在空间使用上也具有较大的灵活机动性,旅客流线行程短。其缺点是购票旅客对候车旅客影响较大。旅客候车时间较短和客运量较小的客运站,可采用这种布置形式。

②售票处设于营业广厅内或靠近主要入口处,如图 7-13c)、d)、e)所示。这种布置的最大优点是旅客的购票活动与候车等其他活动互不干扰。

③在站房之外单独设置售票厅,如图 7-13f)所示。采用这种布置形式时,宜用廊道把售票厅与站房连接起来,以免旅客有露天流程。但这种布置形式下,旅客步行距离较长。

在市郊旅客较多的客运站,可在其检票口附近设置独立的售票处。在中转旅客较多的客运站,可在站台内或出站口附近设中转签票处。

(3)行包房

在整个站房布局中,行包房的位置是否妥当,对旅客进、出站流线与行包流线和车辆流线交叉与否,工作人员管理是否方便有很大影响。行包房的位置应与站房的其他客运用房、站台、广场有机联系,行包房的布置形式如图 7-14 所示。

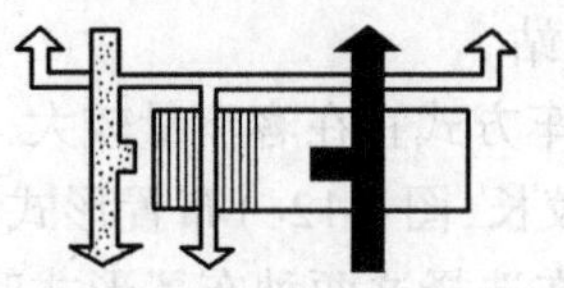

a)只设一个行包房，但取、托行包客流与进出站客流无交叉

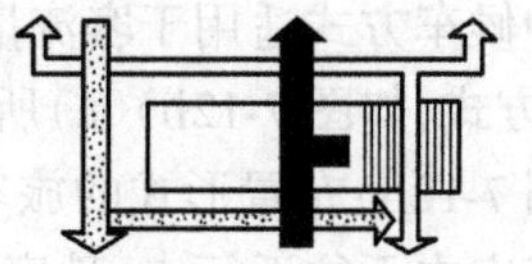

b)只设一个行包房，但取、托行包客流与进出站客流有交叉

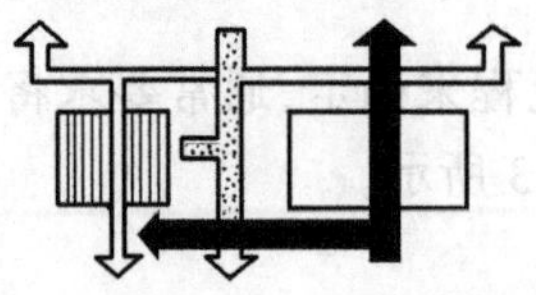

c)只设一个行包房，取、托行包客流与进出站客流有交叉

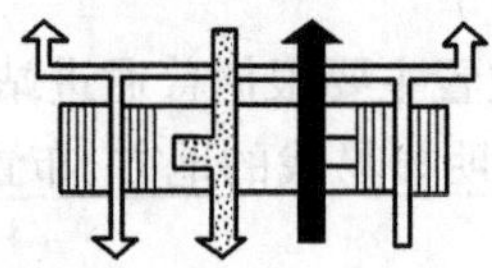

d)发送行包房和到达行包房分别设置

行包流线　行包房

图 7-14　行包房在站房中的位置示意图

①只设一个行包房兼办行包的托运和提取业务，如图 7-14a）、b）、c）所示。这种布置形式对行包仓库的利用、管理人员的安排和行包的搬运等都具有灵活方便的优点。但由图 7-14b）、c）可知，取、托行包客流与进、出站客流有交叉，因此在行包和车辆流线均较小的客运站，宜采用这种布置方式。

②分别设置发送行包房和到达行包房，如图 7-14d）所示。当行李车固定编组在列车运行方向一端时，与另一端行包房之间的行包搬运距离较大，并与旅客流线交叉。为避免与人流交叉及便利行包的运送，在到发行包量大的客运站上，可设置专用的行包地道。

（4）小件寄存处

小件寄存处是旅客暂时寄存随身携带的小件行李的地方。业务量不大的小型客运站，可将小件寄存处附设在问讯处或行包房内，以节省管理人员和建筑面积。大、中型站房的小件寄存处应单独设置，其位置最好能让进、出站旅客共用，如有困难时，应以照顾出站旅客为主，布置在出站口附近。当小件寄存量很大，在布局上又不便于兼顾进、出站旅客时，可在进站大厅、出站口附近或候车区等地方分设几处，以便旅客就近存取。

（5）问讯处

设置问讯处是用于回答旅客旅行中有关列车到发时刻、购票手续等问题。较小的站房一般不设，大、中型站房需设专门的问讯处，其位置应在站内较明显的部位，便于旅客到站后能立即发现，且宜靠近售票处。

7.3.3　铁路客运站房外附属设施设置

1. 旅客站台

为保证旅客上、下车的安全和便利，加快旅客的乘降速度，缩短行包、邮件的装卸时间，在办理旅客乘降的车站和乘降所，均应设置旅客站台。

旅客站台的数量及位置应与站房、旅客列车到发线的布置相适应，站台与线路的相互位置见图 7-15。

每两站台之间设一条到发线，如图 7-15a）、b）所示，能保证旅客由一个站台下车的同时另一个站台的旅客上车,缩短了旅客上、下车时间。但当旅客到发线较多时,站台增多,占地面积大,列检作业及更换枕木不方便,站台利用率也低。

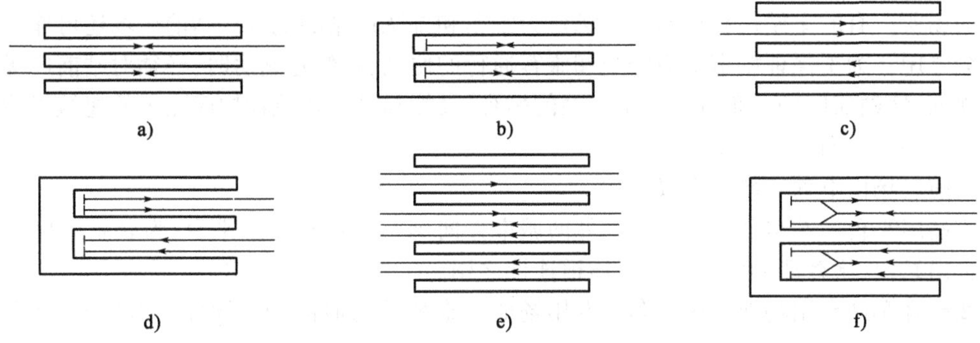

图 7-15 旅客站台与到发线相互位置

每两站台之间设两条到发线,如图 7-15c)、d)所示,可克服上述缺点,是一种最广泛的布置形式。

两站台之间布置三条到发线,如图 7-15e)、f)所示,中间一条到发线用作列车通过或机车走行。

2. 跨线设备

跨线设备是站房与中间站台间或站台与站台间的来往通道。按与站内线路交叉方式的不同,跨线设备分为平过道、天桥和地道。按其用途的不同,跨线设备分为供旅客使用和供搬运行包、邮件使用的跨线设备。

(1)平过道。在客运量较小的客运站,供旅客使用的平过道布置在站台的中部接近进、出站检票口处。供搬运行包使用的平过道设在站台的两端。平过道的宽度不应小于 2.5m。

(2)天桥和地道。天桥和地道应设在大、中城市的通过式车站上和旅客上、下车人数较多且旅客出、入站的通路被通过列车、停站列车或调车车列阻断的车站上。

天桥的优点是造价低,受水文、地质条件影响小,维修、扩建方便,排水、通风、采光条件好,但其升降高度较大,斜道占用站台面积较多,遮挡工作人员视线。在经济技术条件允许下,应优先采用地道。天桥和地道的出、入口应与进、出站检票口相配合,以减少旅客在站内的交叉干扰。其位置应保证旅客通行和行包、邮件装卸作业的安全与便利。

(3)行包地道。在行包和列车对数都较多的大型客运站,为了使人流和行包流分开,应设置专用的行包地道,采用机动车与各中间站台联系。图 7-16 为大型客运站跨线设备设置位置示意图。

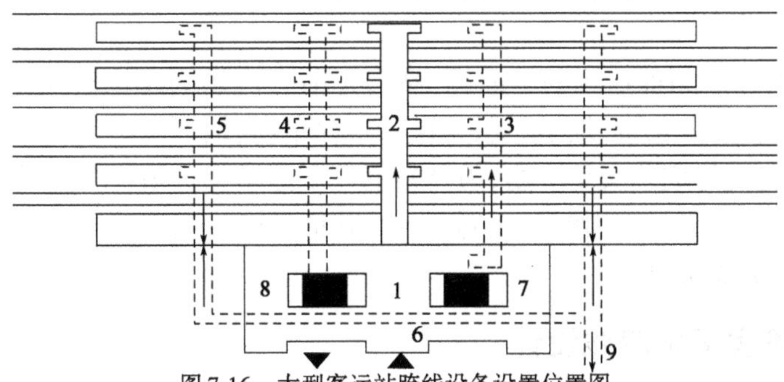

图 7-16 大型客运站跨线设备设置位置图

1-站房;2-进站高架通廊;3-市郊进站地道;4-出站地道;5-行包地道;6-纵向行包地道;7-发送行包房;8-到达行包房;9-通行政大楼

3. 站前广场

站前广场是联系铁路与城市交通的纽带,是客流、车流和货流集散的地点,是旅客活动和休息的场所。有的车站还利用站前广场作为候车和排队进站的地方。站前广场还可作为迎宾和集会之用。为了保证城市交通安全和旅客通行的便利,在修建站房时,必须对站前广场进行统一规划,使站前广场的布置既突出车站的站容,又能与其他建筑物构成完美的建筑群体。

(1)站前广场的组成部分

站前广场由下列三部分组成:

①站房平台。站房平台是站房室外向城市方向延伸一定宽度的平台,为联系站房各部位并与进出站口、旅客活动地带及人行通道连接之用。

②旅客车站专用场地。旅客车站专用场地由旅客活动地带、人行通道、车行道、停车场及绿化、建筑小品组成。

③公交站点。公交站点包括公共汽车、电车、城市轨道交通等在站房附近设的首末和中途站点。

(2)站前广场的布置要求

站前广场的布置应根据客流的大小及性质、站房的规模、城市干道的布置、城市交通车辆停车场的分布等因素来考虑。一般应满足下列要求:

①结合城市发展规划、站房规模、地形等情况,合理确定广场的面积及布局,使广场内各种设施与城市道路及站房出入口有机结合,保证旅客安全迅速地疏散。

②合理组织广场内各种流线,妥善安排各种车辆的行驶路线和停车场地,尽量避免各种流线本身和相互之间的交叉干扰。

③广场内各种建筑物必须统一规划,在空间上要求既不感到压抑拥挤,也不至于空旷无边;在建筑形式上要求既突出站房主体,又要与站房协调一致。

④注意站前广场的绿化带设计,满足城市绿化的要求。

(3)站前广场示例

站前广场可按停车场集中或分散布置,也可以按不同车辆类型或到发方向进行划分。

图 7-17 为按车辆类型划分停车场的站前广场,无轨电车和公共汽车分别在广场两侧停靠,小汽车和出租汽车设在广场中部。停车场划分明确,车辆相互交叉少。车辆不穿行广场对广场干扰也少。但由于站房纵向距离较长,三个停车场间距较大,旅客来往于各停车场与站房进、出口之间的距离较远,出站旅客往站房右侧乘无轨电车与左侧乘公共汽车的进站旅客在广场上有交叉。

图 7-18 为设有多个站前广场的平面图,站房正前主广场为小汽车停车场,主广场面对河流,视野开阔,两侧设有绿化带,地下一层为自行车存车场,地下二层为地下商场。站房西侧旅客出站口处,与行包房组成公交副广场,为公共电汽车停车场。站房北侧设子广场与城市干道相连。站场总体布置采用"高架候车,上进下出,南北开口,主、副、子广场分开布局",流线顺畅,布局紧凑,旅客疏散快捷。

7.3.4 铁路客运站流线设计

1. 流线构成

客运站旅客、行包、交通车辆等的流动行驶路线通常称为流线。流线是站场、站房和站前广场总体布置的主要依据。流线设计的好坏,不但影响客运设施的作业能力和效率,同时也关系到对旅客服务质量的优劣以及客运人员工作是否方便等问题。

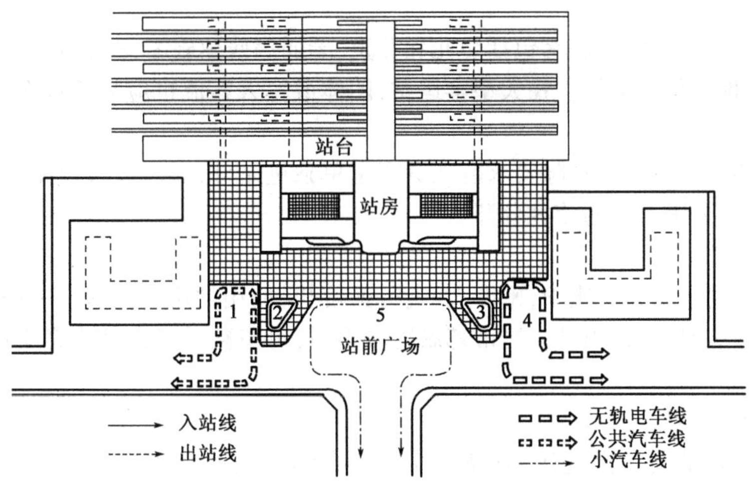

图7-17 分散停车场的站前广场平面图

1-公共汽车站;2-地铁上车站;3-地铁下车站;4-无轨电车站;5-小汽车站

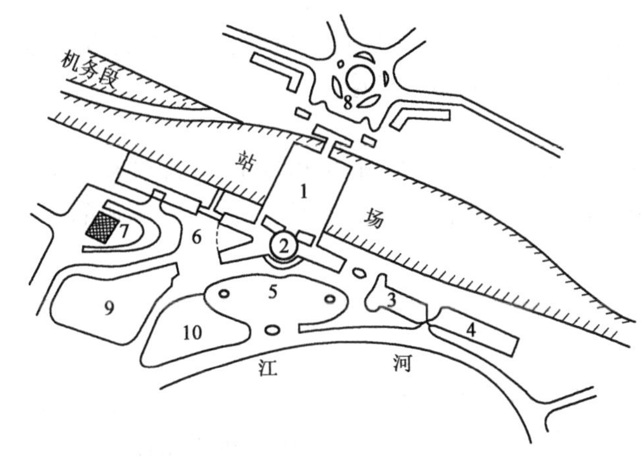

图7-18 多个站前广场平面图

1-跨线候车室;2-主站房;3-行包售票综合楼;4-邮政楼;5-主广场;6-副广场;7-公共汽车站;8-子广场;9-商业楼;10-绿化带

流线按其性质的不同分为旅客流线、行包流线和车辆流线;按其方向的不同又分为进站流线和出站流线。

(1)进站旅客流线

进站客流在检票前比较分散,不同性质的旅客在不同时间内办理各种旅行手续,并在不同地点候车。进站旅客流线按其旅客性质不同分为以下5种:

①普通旅客流线。普通旅客流线是进站旅客流中的主要流线,人数最多,候车时间也长。多数旅客的进站流程是到站—问询—购票—托运行李—候车—检票—上车。

②中转旅客流线。根据换乘时间的长短,有的中转旅客办理签票后即入候车室,随普通旅客一起检票进站;也有的中转旅客不出站而在站台上换乘列车。

③市郊旅客流线。市郊旅客的人流密度较大，候车时间短，不必购票和托运行包，多数随普通客流一起检票进站。市郊旅客较多的车站可单独设市郊旅客候车室的进站口，与普通客流分开。

④特殊旅客流线。特殊旅客包括婴儿和儿童、老弱病残孕旅客，在中型以上客站应单辟候车室和检票口，保证优先进站。在大型客运站，团体或军人客流也应另辟候车室，与普通旅客分开进站。

⑤贵宾流线。进站的贵宾除要求能从贵宾室单独进站外，还需设置汽车直驶基本站台的专门通道，其路线要求与普通旅客分开。

(2)出站旅客流线

出站旅客的特点是人流集中，密度大，走行速度快，使用站房时间短。一般情况下，普通、市郊、中转旅客均经出站口出站。当市郊旅客较多时，可单独设置市郊旅客出站口，与其他出站旅客分开。

(3)发送行包流线

发送行包的作业流程是托运—过磅—保管—搬运—装车。该流线应与到达行包流线分开。大型客运站行包托运处设在售票处附近，并应在站台两端设置专用的行包地道，以便行包搬运。

(4)到达行包流线

到达行包的作业流程是卸车—搬运—保管—提取。大型客运站行包提取处设在出站口附近，并设置专用的行包地道与各中间站台相连接。

(5)车辆流线

车辆流线是指站前广场的公共交通车辆、出租汽车、自行车等的流线。在站前广场应与城市交通相配合，合理组织各种车辆进出广场的路线，规划各种车辆的停靠位置和场所，使旅客乘车安全方便，迅速疏散。

2. *流线设计要求*

流线设计应满足下列要求。

(1)尽量避免各种流线互相交叉干扰。大型客运站应考虑进站旅客流线与出站旅客流线分开；旅客流线与行包流线分开；长途旅客与市郊旅客进出站流线分开；发送行包与到达行包流线分开；车站职工出入口与旅客出入口分开；公共汽车与出租车流线分开。

(2)最大限度缩短旅客在站内的步行距离，避免流线迂回，把缩短旅客进站和出站路线放在首位。

(3)在大型站要布置多出口，尽量避免出站人流拥挤，以最快速度疏散旅客。

根据客运站总平面布局和空间组合不同，疏解进站和出站旅客流线的方式有以下4种：

①主要进、出站流线在同一平面上错开。如图7-19a)所示，为了更好地配合站前广场的车辆流线组织，需将进、出站流线在同一平面上的左、右侧分开，通常把进站流线安排在站房右侧，出站流线安排在站房左侧。这种方式一般适合于中、小型线侧式单层的客运站房。

②主要进、出站流线在空间上错开。如图7-19b)所示，利用站房不同平面来组织进、出站流线。一般将进站流线安排在上层，出站流线安排在下层，并设置有较大坡度从地面通向上层的通道。这种方式一般适合于线侧式大型双层客运站房。

③主要进、出站流线在平面和空间同时错开。如图 7-19c)所示,进站流线由下层入站经自动扶梯进上层候车,然后经高架交通厅检票上车。出站流线经站房左侧跨线地道由下层出站。这种方式一般适合于线侧式大型双层客运站房。

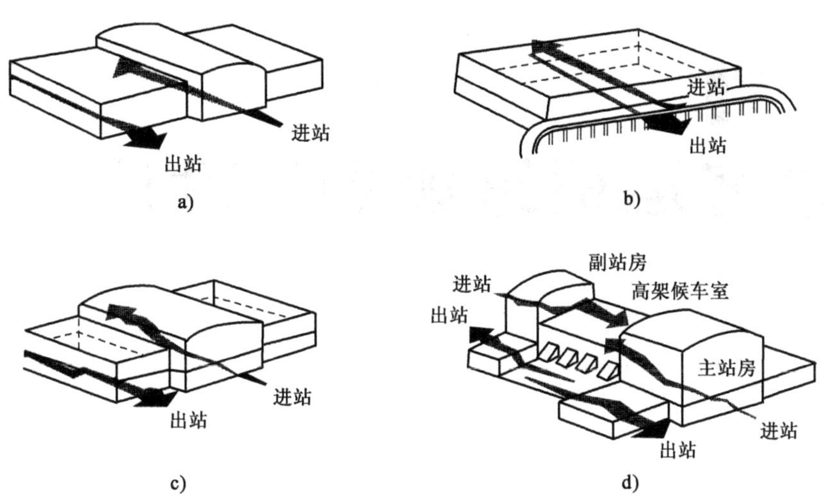

图 7-19 进、出站旅客流线疏解示意图

④主要进、出站流线在主、副站房的平面和空间同时错开。这种客运站可使旅客同时由主、副站房进出站,适合于设有主、副站房并用高架候车室相连接的特大型线侧式站房。

【复习思考题】

1. 阐述铁路客运枢纽的内涵。
2. 阐述铁路客运枢纽的分类及特征。
3. 简述铁路客运枢纽布局选址影响因素。
4. 铁路客运枢纽有哪几种布局形式,各自的适用条件是什么?
5. 根据铁路客运站站房与站台的关系,站房布局可以分为哪几种形式?
6. 阐述铁路客运站房构成及布设要点。
7. 简述铁路客运站流线构成及流线设计要求。
8. 阐述铁路客运站进出站流线各布设方式及其适用性。

第8章 水路客运枢纽规划与设计

以休闲、度假为主的水上旅游交通快速发展,使得以旅游、口岸等服务功能为主,为旅客提供多元化交通出行服务的水路客运枢纽建设日益受到关注。本章主要介绍水路客运枢纽规划与设计的相关内容,包括基本概念、需求分析、总体规划及平面设计和水陆域布置等内容。

8.1 水路客运枢纽概念与客运码头分类

8.1.1 水路客运枢纽相关概念

水路客运指在规定水域,使用船舶运送旅客及其行李的运输形式。港口通常具有货运与客运功能,其中承担客运功能的相关设施构成了水路客运枢纽。港口客运站是水路客运枢纽的载体。

1. 港口

《港口法》中规定,港口指具有船舶进出、停泊、靠泊,旅客上下,货物装卸、驳运、存储等功能,具有相应的码头设施,由一定范围的水域和路域组成的区域。

港口主要设施包括港口水域设施、港口陆域设施及港口水工建筑物,如图8-1所示。

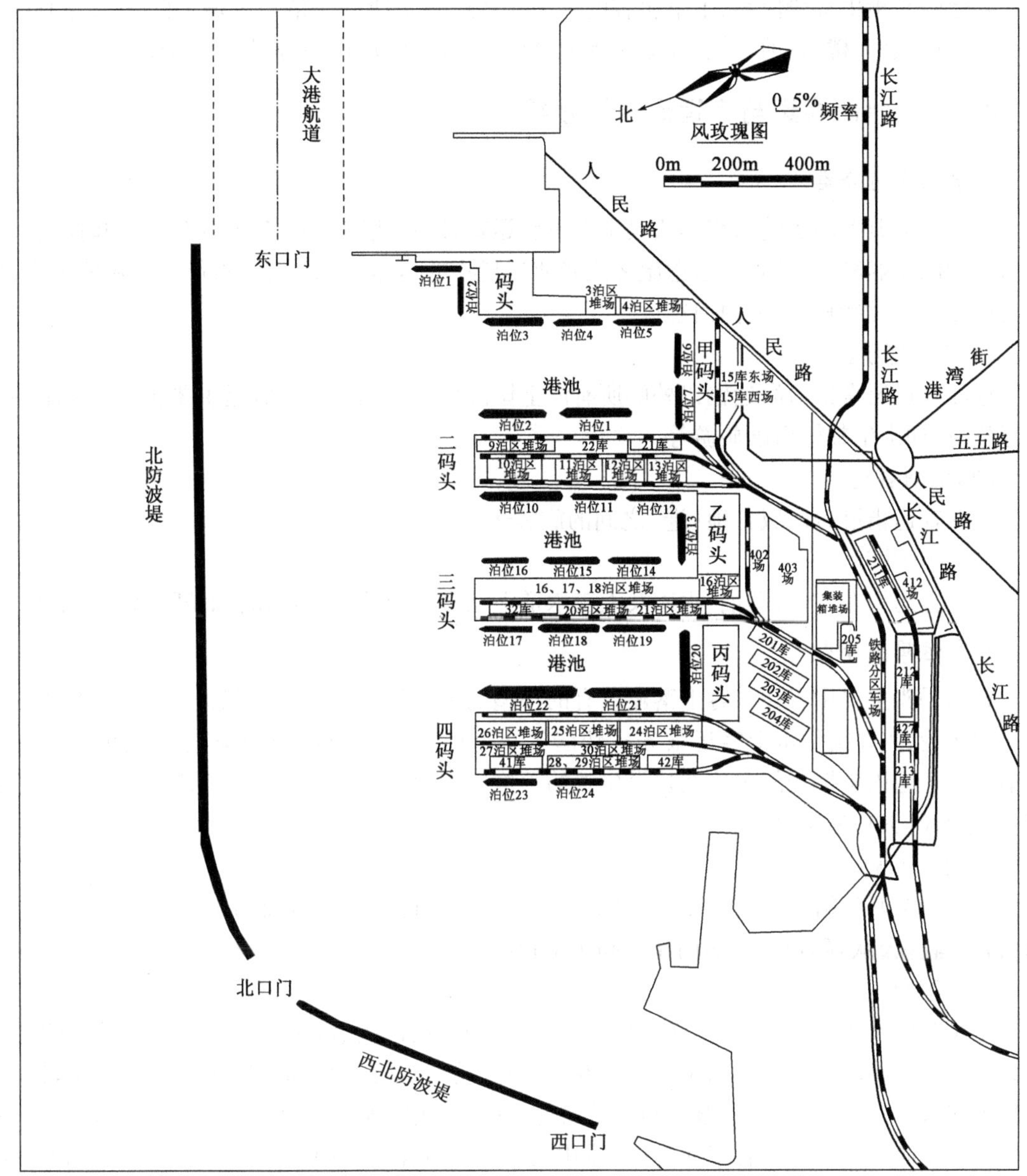

图 8-1 大连港大港港区平面图

港口水域供船舶进出港，以及在港内运转、锚泊和装卸作业使用，包括锚地、航道、回旋水域和港池。

港口陆域供旅客上下船，以及货物的装卸、堆存和转运使用，一般配备有码头与泊位、货物仓库与堆场，以及铁路和道路、港口机械、给排水与供电系统等陆域配套设施。港口陆域上供船舶停靠、旅客上下、货物装卸的水工建筑物称为码头。

2. 港口客运站

港口客运站是办理水路客运业务，为旅客提供水路运输服务的建筑和设施，包括站前广场、站房（客运大楼）、客运码头（或客货滚装船码头）和其他附属建筑等内容。

客运码头指供客轮停靠、上下旅客的码头。客运码头所在的港口陆域上除码头与泊位之外,还应有客运大楼、站前广场、停车场等配套设施,其他陆域设施应视需要而设置。

8.1.2 水路客运与客运码头的分类

1. 水路客运分类

水路客运典型的运输组织形式是定期班轮运输,即在选定的港口间按照排定的时间表、配以适量的同型船舶,有计划地运送旅客或者兼运货物的运输。水路客运按航行区域的大小,可分为远洋客运、沿海客运和内河客运。

(1)远洋客运

远洋客运通常指沿海运输以外的所有海上国际旅客运输。远洋客运主要包括洲际旅游或环球旅游,如乘坐邮轮出国旅游等。

(2)沿海客运

沿海客运指沿海区域各地(港)之间的旅客运输。

(3)内河客运

内河客运指在江河、湖泊、水库及人工水道上从事的内陆旅客运输,如城际水上巴士等。

2. 客运码头分类

客运码头主要用于让乘客上落船。有的小型的客运码头只可以供街渡(街渡是香港的一种小型渡轮,主要提供水上客运服务)、快艇等小型船只泊岸,而大型的客运码头可供大型邮轮泊岸。客运码头按功能定位及建设位置的不同,大致可分为公众码头、轮渡码头、普通客运码头、旅游码头和邮轮码头。

(1)公众码头

公众码头开放给所有船使用(需考虑水深,吃水比码头附近海面的水位深的船不能进入码头)。有些公众客运码头,还用作装卸小量货物。

(2)轮渡码头

轮渡指用渡船将旅客、汽车或列车等客货、车辆渡过河流、港湾或海峡。摆渡起止的地方称为渡口。轮渡码头通常由固定的航线专用,多条航线也可共用同一轮渡码头。轮渡码头主要集中在市区,用于市区内各渡口间人员出行,例如重庆的朝天门码头、武汉的中华路码头、厦门鼓浪屿轮渡码头等。也有某些连接不同国家或地区的轮渡码头,会设出入境设施,例如香港港澳码头。

(3)普通客运码头

普通客运码头可定义为用于各城市间的旅客出行的码头。与轮渡码头相比,这类码头通常航线更长,客船沿内河航道或海上航道航行。在我国,普通客运码头主要分布在沿海城市和长江沿岸,例如宜昌港客运码头。

(4)旅游码头

旅游码头是专门为到景区旅游的乘客服务的码头,例如武隆旅游码头、兴山峡口旅游码头等。旅游码头多以方便旅客上下出行为目标,多采用缆车或者自动扶梯等自动式上下码头方式,且大部分配有相应的服务、商业设施。

(5)邮轮码头

邮轮码头通常用于邮轮泊岸,多数会附有完善的配套设施,例如海关。出入境柜位及卫生检疫办事处。行李处理区。票务处。旅游车停泊区及上下客区等。由于邮轮体积和排水量大,邮轮码头需要建在水深港阔的地方,例如上海吴淞口国际邮轮码头。

8.2 客运码头的需求分析

8.2.1 水路客运需求特征

1. 水路客运功能及水路客运需求特征

水路客运需求指在一定的时期内、一定运价水平下,社会经济生活在旅客空间位移方面,通过水路运输的方式,所提出的具有支付能力的需要。水路客运需求除必须具备有位移和价格两个条件之外,还必须有在承担这种水路运输方式的载体(客船)。旅客运输需求一般可分为两类,即关系到国计民生的生产性需求和满足人们消费的消费性需求。

水路客运运输的需求来源于社会经济活动,不同的社会经济活动对运输的要求不同。社会经济活动的多样性和复杂性,决定了运输需求及其影响因素的多样性和复杂性。其主要的特征有:

(1)派生性。运输需求是社会经济活动派生出来的,旅客提出位移要求的目的不是位移本身,而是为实现生产或生活的目的,完成空间位移只是其为实现真正目的的一个必不可少的环节。

(2)规律性。运输需求起源于社会经济活动,社会经济的发展及增长速度具有一定的规律性,运输需求也具有规律性。

(3)不平衡性。不平衡性主要体现在时间、空间和方向上。时间上的不平衡主要是农业生产的季节性、贸易活动的淡季、旺季、节假日及旅游季节等。空间和方向上的不平衡主要是资源分布、生产力布局、地区经济发展水平、运输网络布局等。

(4)个别需求的异质性。异质性指个别运输需求对运输质量管理和工艺要求不同;对运输方向和运输距离要求不同;对运输时间和运输速度要求不同;对运价水平要求不同等。

2. 客源结构的分类

了解客源结构对客运经营至关重要。不同的旅客对客运的需求不同,客运经营要最大限度地满足旅客的不同需求。客源构成对航线规划、配船和客舱的等级分配有着很大影响。客源结构可按年龄、距离、旅费负担和旅行目的等进行分类。其中,职业和旅行目的两项对客运经营的影响最大。

(1)按职业分可了解旅客构成的成分,如:工人、农民、军人、机关干部、科技人员、文艺工作者、教师、学生、商人等。

(2)按旅行目的分,可分为出差、探亲、旅游、经商、外出务工、学习等。

(3)按运输距离分,有长途、中途、短途。

(4)按旅行费用的负担分,有公费和自费等。

3. 水路客流的主要特征

(1)时间上的季节性和不平衡性。客流有旺季和淡季,有高峰时间和低谷时间。农民客流一般冬春农闲时期比夏秋农忙时期大。探亲、访友、游览的客流大都集中在节假日或风和日丽、秋高气爽的季节,通勤(指从家中往返工作地点的过程)、通学的旅客则以早晚、周末或节假日前后为最多。国庆节和春节期间客运量会远大于平常。客流的季节性和不平衡性决定了运输能力必须保有一定的后备,以满足旺季或高峰期间的运输需要。春节和暑假期间分别正值北方天寒地冻和南方炎日酷暑之际,气候因素也会给运输造成了一定困难。

(2)往返方向的客流比货流平衡。旅客运输对象单一,除永久性的迁移外,一般旅客有往必有返。通勤、通学、郊游等短途旅客或在当天或在一星期内往返,长途旅客则视需要在月、季、年内往返,往返方向的客流一般说来比较平衡。

8.2.2　水路客运需求的主要影响因素

影响水路客运需求的因素比较复杂,主要包括以下4个方面:

(1)人口分布与社会发展水平

旅客运输的对象是人。一个国家,一个地区人口的分布与构成是决定水路客运客流量分布和构成最基本的因素之一。人口分布的疏密,直接影响客流量的大小,人口稠密、繁华的城镇和工业区,通常也是交通发达、客运繁忙集中的地区。

一个地区的人民物质和文化生活水平比较高,这个地区的人民往往会与外界有更多的经济、文化往来,他们外出旅游参观的愿望更强烈,外出旅游的可能性也更大。旅游资源的开发和旅游环境的改善也会吸引大量游客。

(2)国家制度及相关政策

国家的政治制度、经济制度对客流生成也会产生重大影响。例如:社会主义制度实行计划经济或实行计划经济与市场经济相结合的经济制度,则客流量生成有明显影响。市场经济出现,商品交换和人员流动频繁。资本主义制度实行市场经济,劳动力都是商品,人员的流动性大。

同一个国家实行同一种政治制度和经济制度,执行不同的政策也会对客流生成产生影响。例如:我国在执行改革开放政策以后与改革开放前相比有明显区别。实行不同的休假制度、工作日制度、离退休制度、劳动制度、职工疗养制度以及边境的开放程度等都将对客流的生成产生影响。

(3)大型活动和节假日

大型展览、大型运动会、大型会议等活动期间,圣诞节、感恩节、复活节、伊斯兰教的开斋节,我国的春节、清明节、国庆节期间等都会形成大量客流。

(4)运输网和其他运输方式的发展

运输网的地区分布与客运量的地区分布有密切关系。一般来说运输网四通八达、纵横密布的地区,多是客流密集的地区。

在一些运输环节上,水路客运有其不可替代的作用,如海峡运输、过江运输,水路运输成本最低。公路、铁路、航空、城市轨道交通的发展水平也对水路客流产生相当大的影响。

引起客流变化的原因是极其复杂的。这些原因彼此之间还会相互影响,因此必须分析客流的变化情况,掌握其变化规律。

8.2.3　水路客运需求的预测方法

预测水路客运量的方法有很多种,主要分为生产和运输比例关系法以及数理统计法两类。

数理统计法包括回归分析法、指数平滑法、灰色预测法等。这里主要介绍生产和运输比例关系法、多元线性回归分析法。

1. 生产和运输比例关系法

按生产和运输比例关系法计算方法分为三种:按国民收入增长同客运量增长之间客运弹性比值计算;按人口平均乘坐率计算;速度增长法。

(1)按国民收入增长同客运量增长之间客运弹性比值计算

客运弹性比值表示国民收入每增长1%,客运量增长的百分数。分析历史上国民收入增长速度同客运量增长速度之间比值的变化及其主要影响因素,依据预测期经济发展情况寻求未来的客运弹性比值,再依据预测期的国民收入增长速度,推算未来客运量。

计算式为:

$$N = R(1+m)^t K_1 \tag{8-1}$$

式中:N——预测的客运量(万人);

R——基础年的客运量(万人);

m——预测期国民收入平均年增长速度(%);

t——预测期年限(年);

K_1——预测期的客运弹性比值。

(2)按平均乘坐率计算

主要是依据未来客运站开设的客轮的航班次数来推算未来客运量。

(3)速度增长法

分析历史上客运量的增长速度及其主要影响因素,预估这些因素对未来客运量增长速度的影响程度,测定未来客运量增长速度,最后预测出客运量。

生产和运输比例关系法是一种历史数据与经验相结合的方法,计算中还要考虑到发展规划、路网结构的变化和其他运输方式发展等因素的影响。

2. 多元线性回归分析法

(1)自变量选取

某一区域水上客货运输需求通常与该区域社会、经济、环境等多种因素相关。例如区域经济总量的增长将带动航运需求的增长,同时航运发展速度与国内生产总值(GDP)的发展速度成正比,尤其是与第二、第三产业GDP关系密切。可以选取预测区域的GDP、第一产业总值、第二产业总值、第三产业总值、固定资产投资、社会消费品零售总额等为自变量。

(2)样本数据及分析

通过调研获取过去客运量的历史数据,为保证线性公式的合理性,需要分析自变量和因变量之间的相关性。皮尔森相关系数可以较为准确地反映变量之间的线性相关程度。用r表示相关系数,r的绝对值越大,表明相关性越强。

$$r = \frac{1}{n-1}\sum_{i=1}^{n}\left(\frac{x_i-\bar{x}}{S_x}\right)\left(\frac{y_i-\bar{y}}{S_y}\right) \tag{8-2}$$

式中:n——样本量;

x_i, y_i——两个变量的观测值;

$\bar{x}, \bar{y}$——两个观察量的均值;

S_x, S_y——两个变量的标准差。

一般相关系数 r 的绝对值为0.70～0.99时为高度相关,0.40～0.69时为中度相关,0.10～0.39时为低度相关。

(3)建立多元回归预测公式

假设用于建立多元线性回归预测模型的自变量为 $x_1, x_2, \cdots, x_n$;因变量为 y。可依据历史数据,通过数理分析、专家打分等方法确定各个自变量的参数,建立如下形式的多元线性回归预测公式:

$$y = b + \sum_{i=1}^{n} a_i x_i \tag{8-3}$$

式中:b——待定常数。

(4)公式检验

通过运用数理统计方法,对所建立的预测公式进行检验,相关参数取值的可靠性检验主要包括拟合优度、方程显著性、变量显著性等。

8.3 水路客运枢纽的规划设计

8.3.1 水路客运枢纽的规划设计流程

客运枢纽的规划设计大致分为四个阶段:

(1)现状分析阶段

现状分析阶段主要包括的任务有:规划设计的目标确定、原则及工作思路的拟定,调查水路客运枢纽的历史沿革及发展现状、功能定位分析、腹地的经济社会条件调查、港口的自然条件调查与分析、水路客运旅客吞吐量与社会经济发展的关系等。

(2)需求分析阶段

需求分析阶段应分析客流需求的主要影响因素,研究枢纽客运的发展演变规律,建立相关需求分析模型,预测特征年的旅客吞吐量。

(3)规划设计阶段

规划设计阶段主要包括水路客运枢纽选址,即选择合适的位置建港并确定港口的规模,进行客运枢纽的功能分区、平面规划、水域和陆域布置以及配套设施建设,并对布局方案进行各方案比选。

(4)方案论证阶段

从经济性、工程可行性、环境可持续性、社会效益等方面综合评估方案,并提出推荐方案的分期实施及保障建议。

8.3.2 客运码头的选址

1.选址原则

(1)选址应统筹兼顾和正确处理与商港、渔港、军港、临海工业、旅游以及其他部门之间的关系,与城市及交通运输规划互相协调。

(2)选址应与区域性城镇体系规划、综合交通规划等相关规划相互衔接,尽量减少工程对周围现状和规划的重大项目的影响。

(3)港址选择应充分考虑区域经济发展水平,港口的性质和规模应依据腹地经济、旅客流量及集疏运条件确定。

(4)港址宜选在避风条件较好、风浪较小的地段,最大程度减小风浪对客船停泊和行驶的影响。

(5)港口应留有足够的水域和陆域面积。港口水域宜选在天然掩护、泥沙运动较弱的地区。港口陆域纵深应满足拟建码头功能及相关管理对陆域的要求,有条件时应留有一定的发展空间。

(6)客运码头本身运营的经济效益并不突出,但作为一个口岸枢纽,运营期将带来巨大的人流量和车流量,港址应尽量具有良好的土地资源和旅游产业开发条件。

(7)客运码头的选址应尽量靠近城镇及交通便利的地区,并应具有良好的供水、供电和通信等外部条件。

(8)客运码头宜集中布置,应与危险品、有毒品、粉尘等污染物作业场地有一定的防护距离。

2.港内掩护条件

潮流、水位和波高都是影响客船港内停泊稳定性的因素。设计客船码头时,除确定好涨潮时间落潮时间、潮速,最高、最低水位外,还要考虑波浪的高低。对于通常的货运码头,泊位允许停泊波高一般为1.0~2.0m,风力小于或等于九级。对于客船码头而言,停泊的客船摇晃频率会很快调整到与波浪频率一致,船上长时间停留的船员或旅客会难以忍受客船摇晃。港内必须满足合适的平稳度,港内水域也应尽量避免波浪反射或采取消浪措施。

港内掩护要求主要考虑波浪作用下码头结构抗浪能力及系泊客船与码头之间相互碰撞安全(码头靠泊允许波高),更重要的是在系泊客船上休闲的人们的舒适性(码头泊稳允许波高)。港内允许波高按不同年限的$H_{4\%}$(超过该波高的累积频率为4%)确定。

从舒适性来看,泊稳允许波高为0.1~0.3m;从安全性考虑,如系泊系统采用柔性结构,靠泊允许波高为0.2~0.6m;如系泊系统为刚性结构,则靠泊允许波高为0.3~0.4m。

港内泊稳允许波高(2年一遇$H_{4\%}$)应在0.1~0.3m之间(小型客船取小值,大型客船取大值)。港内靠泊允许波高(25年一遇$H_{4\%}$)应在0.3~0.5m之间(柔性结构取小值,刚性结构取大值)。当可能出现大于0.5m的波高时,应考虑采取特殊的结构措施以确保码头及停泊在码头上的客船安全。

8.3.3 客运码头的功能定位及规模确定

1.客运码头的功能定位

客运码头的功能定位及规模规划是基于规划设计中前期准备阶段和需求分析阶段的工作来进行的。

客运码头的功能定位应充分考虑与港口所涉及的区域经济、其他交通运输方式发展相协调,其功能主要体现在以运输和中转功能为依托,与其他交通工具相结合形成联运的交通运输网。可按不同需求分为公众码头、轮渡码头、普通客运码头、旅游码头和邮轮码头,有的客运码头需要兼顾货运。

2. 客运码头的规模确定

码头规模包括泊位的数量、水深及装卸设备(用于旅客上下船的设施)的数量等,港口其他设施的规模一般都与码头规模配套或相互协调。确定码头规模是确定港口规模的主要内容之一。港口规划时应确定合理的码头规模,以最大限度地适应未来航运发展的需要。

码头规模主要由泊位停船吨级和泊位数量两个指标体现。

客运码头停船吨级主要取决于航线运距和旅客吞吐量。一般运距越长、船舶吨位越大,单吨运输成本越低。旅客吞吐量指报告期内经由水路、航空等乘船(飞机)进、出港区范围的旅客数量,是港口行业重要统计指标。

泊位数量指港口可同时停靠码头进行装卸作业(旅客上下船)的船舶数量,是反映港口规模的重要指标之一,客运码头泊位数主要取决于旅客吞吐量和单个泊位通过能力。

目前与客运码头相关的规范主要有《河港工程总体设计规范》(JTJ 212—2006)、《海港总体设计规范》(JTS 165—2013)及《交通客运站建筑设计规范》(JGJ/T 60—2012)。这三个规范中对客运码头的建设规模确定及通过能力计算没有描述。在《交通客运站建筑设计规范》前版之一《港口客运站建筑设计规范》(JGJ 86—1992)中 4.0.4 规定“客运码头的泊位数,可根据客货吞吐量、航线数、船型、船期、到发船密度等因素合理确定”。

目前规范中对于客运码头的通过能力计算没有计算式可以直接借鉴。下面提供一个已经通过主管部门和相关行业专家审查的泊位数量计算式,为客运码头泊位数量的确定提供参考:

$$P_{si} = \frac{T_y}{\frac{t_z + t_f}{t_d}} \times \frac{G}{K_B} \tag{8-4}$$

$$P_t = \frac{1}{\sum \frac{\alpha_i}{P_{si}}} \tag{8-5}$$

$$N = \frac{Q}{P_t} \tag{8-6}$$

式中:P_{si}——单个泊位某一类型客船的年通过能力(人次);

P_t——单个泊位年通过能力(人次);

T_y——泊位年运营天数;

t_z——客船发船间隔(h);

t_f——辅助作业时间(h);

t_d——24(h);

G——设计船型实际载客数(人次);

K_B——不平衡系数;

α_i——某一类型客船数占总量的比例(%);

Q——年旅客吞吐量(人次);

N——泊位数(个)。

《邮轮码头设计规范》(JTS 170—2015)给出了邮轮码头单个泊位年通过能力的计算式:

$$P_s = 2T_y \rho T \frac{G}{K_B} \tag{8-7}$$

式中:P_s——邮轮码头单个泊位年通过能力(人次);

T_y——泊位年运营周数(周);

ρ——设计船型客位平均实载率(%);

T——泊位周平均靠泊艘次(次/周);

G——设计船型客位数(人次);

K_B——泊位运营不平衡系数。

8.3.4 港口客运站交通流线设计

1. 流线的分类

流线按性质可分为以下三类:旅客流线、车辆流线、货物(行包、邮包)流线。按流动方向可以分为进站流线、出站流线和中转流线。

2. 港口客运站外部交通流线设计

(1)基本原则

港口客运建筑外部交通流线设计的主要目的是避免各类交通流线的交叉干扰,通过在总平面设计中合理安排建筑与城市交通的关系,如各类交通站点,市政道路、人行通道、停车区域等连接点的关系,缓解对城市交通的压力。

(2)总体构成

港口客运站外部交通流线关系示意图如图8-2所示。其中,站前广场、客运站(站房)和码头是港口客运站的重要组成部分。

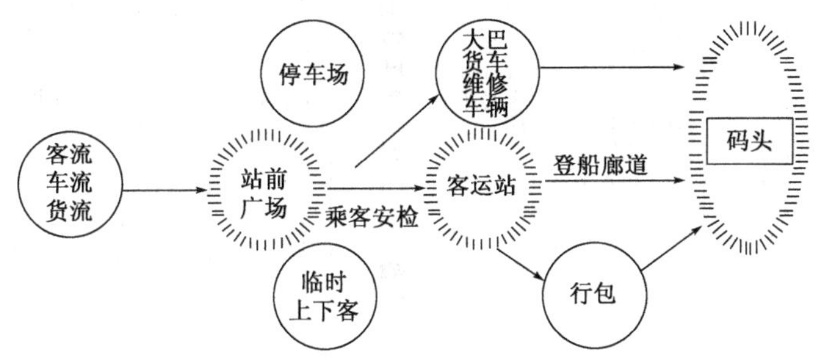

图8-2 港口客运站外部交通流线关系示意图

(3)站前区

站前区是供旅客进出客运站的集散场所,由站前广场旅客进出客运站的流线需通畅简捷,应有明显导向的标识系统,旅客有序地进行安检,候船,通过上下船设施等。站房、上下船设施与码头区应有明显分隔,避免旅客进入而造成管理上的混乱。站前区道路交通系统布局应以加强内部功能组织和便利内外交通联系为原则。

站前区的流线一般采用立体式分层方式处理城市交通与进出站交通的矛盾,形成良好的空间衔接关系,避免机动车辆影响站前区的环境。可以在站前区提供临时等候停车场供出租车和旅游车使用,实现人车分流。

站前区也可采用前后分流或左右分流的方式。前后分流是将客流、车流分别组织在站前广场前后两个部分,前部行驶、停靠车辆;后部上下旅客,作为旅客活动区。旅客可安全进出站房,前后互不干扰。采用此种分流方式,车辆不能紧靠出入站口,增加了旅客步行距离。左右分流是将客流、车流沿站前广场横向分布,客流右边进站,左边出站,车流按流向、流量分别组织在不同场地,从而使人车分流,互不干扰。

3. 港口客运站内部交通流线设计

(1)基本原则

港口客运站设计的基本原则是互不交叉,便捷合理,明确清晰。流线设计应从客运量的大小考虑。客运站的内部流线比较复杂,包括不同类型的人流及物流。各个功能区应明确而相对独立,避免流线交叉混杂。在设计时应优先考虑方便乘车,重视人性化设计。换乘功能区应充分利用客流资源开发商业价值,并为旅客提供休憩的空间。

(2)国内航线站房区

客运站内基本流线主要是旅客流线和行包流线。为避免各类流线的交叉,一般通过立体分流避免交叉,即把不同的人流在不同的高程上分开,避免人流的交叉。这是解决各种人流之间交叉混杂的有效途径。

港口客运站的流线关系示意图如图 8-3 所示。

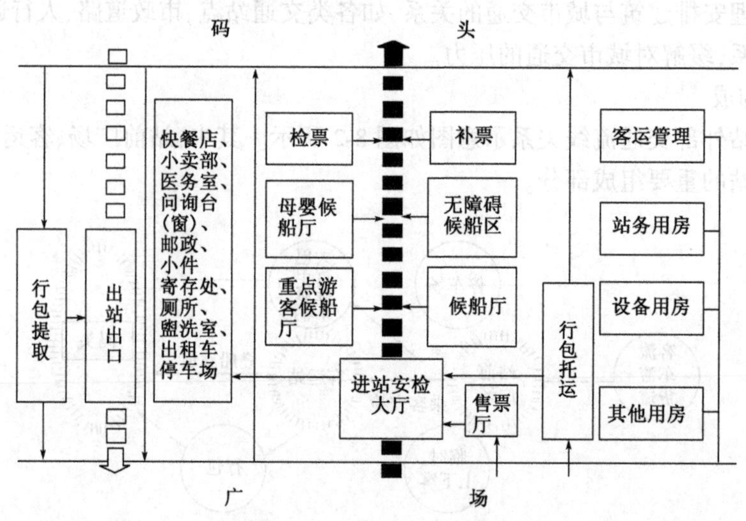

图 8-3　港口客运站流线关系示意图

(3)国际航线站房区

除具备国内港口客运站的基本功能外,国际港口客运站还要具备旅客通关出入境的功能以防止走私、偷渡、传播疾病等情况的发生。

①入境流线

船舶靠岸—候检厅—落地签证—卫检—边检—行李提取—海关查验—入境大厅。

②出境流线

安检—出境大厅—置换登船牌—卫检—海关查验—托运行李—边检—候船厅—检票—登船—离岸。

8.4 客运码头设计与布置

8.4.1 码头的平面设计

1. 码头的结构形式

码头结构形式有重力式、高桩式、板桩式和浮码头等，设计时可依据使用要求、自然条件和施工条件综合考虑确定。

(1) 重力式码头靠建筑物自重和结构范围的填料重量保持稳定，结构整体性好，坚固耐用，损坏后易于修复，有整体砌筑式和预制装配式两类，适用于较好的地基。

(2) 高桩码头由基桩和上部结构组成，桩的下部打入土中，上部高出水面，上部结构有梁板式、无梁大板式、框架式和承台式等。高桩码头属透空结构，波浪和水流可在码头平面以下通过，对波浪不发生反射，不影响泄洪，并可减少淤积，适用于软土地基，如图 8-4 所示。

(3) 板桩码头由板桩墙和锚碇设施组成，借助板桩和锚碇设施承受地面使用荷载和墙后填土产生的侧压力。板桩码头结构简单，施工速度快，除特别坚硬或过于软弱的地基外均可采用，但结构整体性和耐久性较差。

(4) 在水位差较小的河流、湖泊中和受天然或人工掩护的海港港池内也可采用浮码头，借助活动引桥把趸船与岸连接起来，这种码头一般用做客运码头、卸鱼码头、轮渡码头以及其他辅助码头。

2. 码头的布置形式

码头布置形式与水陆域的环境条件及码头性质有关，应依据建设地点的自然条件，考虑有利于船舶作业、旅客上下船和陆上货物集疏运、存储作业等营运条件。常见的布置形式有：顺岸式布置（含栈桥式布置）、突堤式布置、挖入式布置、沿防波堤内侧布置。此外还有岛式布置和栈桥式布置等形式，如图 8-5 所示。

(1) 顺岸式布置

码头前沿线与自然大陆岸线大致平行或成较小角度的布置形式，尤其适合于港口规模不大，可利用的岸线较多、水域宽度有限制的港口，是河口港常见的布置形式。这种布置形式的优点是利用天然岸线建设码头，工程量小，泊位可占用的陆域面积较大，便于停车场、客运大楼以及其他辅助设施的设置。但每泊位平均占用的水、陆域面积较多，如果岸线有限，则布置的泊位数较少。

(2) 突堤式布置

码头前沿线与自然岸线成较大角度的布置形式。在天然海湾及人工掩护的水域中建设的港口，水域范围受限制，采用突堤式布置，可建设的泊位数较多。这种布置形式的优点是可以节省自然岸线，在一定的水域范围内可建较多的泊位，使整个港区布置紧凑，便于集中管理。

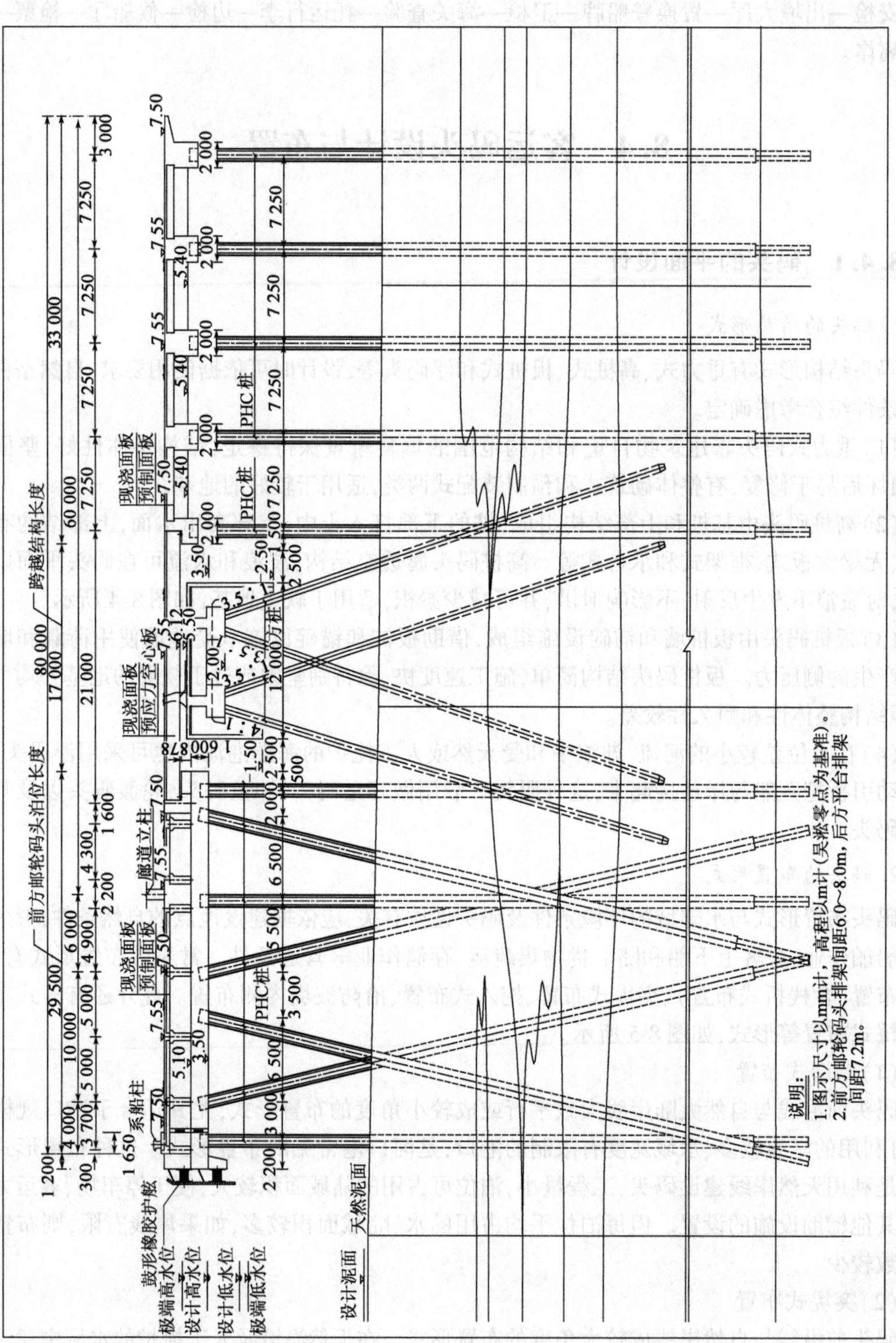

图8-4　上海吴淞国际邮轮码头后续工程初步设计阶段码头断面图

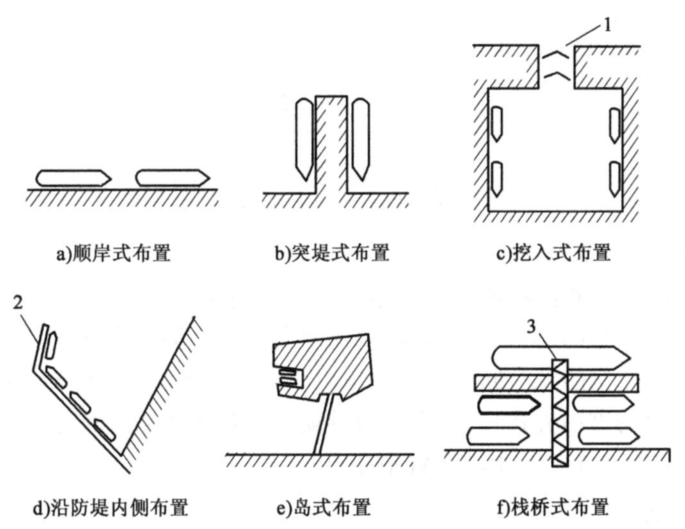

图 8-5 码头平面布置形式

1-口门或闸门;2-防波堤;3-起重机

顺岸式和突堤式是码头平面布置最常见的两种形式,也是常见的客运码头布置形式,它们各有优点。同样的泊位数量,突堤式较顺岸式占用岸线少,布置紧凑,在岸线较少的条件下,宜优先考虑突堤式布置。从减少防波堤长度的角度,突堤式也是较为有利的。在河道、河口处,由于突堤式过多地伸向河中,改变了原有的水流形态,容易引起冲淤;并过多地占用河道宽度会影响船舶通航,在这种条件下,宜选择顺岸式布置。

(3)挖入式布置

码头、港池水域是向岸的陆地内侧开挖而成的布置形式,在河港和河口港中较为多见。挖入式布置广泛应用于欧美的海港、河口港及内河港。鹿特丹港、汉堡港、安特卫普港,均为挖入式布置方式。

港口处于河道较狭窄,船舶航行密度较大的河段,流速和含沙量较小时,可采用挖入式布置。挖入式港池宜依据原有地势、地形布置,减少开挖工程量。

(4)沿防波堤内侧布置

码头布置在堤根部位,水域相对平静,与后方连接方便。为减少挖泥量,也常将泊位布置在防波堤的深水部位。当需要改善沿堤布置的泊位的泊稳条件时,可增设与防波堤近似垂直的短堤。

(5)岛式及栈桥式布置

岛式及栈桥式码头常布置在离自然岸线较远的深水区。

3.码头的泊位尺度

泊位尺度包括泊位长度、泊位宽度和泊位水深三个方面。泊位尺度的确定以设计船型尺度为基本依据,考虑适当的富余量,以保证船舶在码头停靠作业的安全。

(1)泊位长度 L_b 是泊位占用岸线的长度,一般由设计船长 L 和富余长度 d 构成。富余长度 d 是船与船之间或船与岸之间的必要间隔,d 的确定要考虑系缆要求,船舶靠离安全、方便,一个泊位的装卸作业和上下旅客对相邻泊位作业不产生妨碍。为提高泊位的利用效率,确定富余长度时,应充分考虑多种因素的影响,包括对柔性靠泊的适应性等。

可参考下式计算：

单个泊位：

$$L_{b}=L+2d \tag{8-8}$$

连续多泊位：

$$L_{b}=nL+(n+1)d \tag{8-9}$$

式中：n——连续布置的泊位数(个)。

(2)泊位宽度是码头前水域宽度，也是保持码头前水深不变的宽度。确定此宽度要求考虑到船舶系泊时可能产生的漂移量。台风、缆绳的变形以及潮位变化均是导致船舶漂移的原因。一般泊位宽度取2倍船宽。回淤严重的泊位应适当增加宽度；丁靠(船舶靠泊时，其纵轴线与码头前沿线垂直的靠泊方式)时应考虑设计船型的具体情况而确定。

(3)泊位水深将在8.4.2节水域布置中介绍。

4. 码头的前沿高程

码头前沿高程的确定与港口营运要求、当地水文和地形等因素有关。营运要求码头在大潮时不被淹没，便于运输旅客并与码头后方及港外道路有效衔接。

对于有掩护码头的前沿高程，按照两种标准计算：

(1)基本标准：码头前沿高程 = 设计高水位 + 超高值(取1.0~2.0m)。

(2)复核标准：码头前沿高程 = 极端高水位 + 超高值(取0.0~0.5m)。

对于开敞式码头应满足码头面不被波浪淹没的要求。

码头前沿高程确定之后，应依据排水、运输系统的要求，结合当地地形、地质等条件，确定库(场)、道路、停车场、客运大楼和排水系统等的高程。高程设计应尽可能减少土石方工程量，使港区挖填基本平衡，降低工程投资，并须与周边已建工程和后续工程场区标高相协调衔接，依据使用要求，考虑地基沉降情况进行适当预留。为使码头陆域地面排水能顺利地汇集到集水口或明沟中，其坡度不应小于0.5%。权衡考虑地面排水、堆货、流动机械运行等要求，库场地面坡度宜取0.5%~1.0%。

5. 陆域纵深

码头陆域纵深指码头岸线陆侧直接或间接用于港口生产和辅助生产用地的尺度。受后方地形条件的限制，多数港口陆域是不规则的，不具备统一的纵深尺度，一般陆域纵深是指从码头前沿线(突堤式码头自根部算起)至后方港界线的平均宽度，数值上等于单位长度码头岸线拥有的土地面积。陆域纵深的确定应依据泊位性质、货种、运量、装卸工艺及集疏运条件等综合分析。陆域纵深过小会对港口生产产生限制，过大则会浪费宝贵的土地资源。客运码头的陆域纵深主要指港口客运站所用地的尺度。

8.4.2 水域布置

港口水域是指港界以内的水域，包括船舶进出港航道、制动水域、回旋水域、港池、码头前水域以及过驳水转水作业和停泊的锚地水域。

合理布置港口水域有利于港口水上作业系统的有效运作。港口水域尺度应能满足船舶回旋、制动、港内航行、停泊作业的要求。航道和港池的维护性挖泥量应尽量小。港池内应有良好的泊稳条件，以便船舶能安全、顺利地完成货物装卸作业和旅客上下船。港口水域除应满足设计船型的航行、停泊所需的水域外，还应考虑港口辅助船舶（港作、工程、海事、边防等）的航行和停泊要求，在有小船运输的港口，还应考虑这部分船舶对水域的要求，在布置上应尽量减少大小船之间的干扰。

1. 港口水深

（1）码头前沿水深

码头前沿水深，即泊位水深，一般指在设计低水位以下的深度，由停靠本泊位的设计船型满载吃水和必要的富余水深构成。船舶在码头前航速很小，一般不超过0.2m/s，几乎不存在因船舶航行增加船舶吃水的现象。因此，富余水深主要考虑水深误差、波浪引起的船舶垂直升降、配载增加的吃水等因素，同时还应考虑备淤深度。码头前沿设计水深可用下式计算：

$$D = T + Z_1 + Z_2 + Z_3 + Z_4 \tag{8-10}$$

$$Z_2 = KH_{4\%} - Z_1 \tag{8-11}$$

式中：D——码头前沿设计水深（m）；

T——设计船型满载吃水（m）；

Z_1——最小富余水深（m）；

Z_2——波浪富余深度（m），当计算结果为负值时，取0；

K——系数，顺浪取0.3，横浪取0.5；

$H_{4\%}$——码头前允许停泊的波高（m）；

Z_3——船舶因为配载不均匀而增加的尾吃水（m）；

Z_4——备淤深度（m）。

（2）航道水深

与确定码头前沿水深相比，航道水深还需要考虑船舶航行时船体下沉增加的富余水深。

2. 航道

航道指在江河、湖泊、水库等内陆水域和沿海水域中能满足船舶和其他水上交通工具安全航行要求的通道。船舶进出港口必须按照航行标志航行，遵守航行规则，避免发生海事事故。进出港航道是港口规划、设计和维护的最棘手问题之一。

航道设计包括航道选线（航道轴线的确定）、航道尺度的确定（包括水深、宽度和转弯段参数等）以及导助航标志的设置等内容。设计过程中应考虑船舶的安全航行、船舶操作方便、地形、气象和海象条件以及与其他设施的协调配合等。航道线数的选择也是航道规划的重要内容。

（1）海上航道轴线

选择海上航道轴线必须掌握建港地区海域海象、气象和地质条件的特点，充分利用自然条件来最大限度地满足船舶航行要求，注意适应港口平面布置和远景发展对航道的要求。

为提高船舶进出港的安全性，满足良好的操船作业条件，航道选线应注意减少船舶在强横风下航行的概率、轴线应尽量顺直、尽量减少回淤量。

(2)航道有效宽度

航道有效宽度(航道通航宽度)指航槽断面通航水深处两底边线之间的宽度,一般用 W 表示。航道有效宽度由航迹带宽度 A、船舶间错船富余间距 b 和船舶与航道侧壁间富余间距 c 组成,如图 8-6 所示。

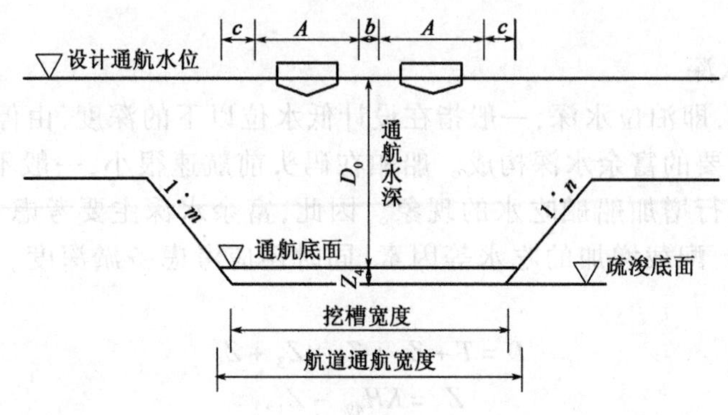

图 8-6 航道设计基本尺度

船舶在航道上行驶受风、流影响,其航迹很难与航道轴线平行,即使在无风流状态下行驶,螺旋桨产生的横向力也会迫使船舶偏转。船舶常需不断操纵舵角才能保持航向,其航迹是在导航中线左右摆动呈蛇形的路线。船舶为克服风和流的影响,常使船舶实际航向与真航向保持风、流压偏角 γ。船舶以风、流压偏角在导航中线左右摆动前进所占用的水域宽度称为航迹带宽度。航迹带宽度 A 按下式确定:

$$A = n(L\sin\gamma + B) \tag{8-12}$$

式中:n——船舶漂移倍数,与风、流有关;

γ——风、流压偏角(°);

L——设计船长(m);

B——设计船宽(m)。

3. 锚地与回旋水域

(1)锚地

专供船舶停泊及进行水上装卸作业的特定水域成为锚地。锚地按位置可划分为港外锚地和港内锚地,一般以防波堤为界,防波堤以外为港外锚地,以内为港内锚地。港外锚地供船舶候潮、待泊、联检及避风使用,有时也进行水上装卸作业;港内锚地供待泊或水上装卸作业使用。

锚地位置应选在靠近港口,天然水深适宜,海底平坦,锚抓力好,水域开阔,风、浪和水流小,便于船舶进出航道,远离礁石、浅滩以及具有良好定位条件的水域。

(2)回旋水域

船舶的回旋水域指船舶调头或回旋转向所需的水域。船舶回旋水域应设置在方便船舶靠离码头或进出港口的地点。回旋水域可以占用航行水域,当航道上船舶进出频繁时,占用航道将影响港口运营。回旋水域的设计水深取航道的设计水深,尺度与船舶的回转性能有关,即与船舶回转运动的轨迹及其特征有关。

4. 外堤布置

外堤布置必须在满足港口水域尺度要求的前提下,考虑波浪、流、风、泥沙、地形及地质等自然条件,船舶航行、泊稳和码头装卸、旅客上下船等运营要求以及建设施工、投资等因素,为港口提供对波浪、泥沙、水流及海冰的防护条件。为控制外堤工程的投资,宜力求缩短外堤的总长度。外堤布置是海港总平面布置的关键性工作之一,直接影响港口营运、固定资产投资及维护费用大小和长远发展。口门是外堤堤头之间或堤头与天然屏障之间的船舶出入口。口门既要方便船舶航行,又要尽量减少进港的波能及泥沙,同时还应充分注意口门处的流速。

防波堤是最常见的外堤,本节主要讨论防波堤的布置。防沙堤和导流堤的布置应通过对当地河口和海岸的地貌特征、泥沙来源、动力条件、运移方式及方向、输沙量以及冲淤演变等资料进行分析、研究,依据工程要求,结合防波堤的布置原则,经技术经济论证后确定,必要时应通过模拟试验验证。

防波堤布置原则:

(1)布置防波堤轴线时,要与码头线布置相配合,码头前水域应满足允许作业波高值。

(2)防波堤所环抱水域应有足够的面积和水深,应能满足船舶在港内航行、掉头、停泊所需的各部分水域的面积,以及为建设港区而填海造陆与布置码头岸线所需的面积。充足的水域有利于船舶在港内作业,但水域面积也不宜过大,尤其在淤泥质海岸建港时,需注意大风在港内自生波浪对泊稳条件的影响,其淤积形态是泥沙以悬移状态进港,港内水流流速减小造成悬沙落淤。因此,水域面积越大,纳潮量越大,淤积总量亦越大。从这一角度考虑,应缩小无用水域面积,以减少纳潮量和进港泥沙。

(3)防波堤所围成的水域要适当留有发展余地,兼顾港口未来发展和港口极限尺度的船型。

(4)防波堤的布置要充分利用地形地质条件,避免在水深过大的位置布置防波堤,可将防波堤布置在可利用的暗礁、浅滩、沙洲及其他水深相对较浅的位置,以减少防波堤投资。

5. 助航设施

港口助航设施分三类:①常规的助航标志,即航标;②海上交通监管设施,包括引航站和电子方面的助航设施,即船舶通航服务站,利用岸上雷达测定进出港船位,用甚高频无线电话向船舶提供导航信息,协助船舶进出港航行;③卫星导航系统,在船上配备的卫星导航接收机可准确确定船位,使船舶安全进出港口。卫星导航系统不需要在港口规划中布置相关功能设施。

航标可标明航道的界限,使船舶安全到达目的地。针对有岩礁、浅滩、拦门沙和航道弯段等危险海域,航标还有警告和引导作用。航标包括以下多种类型:用于标示航道和港口水域中通航部分的外轮廓线的浮标和固定标;引导船舶通过航道和港口口门,设立在岸上塔架结构上的导标;用以引导远处船舶接近港口,或用以指示礁石、浅滩等危险及航行的障碍物的灯塔;设置于防波堤堤头、码头、系船墩和其他突出于航行水域中的建筑物上的灯标;难以建立灯塔的地点设置的灯船。

8.4.3 陆域布置

客运码头陆域平面布置主要是港口客运站的布置,包括站前广场、站房(客运大楼)、客运码头和其他附属建筑。

港口客运站应按客运为主,兼顾货运的原则进行设计。港口客运站的站级分级应根据年平均日旅客发送量划分。国际航线港口客运站与重要的港口客运站的站级分级,可按实际需要确定,并报主管部门批准。

一级——年平均日旅客发送量≥3 000 人/d;

二级——年平均日旅客发送量为2 000 ~2 999 人/d;

三级——年平均日旅客发送量为1 000 ~1 999 人/d;

四级——年平均日旅客发送量≤999 人/d。

港口客运站旅客最高聚集人数是确定港口客运站相关设施规模的一个重要参数,根据《交通客运站建筑设计规范》(JGJ/T 60—2012),可按式(8-13)计算:

$$Q_{\max} = \sum_{i=1}^{n} \frac{h - h_i}{h} Q_i \qquad (\text{当 } h_1 = 0 \text{ 时}) \tag{8-13}$$

$$Q_i = A_i - a_i \tag{8-14}$$

式中:$Q_{\max}$——旅客最高聚集人数(人);

Q_i——第 i 船旅客有效额定人数(人);

A_i——第 i 船额定载客人数(人);

h_i——第 i 船与首发船的检票时间间隔(h);

a_i——第 i 船额定不需经站房登船的人数(人);

h——检票前旅客有效候船时间段(取2.0h)。

1. 站前广场

站前广场宜由车行道路及人行道路、停车场、乘降区、集散场地、绿化用地、安全保障设施和市政配套设施等组成。

一、二级港口客运站站前广场的规模,当按旅客最高聚集人数计算时,每人不宜小于1.5m²。其他站级港口客运站站前广场的规模,可根据当地要求和实际情况确定。

站前广场应与城镇道路衔接,在满足城镇规划的前提下,应合理组织人流、车流,方便换乘与集散,互不干扰。对于站前广场用地面积受限制的港口客运站,可采用其他方式完成人流的换乘与集散。

站前广场应设置社会停车场,并应合理划分城市公共交通、小型客车和小型货车的停车区域。出租车的等候区应独立设置。站前广场设置排水、照明设施,人行区域的地面应坚实平整,并应防滑。

2. 站房

站房应功能分区明确,人流、物流安排合理,有利于安全营运和使用方便。站房一段由候乘厅、售票用房、行包用房、站务用房、服务用房、附属用房等组成,可根据需要设置进站大厅,宜设置上下船廊道、驻站业务用房。

候乘厅、售票用房、行包用房等的建筑规模,应按旅客最高聚集人数确定。

站房内营运区建筑空间布局和结构选型应具有适当的灵活性、通用性和先进性,并应能适应改建和扩建的需要。站房旅客入口处应留有设置防爆及安全检测设备的位置,并应预留电源。站房与室外营运区应进行无障碍设计,并进行节能设计。

(1)候乘厅

候乘厅可根据客运站的站级、旅客构成,设置普通候乘厅、重点旅客候乘厅。可根据需要设置候乘风雨廊和其他候船设施,室外候乘区应设避雨设施,并可单独设检票口。候乘厅检票口与客运码头间可根据需要设置平台、廊道或其他登船设施,并应设避雨设施。

①普通候乘厅的使用面积应按旅客最高聚集人数计算;

②一、二级客运站应设重点旅客候乘厅和母婴候乘厅,其他站级可根据需要设置,母婴候乘厅内宜设置婴儿服务设施和专用厕所;

③候乘厅内应满足无障碍通行要求,应设饮水设施,并应与盥洗间和厕所分设。

(2)售票用房

售票用房宜由售票厅、票务用房等组成。售票厅的位置应方便旅客购票。四级及以下站级的客运站,售票厅可与候乘厅合用,其余站级的客运站宜单独设置售票厅,并应与候乘厅、行包托运厅联系方便。

售票窗口的数量应按旅客最高聚集人数的1/120计算,且一、二级客运站应按30%折减,一、二级客运站应至少设置一个无障碍售票窗口。

(3)行包用房

客运站行包用房应根据需要设置行包托运厅、行包提取厅、行包仓库和业务办公室、计算机室、票据室、工作人员休息室、牵引车库等用房。

一、二级客运站应分别设置行包托运厅、行包提取厅,有行包装卸运输设施的停放和维修场所,且行包托运厅宜靠近售票厅,行包提取厅宜靠近出站口;三、四级客运站的行包托运厅和行包提取厅可设于同一空间内。

①行包仓库应有利于运输工具通行和行包堆放,行包仓库应通风良好,并应有防火、防盗、防鼠、防水和防潮等措施,不在同一楼层的行包用房,应设机械传输或提升装置;

②国际客运的行包用房应独立设置,并应有海关和检验检疫监控设施及业务用房。

(4)站务用房

站务用房应根据客运站建筑规模及使用需要设置,其用房宜包括服务人员更衣室与值班室、广播室、补票室、调度室、客运办公用房、公安值班室、站长室、客运值班室、会议室等。

(5)服务用房与附属用房

站房内应设置旅客服务用房与设施,宜有问讯台(室)、小件寄存处、自助存包柜、邮政、电信、医务室、商业服务设施等。

(6)国际港口客运用房

国际港口客运用房应由出境、入境、管理和驻站业务等用房组成。

3. 配套设施

港口客运站还应配有上下船设施、停车场、防火与疏散、给水排水、供暖通风、电气等配套设施。

典型的客运站总平面布置如图8-7所示,该邮轮码头设有4个泊位和2个客运大楼(站场),客运大楼布置在两个泊位之间,通过廊道相连接,旅客通过引桥乘车到陆地。

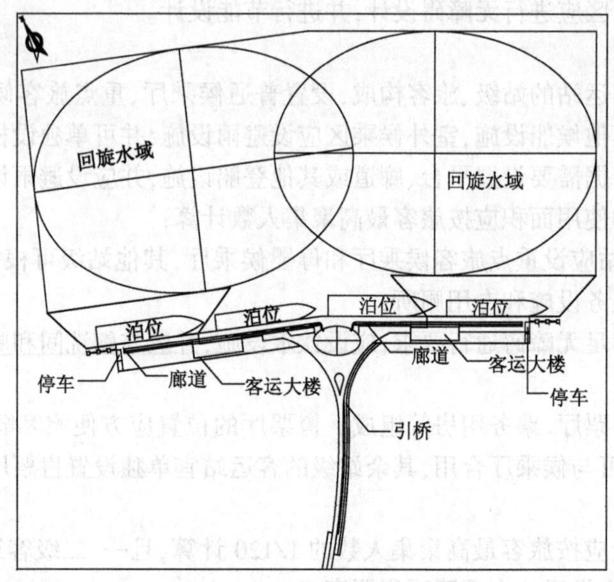

图 8-7　上海吴淞口国际邮轮码头后续工程初步设计阶段总平面布置图

【复习思考题】

1. 港口和港口客运站分别由哪些主要部分组成？两者之间有什么区别？
2. 客运码头可以分为哪几类？各自有哪些功能？
3. 水路客运需求影响因素有哪些？简述水路客流的主要特征。
4. 水路客运需求的预测方法有哪些？分别阐述其客运需求预测建模的依据。
5. 客运枢纽的规划设计分为哪些阶段？它们的主要内容分别是什么？
6. 客运码头的规模在规划时主要考虑哪些指标？这些指标由哪些因素决定？
7. 码头主要有哪些结构形式和布置形式？
8. 简述水域布置的主要内容。
9. 本章中客运码头的陆域布置主要包括哪些设施？为何港口客运站旅客最高聚集人数是确定港口客运站相关设施规模的一个重要参数？
10. 试论水路客运枢纽在综合客运枢纽体系中的地位和作用。

第9章 航空客运枢纽规划与设计

航空客运枢纽包括飞行区、航站区和陆侧进出交通系统,航空客运枢纽的规划建设对地区与城市的发展具有重要的战略意义、本章主要介绍航空客运枢纽的分类分级、系统组成、客流需求分析、选址、航站区、飞行区以及路侧进出交通系统的规划设计等内容。

9.1 航空客运枢纽的分类分级与系统组成

9.1.1 航空客运枢纽的分类分级

不同等级的航空客运枢纽在国家航空运输网络系统中所起的作用、在城市中的地位、客货吞吐量以及所能起降的飞机型号均不相同。航空客运枢纽通常按在民航运输网络系统中所起作用和按飞行区等级来进行划分。

1. 按在民航运输网络系统中所起作用划分

(1)枢纽机场

指在国家航空运输中占核心地位的机场。此类机场所在城市通常是国家的政治、经济中心或特大省会城市,其客、货运吞吐量在整个国家航空运输中都占有举足轻重的地位。

(2)干线机场

此类机场所在城市通常是省会城市(自治区首府)、重要开放城市、特大城市、旅游城市或其他经济较为发达城市,其客、货运吞吐量都相对较大。

(3)支线机场

此类机场所在城市通常是非首都、非省会或自治区首府城市,航班以国内和省内为主,主要起降短程飞机。

2. 按飞行区等级划分

按照飞行区等级分级是为了使机场各种设施的技术要求与运行的飞机性能相适应,国际民航组织和中国民用航空局用飞行区等级指标Ⅰ和Ⅱ将有关飞行区机场特性和飞机特性联系起来,从而对在该飞机场运行的飞机提供适合的设施。飞行区等级指标Ⅰ是根据使用该飞行区最大飞机的基准飞行场地长度划分,飞行区等级指标Ⅱ是根据该飞行区最大飞机翼展和主起落架外轮外侧间距划分,如表 9-1 所示。飞行区等级由第一代码和第二代号所组成的基准代号来划分。

飞行区基准代号表　　表 9-1

飞行区等级指标Ⅰ		飞行区等级指标Ⅱ		
代码	飞机基准飞行场地长度(m)	代号	翼展(m)	主起落架外轮外侧间距(m)
1	<800	A	<15	<4.5
2	800~1 200	B	15~24	4.5~6
3	1 200~1 800	C	24~36	6~9
4	≥1 800	D	36~52	9~14
		E	52~65	9~14
		F	65~80	14~15

注:1. 飞机基准飞行场地长度是指在标准条件下,即高程为0、气温15℃、无风、跑道无坡的情况下,该机型以最大质量起飞时所需的最短飞行场地长度。

2. 第二要素代字选用翼展和主起落架外轮外侧间距两者中要求高的代字。

除上述分类方式外,民用机场还可以按以下方式分类:

①按航线性质划分为国际机场和国内航线机场;②按机场所在城市中的性质和地位划分为Ⅰ类机场、Ⅱ类机场、Ⅲ类机场和Ⅳ类机场;③按旅客乘机目的划分为始发/终程机场、经停(过境)机场和中转机场。

9.1.2 航空客运枢纽系统组成

航空客运枢纽主要包括空域和地域两部分。前者为航站空域,供进出机场的飞机起飞和降落。后者由飞行区、航站区和机场地面出入系统及其他设施系统组成。

飞行区是飞机飞行活动的区域,主要包括机场的跑道、净空道、升降带、跑道端安全区、滑行道系统、停机坪等;航站区是乘坐飞机的旅客活动的区域,主要包括登机机坪和候机楼;地面运输区是车辆和旅客活动的区域,主要包括机场进出通道、机场停车场等,如图 9-1 所示。

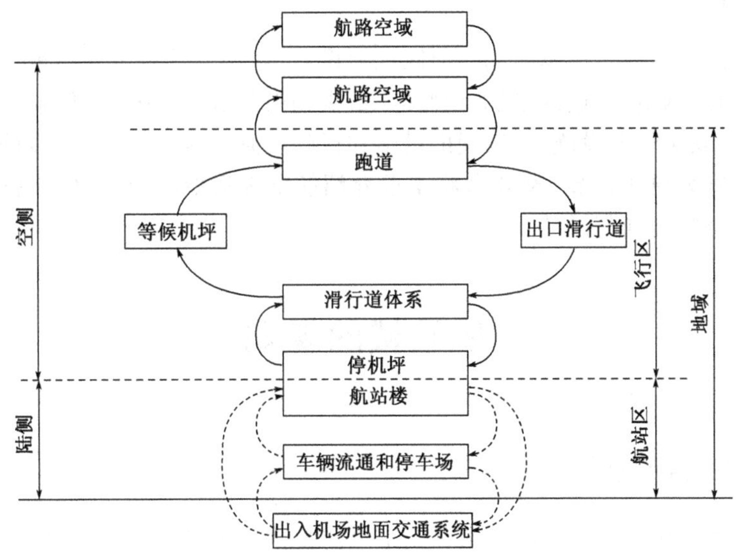

图 9-1 航空客运枢纽系统基本组成图

9.1.3 航空客运枢纽规划与设计内容及流程

航空客运枢纽的规划与设计大致分为 4 个阶段:

1. 现状分析阶段

现状分析阶段主要的任务有:确定规划设计的目标;拟定工作思路及原则;调查航空客运枢纽的历史沿革及发展现状;搜集并分析航空客运枢纽服务地区的有关数据,包括历年运量资料、空域结构和导航设施、场址的物理和环境特性、区域发展资料(地区经济发展规划、城市发展规划、土地使用规划等)以及区域社会经济和人口资料等。

2. 需求分析阶段

航空客运枢纽的需求分析主要以航空业务量预测为基础,预测年限分为近期和远期,近期为 10 年,远期为 30 年。航空业务量预测前需要对航空客运枢纽所在地区进行大量的调研和资料收集,除分析阶段所收集的资料外,还应收集所在地区旅游业情况等资料。

航空业务量预测方法有趋势外推法、经济计量法、市场调查法及专家判断法等,通常采用三种以上方法进行预测。

航空业务量的预测内容应包括年旅客吞吐量、年货邮吞吐量、年飞机起降架次、高峰小时旅客吞吐量、高峰小时飞机起降架次、机队组成、出入机场交通量等内容。

3. 选址阶段

航空客运枢纽的选址需要考虑所选地区的地形、地貌、工程地质、水文地质状况(含地震情况)、净空条件、障碍物环境和空域条件对飞行的限制(起飞和着陆的限制)及电磁环境、气象条件、飞机噪声对机场建设及周边环境的影响、土地状况、地价及拆迁情况等因素。同时还应结合城市的社会、经济、文化、交通的历史和发展布局。

4. 规划设计阶段

本阶段主要进行航空客运枢纽的功能区规划设计，规划设计内容包括航站区、飞行区、地面交通系统、集疏运网络、货运区、机务维修区、目视助航设施、空中交通管制设施、供油设施、消防及救援设施、安全保卫设施、生产辅助设施和行政后勤设施、供水供电设施及管线设施等的规划与设计。本教材 9.2 节 ~9.4 节将主要介绍航空客运枢纽航站区、飞行区以及航空客运枢纽集疏运网络的规划与设计。

9.2 航站楼的规划设计

9.2.1 航站楼的规模

航站楼的规模可由年旅客量的需求预测结果初步估算得到，但各项设施所需尺寸的确定需按高峰小时旅客量需求预测结果估算。美国联邦航空管理局（FAA）建议的典型高峰小时旅客量占年旅客量的比例关系如表 9-2 所示。

年旅客量与高峰小时旅客量比例关系（FAA）表　表 9-2

航站区指标代码	年旅客量（$\times 10^3$ 人次）	高峰小时旅客量占年旅客量的比例（%）
1	<100	0.120
2	100 ~ <500	0.065
3	500 ~ <1 000	0.050
4	1 000 ~ <10 000	0.040
5	10 000 ~ <20 000	0.035
6	≥20 000	0.030

各项设施服务的旅客对象有所不同，需对旅客进行分类，包括国际航线旅客和国内航线旅客，登机旅客和下机旅客，始发、终程、中转和过境旅客等。

航站楼的面积估算是寻求为航站楼的设施提供一个尺寸要求，其与预期达到的服务水平有关。美国联邦航空管理局（FAA）建议的航站楼面积要求为每个年登机旅客 0.007 ~0.011m²，每个设计高峰小时旅客 14m²（国内航线）或 20.5 ~5.1m²（国际航线）。我国目前实际采用的航站楼面积要求为每个设计高峰小时旅客 14 ~30m²（国内航线）或 24 ~40m²（国际航线），主要依据航站楼的布局形式具体选用。

航站楼建筑面积可按其性质和作用，根据预测的年旅客吞吐量和典型高峰小时旅客量进行粗略估算，见表 9-3 和表 9-4。

按年旅客吞吐量估算航站楼的建筑面积表　表 9-3

类　别	每百万旅客所需建筑面积（m²）
国内旅客航站楼	7 000 ~10 000
国际旅客航站楼	12 000 ~16 000

按典型高峰小时旅客数估算旅客航站楼的建筑面积表　　表 9-4

旅客航站区指标	类别(m^2/人)	
	国内旅客航站楼	国际旅客航站楼
1、2	14 ~ 20	24 ~ 28
3、4	20 ~ 26	28 ~ 35
5、6	26 ~ 30	35 ~ 40

9.2.2 航站楼布局规划

航站楼布局一般采用两个基本模式,集中式和分散式。集中式航站楼指所有主要设施集中起来组成一个单一的多层建筑。分散式航站楼机场由若干不同建筑分管(通常建筑也由不同的公司或航空公司主管)。集中式和分散式航站楼的主要优缺点比较如表 9-5所示。

航站楼布局模式比较表　　表 9-5

航站楼布局模式	优　点	缺　点
集中式	转机换乘方便; 设施利用充分,运营成本较低; 信息指引系统简化	步行距离较远; 地面出入机场车辆拥挤; 安检大厅旅客拥挤; 机场扩建难度较大
分散式	旅客步行距离短; 改扩建方便; 机坪门位布置方便; 飞机滑行时间少	机场工作人员增加; 建设、运营成本较高;

总结各类航站楼的特点,也可将航站楼分为摆渡车式、前列式、廊道式和卫星厅式四种基本布局形式,如图 9-2 所示。

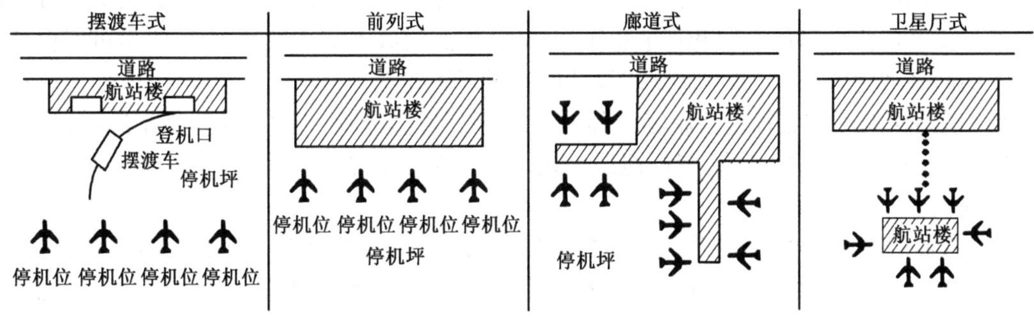

图 9-2　航站楼基本布局形式图

(1)运转式布局

运转式布局是由一个集中式航站楼和停机坪上飞机分散的停靠位置组成。飞机停靠位置离航站楼较远,登机和下机旅客需要通过运转车辆运载。

(2)前列式布局

前列式航站楼为直线形或曲线形,飞机沿航站楼停靠,通过登机廊桥连接航站楼与飞机。简单的前列式航站楼通常有一个共用的等候和办理票务的地方,其出口通往机坪。

(3)廊道式布局

廊道式布局指在前列式布局的基础上,设置从航站楼主楼到登机口的封闭式廊道,飞机通常以平行或机头向内停放方式围绕廊道轴线停靠。

(4)卫星式布局

卫星式布局由一个航站楼主楼和一些卫星航站组成,卫星航站四周供飞机停靠和旅客上下机。航站楼主楼与卫星航站之间通常用地面、地下或是架空的连接体连接。

上述四种基本布局形式的主要优缺点如表9-6所示。

航站楼布局形式比较表 表9-6

航站楼布局形式	优　点	缺　点
运转式布局	步行距离短; 航站楼建设成本低; 运行和扩展灵活性高	换乘运转时间长
前列式布局	进出便利,步行距离短;	引导指示系统较复杂; 机场扩建难
廊道式布局	航站楼空间需求较小; 增加机位成本低; 基本投资和运转费用较低	步行距离长; 机场扩建较难
卫星式布局	飞机调度灵活性高	航站楼建设成本高; 步行距离长; 机场扩建较难

9.2.3 航站楼旅客流线设计

航站楼的旅客流线大致分为国际出发、国内出发和国际到达、国内到达四类,如图9-3所示。各类旅客所需办理的手续和环节也不尽相同,因此流线不应交叉和重复,应尽可能保持相对独立的路径通道,同时对旅客流线的设计应考虑下述要点。

(1)航站楼的工艺流程包括旅客流程、行李流程、贵宾流程、车辆流程、商业流程、餐饮流程、楼内垃圾处理流程、残疾人流程、迎送参观人员流程。流程各环节设置要平衡合理,不应出现瓶颈现象。

(2)旅客流程要求少转弯,尽量缩短旅客自进入航站楼至登机桥登机,或走出飞机进入登机桥至离开航站楼的距离。一般步行距离不宜大于300m。超过时应设自动步道或其他机动运输工具,旅客流程尽量少换层。如实在必要换层,则应提供足够的设施(自动扶梯和电梯)应尽可能从上到下地换层。

(3)注重中转旅客的转乘便捷,尽可能将重新托运行李、办票手续同提取行李在同层完成。

(4)离港行李的输送要求行程短、少转弯、上下楼层之间的传送坡度控制在18°~20°,主传送皮带每条担负不得超过10个办票柜台。应设1~2个专门办理超尺寸的大件行李和团体旅客行李的柜台,并要有邻近通道或运输机械,直接转运至底楼行李房。交纳行李逾重费的柜台也应设在此柜台附近。

图9-3 航站楼内部旅客流程分析图

(5)流程设计要考虑残疾人、孕妇和婴幼儿的特殊需要。

(6)设计应当有扩展余地,使流程各项设施和活动空间的利用既能达到最大效率,也能在流程功能调整及机场运行技术发展时具有改变的灵活性和扩展性。可采用轻质隔墙或活动可拆移式隔断。

9.2.4 停车场规划

停车场的规划主要应考虑两个方面:一是可供停车的面积(或位置),二是与航站楼之间的距离。停车场面积(或位置)主要是通过年旅客流量和高峰小时旅客流量进行预测。停车场可按旅客特性分为短时间停车场、长时间停车场两种。短时间停车场主要以迎送和出租车短期停放为主,通常停放时间不超过3h,长时间停车场主要满足工作人员和自驾旅客的停放需求,远端停车场是远离航站楼以外的长期停车场,其与航站楼间通常有往返巴士或其他车辆负责运送旅客。

9.3 飞行区设计

9.3.1 跑道长度设计

1. 跑道长度影响因素

跑道是机场重要的组成部分。跑道的设计决定了机场面积的大小,如果跑道的长度设计的过长,就会造成土地的浪费;如果设计的偏短,就会影响飞机起飞和着陆的安全。

影响跑道长度的因素共有5类,分别为飞机起降性能、飞机起飞重量、机场高程、气候条件和跑道物理特征。

(1)飞机起降性能

飞机起降性能是影响跑道长度的最主要因素,其主要技术参数包括:基准条件下飞机最大起飞重量时的推重比和离地速度,及飞机最大着陆重量时的入口速度。飞机离地、入口速度越大,跑道所需长度越长。飞机离地、入口速度与飞机机翼横截面面积等因素有关,通常情况下,机翼横截面面积越大,飞机离地、入口速度越小。

(2)飞机起飞重量

飞机基本重量、商务载重、燃油重量和备用燃油重量共同组成了飞机起飞重量。飞机基本重量是不变得,飞机燃油重量取决于商务载重和航行里程,备用燃油重量取决于目的地机场至附近备用机场的距离。飞机起飞重量越大,飞机的推重比就越小,飞机离地速度随之增大,则所需跑道长度增长。

(3)机场高程

机场海拔高程越高,空气密度越低,飞机的离地速度和入口速度则会越大,则所需跑道长度越长。同时,空气密度的下降还会影响飞机发动机的工作效率,使其推力下降、加速度减少,也会导致所需跑道增长。

(4)气候条件

机场跑道附近温度、湿度的上升均会引起空气密度的下降,从而导致跑道长度的增长。地面风速会影响飞机与空气的相对速度。飞机顺风起降时,9.1km/h 的顺风,跑道长度需增长7%;飞机逆风起降时,则地面风的影响不计。通常来说,飞机起降允许的最大顺风速度不能超过18.2km/h。

(5)跑道物理特性

影响跑道长度的跑道物理特性主要有跑道纵坡和跑道表面摩阻系数两项。跑道纵坡影响飞机的加速性能和鼻轮的转动速度,坡度越大,跑道所需长度越长。跑道表面摩阻系数与飞机着陆接地后的制动距离成反比关系。

2. 跑道长度计算的基本公式

(1)飞机在地面加速或减速滑跑距离

飞机在地面加速或减速滑跑的距离应按式(9-1)计算确定:

$$S = \int_{V_a}^{V_b} \frac{m(V - V_w)\mathrm{d}V}{F - fmg - (C_x - fC_y)\frac{\rho V^2}{2}S_w \pm mgi} \tag{9-1}$$

式中：S——飞机地面滑跑距离(m)；

V_w——分解到与飞机滑跑方向一致的风速(m/s)；

$V - V_w$——飞机相对于地面的滑跑距离(m/s)；

V_a——飞机在滑跑起点的速度(m/s)；

V_b——飞机在滑跑终点的速度(m/s)；

C_x——阻力系数；

C_y——升力系数；

S_w——机翼面积(m^2)；

ρ——空气密度(kg/m^3)；

V——空速，即飞机相对于空气的速度(m/s)；

F——发动机推力(N)；

m——飞机质量(kg)；

g——重力加速度(m/s^2)；

i——跑道纵坡，顺坡取“+”号，逆坡取“-”号；

f——摩擦系数，飞机起飞加速滑跑时为滚动摩擦系数，着陆减速滑跑时为制动摩擦系数。

(2)飞机进场拉平距离

飞机进场拉平距离是指飞机从进入跑道入口上空至接触到地面的水平投影距离，其距离S_a应按式(9-2)计算确定：

$$S_a = \frac{15}{\tan\theta} + R \cdot \tan\frac{\theta}{2} \tag{9-2}$$

$$R = \frac{V^2}{g(n-1)} \tag{9-3}$$

式中：θ——飞机下滑角，通常取$\theta = 3°$；

R——飞机拉平段的圆周半径(m)；

V——飞机处于拉平段时的飞行速度(m/s)；

g——重力加速度(m/s^2)；

n——过载因子，通常取值1.2。

3. 飞机起飞和着陆过程中对跑道长度的要求

(1)正常起飞

指在飞机全部发动机正常运作情况下的起飞。如果跑道端不设置净空道，则跑道长度应保证飞机在整个起飞过程中的安全，其长度为：

$$L_a = 1.15S_T \tag{9-4}$$

式中：L_a——飞机正常起飞所需跑道长度(m)；

S_T——飞机正常起飞距离(m)；

1.15——考虑驾驶误差或其他原因的安全系数。

当跑道设有净空道时，跑道及净空道的总长度应保证飞机在整个起飞过程中的安全，即符合式(9-1)的要求。跑道长度按式(9-5)计算确定：

$$L_a + L_c = 1.15S_T \tag{9-5}$$

$$L_a = 1.15(S_R + CS_h) \tag{9-6}$$

式中：L_c——净空道长度(m)；

S_R——飞机正常起飞滑跑距离(m)；

S_h——飞机正常起飞初始爬升距离(m)；

C——系数，美国取 $C=0.5$，英国和俄罗斯取 $C=0.33$。

(2)着陆

飞机通常以3°下滑角进行着陆，通过跑道入口上空的高度为15m(50ft)。着陆距离是指飞机进入跑道入口上空到停住的水平距离，其所需跑道长度应按式(9-7)计算确定：

$$L_d = KS_d \tag{9-7}$$

式中：L_d——飞机着陆时所需跑道长度(m)；

K——考虑驾驶误差及跑道湿滑等的安全系数，通常取 $K=1.67$；

S_d——飞机不使用反推力装置的着陆距离(m)。

9.3.2 跑道体系设计

跑道体系包括跑道(结构道面)、道肩、净空道、停止道、跑道安全带、防吹坪等，见图9-4。

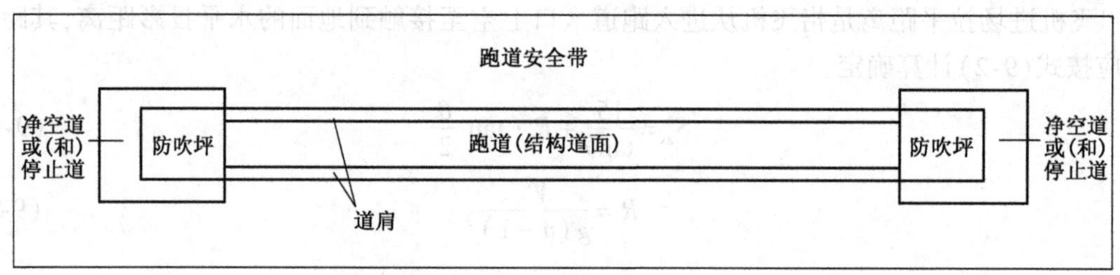

图9-4 跑道系统构成图

1. 跑道宽度

跑道的宽度取决于飞机的翼展和主起落架的轮距，一般不超过60m。各飞行区等级的跑道最小宽度要求见表9-7。

跑道最小宽度表(m)　　表9-7

飞行区等级指标Ⅰ	飞行区等级指标Ⅱ					
	A	B	C	D	E	F
1	18	18	23			
2	23	23	30			
3	30	30	30	45		
4			45	45	45	60

2. 跑道纵坡

跑道纵向坡度应尽可能平缓，以保证飞机起降落时的运行效率和安全。跑道各部分的最大纵坡要求见表9-8。

跑道各部分最大纵坡表 表9-8

飞行区等级指标Ⅰ	1	2	3	4
跑道最大有效坡度	0.020	0.020	0.010	0.010
跑道两端1/4长度的最大坡度	0.020	0.020	0.008	0.008
跑道其他部分的最大坡度	0.020	0.020	0.015	0.0125
相邻两个坡度最大变化量	0.020	0.020	0.015	0.015
变坡曲线的最小曲率半径(m)其曲面变率，每30m为	7 500 0.004	7 500 0.004	15 000 0.002	30 000 0.001

3. 跑道横坡

跑道横坡宜采用双面坡以满足跑道排水的要求，跑道中线两侧的横坡宜相同，且各部分的横坡应基本一致。跑道横坡应满足表9-9中的规定值。

跑道横坡限制表 表9-9

飞行区等级指标Ⅱ	A	B	C	D	E	F
最大横坡	0.020	0.020	0.015	0.015	0.015	0.015
最小横坡	0.010	0.010	0.010	0.010	0.010	0.010

注：跑道与滑行相交处可根据需要采用较平缓的坡度。

4. 跑道数量

跑道数量主要取决于航空运输量。运输不繁忙且常年风向相对集中的机场，只需单条跑道。运输非常繁忙的机场，则需要两条或多条跑道。

5. 道肩

道肩为紧邻跑道结构道面边缘的条状结构物，其作用是在飞机外侧发动机覆盖范围内，防止气流侵蚀和避免松散物吸入发动机内。跑道两侧道肩宽度不应小于1.5m，飞行区等级指标Ⅱ为D或E的跑道，其道面和道肩的总宽度不应小于60m，飞行区等级指标Ⅱ为F的跑道，其道面和道肩的总宽度不应小于75m。道肩与跑道相接处应保证表面接平，道肩横坡宜比跑道横坡大0.5%～1%，但其最大值不宜超过2.5%。

6. 净空道

净空道是指跑道端之外的地面和向上延伸的空域，其作用在于飞机可在其上空进行一部分起始爬升，并达到安全高度(10.7m)。净空道的宽度为150m，在跑道中心延长线两侧对称为分布，在这个区域内除了有跑道灯之外不能有任何障碍物，但对地面没有要求。净空道中心线两侧各22.5m范围内的坡度应与跑道的坡度相一致，其他地面不允许超出1.25%的升坡。

7. 停止道

当设置停止道时，停止道宽度应与相接跑道和道肩的总宽度相一致，且停止道的坡度也应与跑道的坡度相同。

8. 升降带

升降带是跑道和停止道(当设置时)周围的安全地区,飞行区内必须设置升降带。升降带的长度指自跑道端、当设置停止道时自停止道端向外延伸的距离,当飞行区等级指标Ⅰ为2,3或4时,升降带应向外至少延伸60m;当飞行区等级指标Ⅰ为1并为仪表跑道时,升降带应向外延伸至少60m;当飞行区等级指标Ⅰ为1并为非仪表跑道时,升降带应向外延伸至少30m。升降带宽度不应小于表9-10中的规定值。

升降带宽度(自跑道中线及其延长线向每侧延伸)表(m) 表9-10

飞行区等级指标Ⅰ	1	2	3	4
仪表跑道	75	75	150	150
非仪表跑道	30	40	75	75

9. 跑道端安全区

在升降带两端,飞行区等级指标Ⅰ为3和4及飞行区等级指标Ⅰ为1和2并为仪表跑道时,必须设置跑道端安全区。跑道端安全区必须自升降带端向外延伸至少90m,其宽度为跑道的2倍。除必需的并符合易折要求的助航设备外,安全区不应设置任何危及飞行安全的固定物体。跑道端安全区内的坡度应不突出进近面或起飞爬升面,其横坡的升坡和降坡均不应大于5%,不同坡度之间的过渡应尽可能平缓。

10. 防吹坪

跑道不设置停止道时应设置防吹坪,防吹坪应自跑道端向外延伸至少60m,其宽度为跑道道面和道肩总宽度的两倍。

9.3.3 跑道布置形式设计

跑道的布置形式取决于跑道的数量和方位。跑道的数量主要取决于航空交通量的大小。跑道的方位主要取决于风向、场地及周围环境条件。在航空交通量小、常年风向相对集中时,只需单条跑道;在航空交通量大时,则需设置两条或多条跑道。跑道的布置形式由单条跑道、平行跑道、交叉跑道和开口V形跑道等基本构形组成。

1. 单条跑道

单条跑道是最简单的一种布置形式,如图9-5a)所示。单条跑道在目视飞行情况下每小时的容量约为50~100架次;而在仪表飞行情况下,根据不同的飞机组合情况和具备的助航设备.其容量减至每小时50~70架次。

2. 平行跑道

通常为两条和四条平行跑道,如图9-5b)~d)所示。多于四条平行跑道时,会使空中交通管制变得很困难。

平行跑道的容量,在很大程度上取决于跑道的数目和跑道间的间距。平行跑道之间的间距,差别可以很大。根据两条跑道中心线的距离可将间距分为近距、中距和远距三种平行跑道。近距平行跑道之间的间距为210~760m;中距平行跑道之间的间距为760~1 300m;远距平行跑道之间的间距为1 300m以上。在目视飞行情况下,近距、中距和远距平行跑道的每小时容量均为100~200架次,间距对容量无影响.容量取决于飞机组合情况。在仪表飞行情况下，近距平行跑道每小时容量为 50 ~ 60 架次；中距平行跑道容量为每小时 60 ~ 70 架次；远距平行跑道容量为 100 ~ 125 架次。

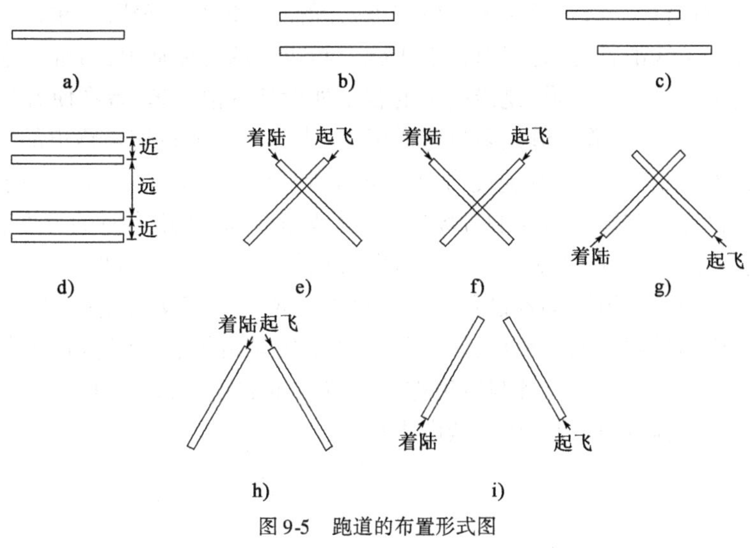

图 9-5　跑道的布置形式图

3. 交叉跑道

两条或更多的方向不同的相互交叉的跑道，称作交叉跑道，如图 9-5e)、f)、g)所示。当机场所在地区相对强烈风向在一个以上时，如果只有一条跑道，就会造成过大的侧风，因此就要求有方向不同的交叉跑道。交叉跑道的容量在很大程度上取决于交叉点的位置和跑道的使用方式(起飞或着陆)。交叉点离跑道的起飞端和着陆入口越远，容量就越低；交叉点接近于起飞端和着陆入口，容量就最大，见图 9-5e)、g)，此时，交叉跑道的每小时容量为 60 ~ 70 架次(仪表飞行情况)或 70 ~ 175 架次(目视飞行情况)。由于交叉跑道的相互干扰大，容量偏低，所以应尽量避免采用。

4. 开口 V 形跑道

两条跑道散开而不交叉时，称为开口 V 形跑道，如图 9-5h)、i)所示。与交叉跑道一样，当某个方向的风力强烈时，只能使用一条跑道；当风力微弱时，两条跑道可以同时使用。

开口 V 形跑道的容量与飞机起飞和着陆的方向有关。当起飞和着陆从 V 形顶端向外散开时，如图 9-5h)所示，其容量最大。此时，开口 V 形跑道的每小时容量为 50 ~ 80 架次(仪表飞行情况)或 60 ~ 185 架次(目视飞行情况)。

从跑道的容量和空中交通管制的难易情况来看，单向跑道和远距平行跑道是最可取的。在其他条件相同时，这两种跑道与其他构型跑道相比能提供最大的容量。对空中交通管制来说，引导飞机在单方向运行不像多方向运行那样复杂。就交叉跑道与开口 V 形跑道两种形式比较，后者更为可取。

9.3.4　滑行道系统设计

滑行道是机场内供飞机滑行的规定通道。滑行道的主要功能是提供从跑道到候机楼区的通道，使已着陆的飞机迅速离开跑道，不与起飞滑跑的飞机相干扰，并尽量避免延误随即到来的飞机着陆。此外，滑行道还提供了飞机由候机楼区进入跑道的通道。滑行道应以实际可行的最短距离连接各功能分区。

滑行道系统主要包括:主滑行道、进出滑行道、飞机机位滑行通道、机坪滑行道、辅助滑行道、滑行道道肩及滑行带。滑行道系统可以根据实际需要和可能,分阶段建设、逐步完善。

主滑行道又称干线滑行道.是飞机往返于跑道与机坪的主要通道,通常与跑道平行。

进出滑行道又称联络滑行道,是沿跑道的若干处设计的滑行道,旨在使着陆飞机尽快脱离跑道,如图9-6所示。出口滑行道大多与跑道正交,快速出口滑行道与跑道的夹角介于25°与45°之间,宜取30°。飞机可以较高速度由快速出口滑行道离开跑道。出口滑行道与跑道入口的距离取决于飞机进入跑道入口时的进场速度、接地速度、脱离跑道时的速度、减速度以及出口滑行道数量、跑道与机坪的相对位置。出口滑行道数量应考虑高峰时运行飞机的类型及每类飞机的数量。一般在跑道两端各设置一个进口滑行道。对于交通繁忙的机场,为防止前面飞机不能进入跑道而妨碍后面飞机的进入,则通过设置等待坪、双滑行道(或绕行滑行道)及双进口滑行道等方式解决。等待坪与跑道端线保持一定的距离,以防止等待飞机的任何部分进入跑道,成为运行的障碍物或产生无线电干扰。

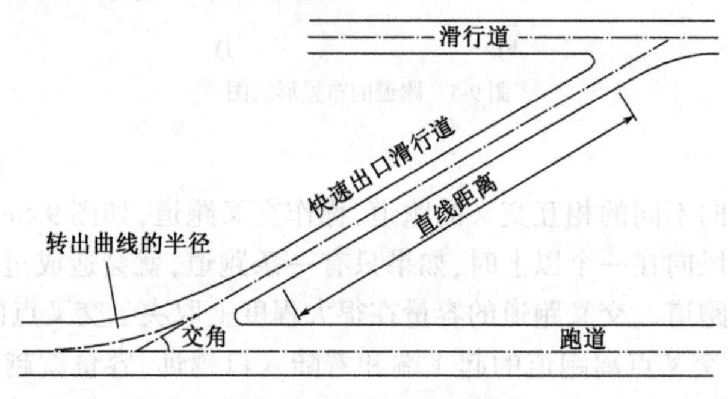

图9-6　联络滑行道示意图

滑行道应有足够宽度。由于滑行速度低于飞机在跑道上的速度,因此滑行道宽度比跑道宽度要小。滑行道的宽度由使用机场最大的飞机的轮距宽度决定,要保证飞机在滑行道中心线上滑行时,主起落轮的外侧距滑行道边线不少于1.5~4.5m。在滑行道转弯处,它的宽度应根据飞机的性能适当加宽。

滑行道的设计应避免与跑道相交叉。国际民航组织对起降区视距的要求为:飞行区等级指标Ⅱ为C、D和E时,从滑行道3m高处应能通视300m内的滑行道表面;对飞行区等级指标Ⅱ为A、B的两类跑道,标准略低;滑行道与跑道之间、两条平行滑行道之间和一条滑行道与固定障碍物之间必须有足够的间距。

飞机机位滑行通道和机坪滑行道均为机坪上的滑行道。辅助滑行道供飞机通向维修坪或隔离坪等所用。

为了保证飞机的滑行安全,通常在滑行道两侧对称地设置道肩,而且还要向两侧延伸一定的距离,延伸部分连同滑行道(机位滑行道除外)统称为滑行带。

9.3.5　净空要求

飞机在机场起飞和降落必须按规定的起降航线飞行。机场能否安全有效地运行,与场址内外的地形和人工构筑物密切相关。因此,必须对机场附近沿起降航线一定范围内的空域(即在跑道两端和两侧上空为飞机起飞爬升、降落下滑和目视盘旋需要所规定的空域)提出要求,即净空要求。保证在飞机的起飞和降落的低高度飞行时不能有地面的障碍物来妨碍导航和飞行,如有,同相关部门协商拆除或移去障碍物;如无法拆除或移去,则需研究能否在不降低飞机安全的情况下改变飞机的进近程序,否则必须另选场址。

机场条件的破坏通常是由超高障碍物引起的,空中飘浮物或烟雾、粉尘也会引起。为此,必须规定一些假想的平面或斜面作为净空障碍物限制面,用以限制机场周围地形及人工构筑物的高度,如图 9-7 所示。机场净空区的地面区域称为基本区面,在跑道周围 60m 的地面上空由障碍物限制面构成,障碍物限制面有以下 4 方面:

(1)内水平面:是在机场水平面高程 45m 以上的一个平面空域。

(2)进近面:由跑道端基本面沿跑道延长线向外向上延长的平面。

(3)锥形面:在水平面边缘按 1:20 斜度向上延伸的平面。

(4)过渡面:在基本面和进近面外侧以 1:7 的斜度向上向外延伸。

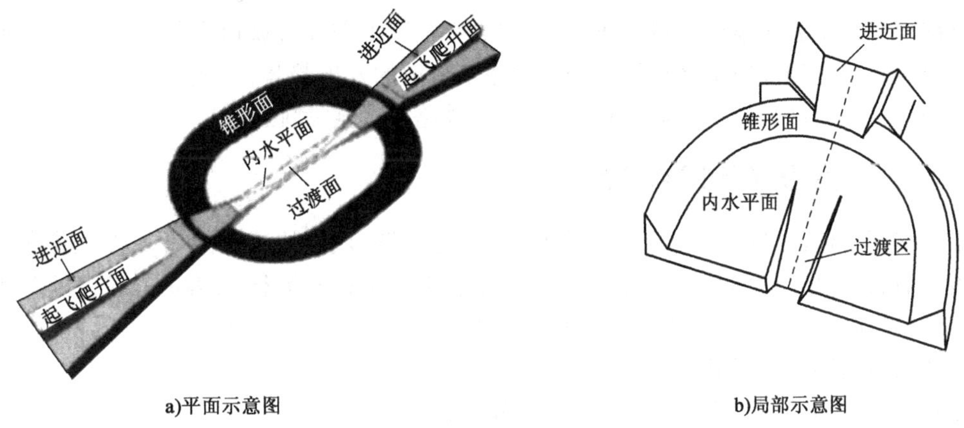

图 9-7 净空障碍物限制面图

由这些假想平面构成的空间,是飞机起降时使用的空间,由空港当局负责控制管理,保证地面建筑(楼房、天线等)不能伸入这个区域。空中的其他飞行物(飞鸟、风筝等)也不得妨碍飞机的正常运行。

9.4 航空客运枢纽集疏运网络规划

9.4.1 公共交通集疏运网络规划

航空客运枢纽对外的公共交通集疏运网络主要包括区域轨道、城市轨道和机场巴士线路等。根据航空客运枢纽的客流规模、交通区位以及服务腹地的差异,公共交通集疏运网络的体系构成也有所不同,主要有以下 3 种形式。

1. 单一的机场巴士线路形式

通常机场与所在城市的机场巴士线路较多,并且与城市主要交通枢纽相衔接。机场巴士线路会沿城市主要人口集中区布设,起始站点覆盖铁路客运站、公路客运站及城市公交枢纽站。一般城市中,机场巴士是主要的公共交通集疏运方式。至于机场与周边城市而言,机场巴士线路往往与该城市的城市候机楼相衔接。在缺乏轨道交通与机场衔接的情况下,机场巴士是大部分机场的公共交通集疏运采用的方式。

2. 城市轨道 + 机场巴士线路形式

在这种形式下,城市轨道交通为航空客运枢纽与所在城市的主要公共交通集疏运方式,机场巴士线路为重要补充。轨道交通衔接城市与航空客运枢纽主要有两类情况:一是,通过城市轨道交通串联航空客运枢纽与各城市对外交通枢纽;二是,通过机场轨道快线连接航空客运枢纽与某一对外交通枢纽(常常是铁路客运枢纽),而其他对外交通枢纽、城市其他地区均通过该铁路客运枢纽与航空客运枢纽相连。

3. 区域轨道 + 城市轨道 + 机场巴士线路形式

使用这种形式的航空客运枢纽往往处于一条或几条区域交通走廊的交汇处,如区域轨道交通网络经过航空客运枢纽并设立车站,区域航空客流不需经过城市内部中转即可实现空铁联运。这种形式是当前航空客运枢纽公共交通集疏运的发展趋势,形成条件是航空客运枢纽所处的位置需具有区域轨道交通线路(包括高速铁路或者城际轨道等)。

9.4.2 道路集疏运网络规划

航空客运枢纽的道路集疏运道路网络包括高速公路、城市快速道路等。从通道数量和规模角度来看,由于航空客运枢纽所在城市往往是航空客流的主要来源,客流量较大且需具有较好的可靠性,航空客运枢纽与所在城市的快速联系通道一般有两条以上,而周边城市往往也有一到两条快速道路连接至航空客运枢纽。

根据航空客运枢纽距离服务城市的空间距离以及客运联系强度,航空客运枢纽道路集疏运网络的布局主要有以下两种形式。

专用的高速公路形式。一般是指从城市主要对外出入口道路或者主要对外交通枢纽处(如铁路客运枢纽)开始建设到航空客运枢纽的专用高速公路。这种形式适用于城市与航空客运枢纽间的交通量较大的情况。采用专路专用,能确保往返航空客运枢纽与城市的交通流不受影响。

快速联络线接入区域高速公路形式。一般是指航空客运枢纽至城市的高速公路除了服务航空客运枢纽的集疏运交通外,还承担了其他区域交通的功能。这种形式能更加充分地发挥高速公路的复合型通道的功能。但是如果交通量过大,则会造成区域交通与航空客运枢纽的集疏运交通相互影响,特别是可能降低航空客运枢纽集疏运交通的服务水平。

【复习思考题】

1. 航空客运枢纽是如何进行分级分类的?
2. 航空客运枢纽由哪几部分构成?各部分作用是什么?

3. 预测航空客流需求时需考虑哪些影响因素?
4. 航空客运枢纽选址需遵循哪些原则?
5. 进行旅客流线设计时应考虑哪些要点?
6. 请列出航站楼的4种布局形式,并比较各自的优缺点。
7. 跑道系统由哪几部分组成,各自有何作用?
8. 请简述跑道的4种布置形式。
9. 请简述航空客运枢纽公共交通集疏运网络的3种形式。
10. 航空客运枢纽道路集疏运网络有哪些形式?

第10章

城市轨道枢纽规划与设计

城市轨道枢纽是城市道路网、城市轨道网以及常规公交网、交通控制与管理系统等多重网络系统重叠下,城市居民出行活动在土地使用上的集中体现。本章首先介绍城市轨道客运枢纽布局规划的影响因素与布设方法。分析城市轨道车站的构成、分类,阐述不同类型城市轨道枢纽的设计方法,并从慢行交通、常规公交、出租汽车、停车换乘等方面分析城市轨道枢纽与其他交通方式的衔接设计。

10.1 城市轨道枢纽分类及规划设计流程

10.1.1 枢纽分类分级

不同类型的城市轨道枢纽在城市中的地位、所占用的城市土地面积、在城市交通中所起的作用、对市民出行和公交线路的影响及建设周期的要求均不相同。按照城市轨道枢纽站点的功能定位应与其交通服务水平及发展策略相匹配,可进行如下等级划分:

(1)枢纽站(A类):依托高铁站等大型对外交通设施设置的轨道站点,是城市内外交通转换的重要节点,也是城镇群范围内以公共交通支撑和引导城市发展的重要节点。

(2)中心站(B类):承担城市级中心或副中心功能的轨道站点,原则上为多条轨道交通线路的交汇站。

(3)组团站(C类):承担组团级公共服务中心功能的轨道站点,为多条轨道交通线路交汇站或轨道交通与城市公交枢纽的重要换乘节点。

(4)特殊控制站(D类):位于历史街区、风景名胜区、生态敏感区等特殊区域,应采取特殊控制要求的站点。

(5)端头站(E类):轨道交通线路的起终点站,应结合车辆段、公交枢纽等功能设置,并可作为城市郊区型社区的公共服务中心和公共交通换乘中心。

(6)一般站(F类):上述站点以外的轨道站点。

10.1.2 轨道枢纽规划与设计内容及流程

一个城市轨道枢纽的规划与设计一般包括以下内容。

(1)背景研究

背景研究分为现状背景和规划背景两方面。现状背景研究是指对现状问题的分析和寻找问题的根源及诊断问题的症结;规划背景研究旨在进一步理解上位规划及相关专项规划的衔接,保证本项规划与设计的延续性。

(2)规划总体设计

总体设计主要包括规划设计目标、规划思路,研究具体的枢纽规划与设计项目中选用的方法及工作步骤等。

(3)交通需求分析

交通需求分析主要包括分析上位规划及相关规划的要求、结合城市综合交通规划与轨道客流专项调查的成果,建立轨道客流需求分析模型,分析客流特征、上下客流量及换乘量、断面客流量、服务水平及敏感性分析等。

(4)方案规划

在参考交通需求分析结果后,要进行包括设施配置、交通组织和实施计划等的方案设计。这部分研究主要采用多方案比选的方法进行,而且应当详略有别,对影响大的规划要点,其方案深度接近设计,使之相对稳定;对于影响稍次的远期项目,则只为下阶段设计提供明确的指导和灵活变化的空间。方案规划的结果还要经过方案评估检验,因此方案规划和方案评估是一个循环过程。

(5)方案评估

方案评估实际上是一个定性分析和定量分析相结合的过程。由于方案规划阶段已经融会大量的定性分析,因此在方案评估阶段主要进行定量分析。方案评估最主要的手段是交通评估,其次是环境影响和社会经济分析。其中,交通评估的基本手段是模型测试。

(6)规划与设计要点

规划与设计的最终目的,就是要对与此相关的下阶段规划设计工作提出明确的规划与设计指导性意见,即规划与设计要点。

城市轨道枢纽规划与设计的流程见图10-1。

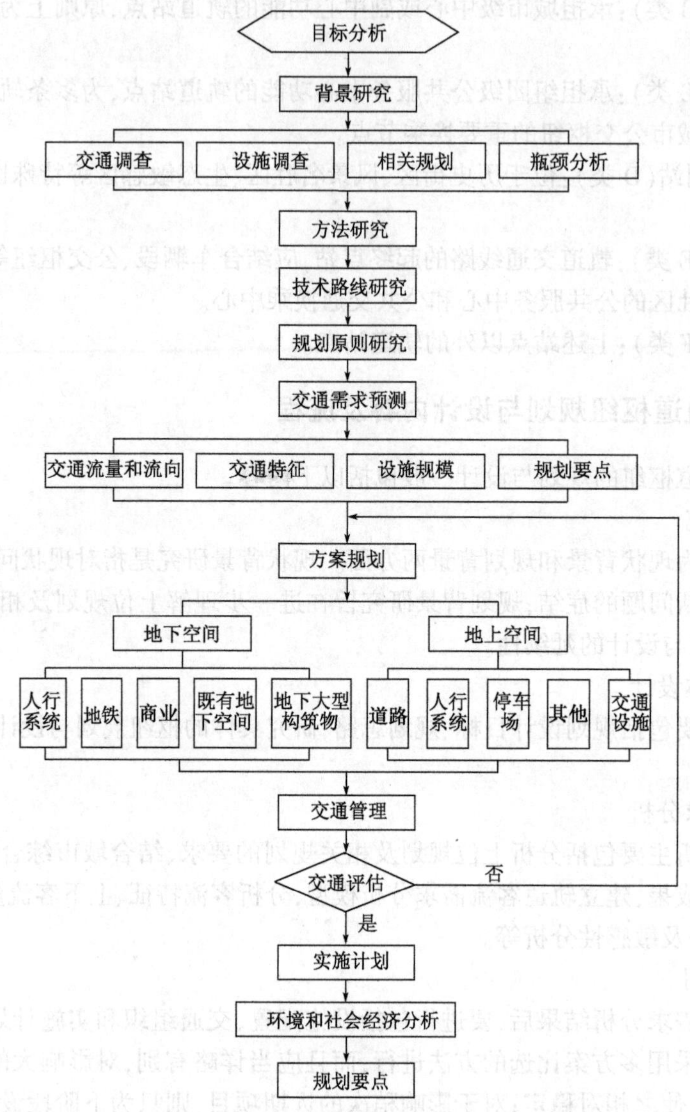

图10-1　城市轨道枢纽规划与设计流程图

10.2　城市轨道枢纽布局规划

城市轨道枢纽布局涉及城市空间形态、土地使用、交通规划、公共交通(包括轨道交通和常规公交)规划和运营、交通出行者、道路交通条件等诸方面的因素。

10.2.1　城市轨道枢纽布局原则

城市轨道枢纽布局应遵循以下原则。

1. 与城市规划相协调

城市轨道枢纽规划应满足城市近期和中远期发展规划。城市轨道交通站点的分布状态与城市形态的发展态势是相互影响、相互制约的。轨道枢纽的规划建设也会对周边的社会经济发展产生影响。在进行规划选址时,尽可能综合考虑周围区域的土地利用规划,根据条件合理选取枢纽位置并适当留有发展余地和空间。

2. 与城市各分区有效衔接

城市一般由城区、郊区、开发区、卫星城镇组成。公共交通枢纽的选址应当因地制宜,有利于城市分区的有效衔接,有利于公交线路网络的优化调整,促进各种交通运输方式的衔接、配合。

3. 与运输需求相匹配

因土地利用结构及用地规划模式的不同,所产生的城市人口密度、建筑密度、工作岗位密度及商业区的集中程度等对客流的产生及其流向有着重要影响,它们直接关系到客流集散点的集散强度及分布状态,进而影响站点的分布状态。在满足城市交通运输需求的基础上,城市轨道枢纽的规划建设应该比运输需求适度超前,以合理引导交通需求、优化城市客运结构,使城市交通系统向综合运输体系发展。同时也要防止投资建设与运输需求相比过度超前而造成投资机会成本的浪费。

4. 与各种运输方式相协调

城市轨道枢纽布局应充分考虑不同交通运输方式之间的相互协调、相互依托、相互衔接,提高交通系统的综合运行效率。

10.2.2 城市轨道枢纽布局指引

1. 城市轨道枢纽站点功能定位

城市轨道枢纽布局应基于轨道站点的功能定位,功能定位应遵循以下步骤:

(1)分析城市未来空间结构、产业结构等的发展方向、发展时序,结合城市旧区与新的不同要求,将轨道沿线划分为不同的发展片区,明确轨道沿线各片区的功能定位、空间发展重点及概念性建设规模。

(2)在对轨道站点的开发模式与前景进行综合分析基础上,进一步明确沿线各站点的城市功能定位,确定各站点所属分类分级及主要功能。

(3)充分考虑市场经济条件下,商业服务发展对集聚效应和规模益的要求,合理确定站点各项功能的发展需求,强调特色发展,避免均质化布局,如图10-2所示。

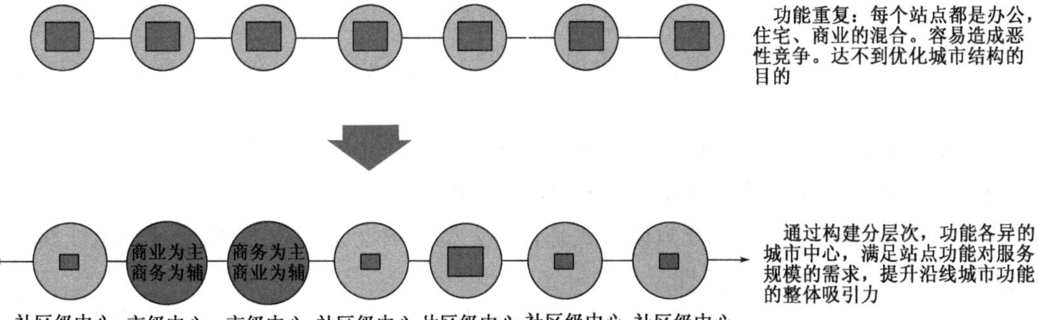

图10-2 站点功能定位应强调特色分工与集聚效应

(4)从城市及片区交通系统发展的角度出发,充分分析轨道沿线各站点的交通服务职能和范围,明确各站点的交通发展定位。

2. 城市轨道枢纽规划布局要点

(1)城市轨道枢纽站点应尽量布设于城市交通枢纽、商业服务中心、大型居住中心、网络换乘节点处。

①城市轨道交通站点原则上应与城市大运量对外客运枢纽,如铁路站、长途汽车站等衔接布置、一体化建设,实现各类公共交通功能在枢纽内部的无缝换乘。

②城市轨道线路应从集中的商务区、商业区及居住区的中心穿过,沿就业岗位与居住功能集中的道路布设,提高站点服务覆盖率。

③轨道站点应尽量靠近吸引大规模人流的城市设施。如:体育馆、科技馆、城市办公和商业核心区、各类交通枢纽等。

④应综合考虑客流需求、站间距要求、外部交通衔接、速度目标等因素,优先选择在道路交叉口、公交衔接点等处设置轨道交通站点。

(2)轨道线路及站点应结合潜在客源分布、可开发土地资源、现状与规划用地性质等方面进行布设。

(3)轨道廊道应避免与高速公路、城市快速路及交通性主干路重合,应沿城市生活性道路敷设。这有利于优化步行环境,减少与快速通过性机动车交通的相互干扰,如图10-3所示。

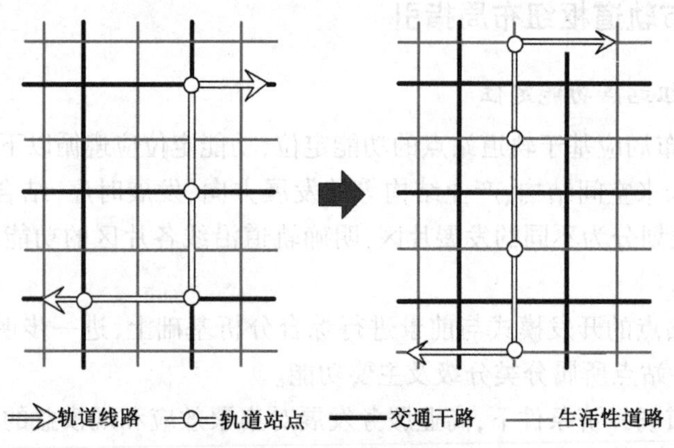

图10-3 轨道廊道布设图

(4)轨道线路及站点应避让文物保护单位,减少轨道施工对其造成破坏和干扰的风险。

(5)轨道线路和站点选择应本着功能优先原则,不能仅考虑工程建设和征地拆迁工作的难易程度,在适当情况下可考虑在城市街坊地块中设站。

(6)应评估轨道线路站位及敷设方式是否与大型基础设施相冲突,以保证轨道线路、站场及相关设施用地及建设的可行性。

城市轨道交通车站的布设受内外相关因素的影响,在定性分析影响关系的基础上,还需结合定量的方法,提出科学合理的车站布设方案。

10.3 城市轨道枢纽车站设计

10.3.1 城市轨道枢纽车站构成与分类

1. 车站构成

城市轨道交通车站一般包括车站主体、出入口及通道、通风亭及风亭(地下)和其他附属建筑物。图10-4为一般车站设施组成示意图。车站主体是列车的停车点,它不仅可供乘客上下车、集散、候车,一般也是办理营运业务和营运设备设置的地方。

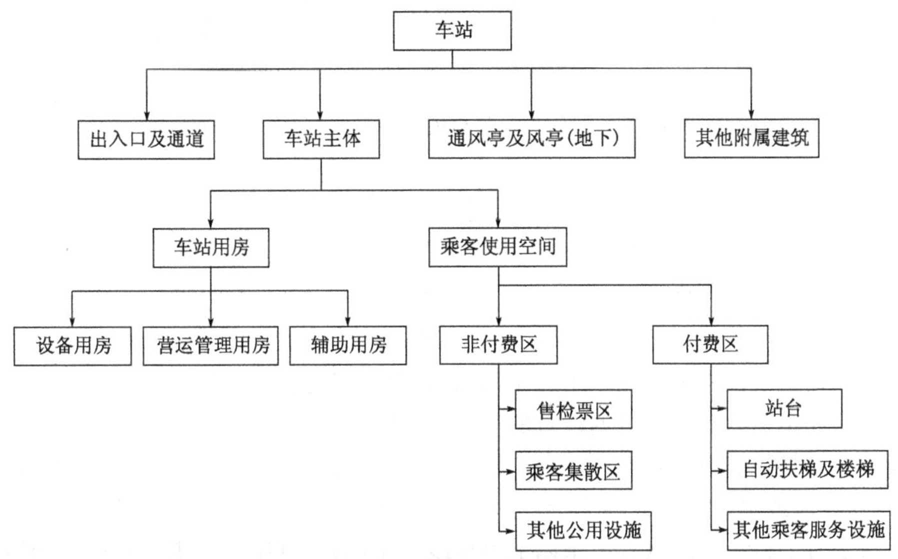

图10-4 轨道枢纽车站构成图

车站主体根据功能的不同,可分为以下两大部分:

(1)乘客使用空间。乘客使用空间又可分为非付费区和付费区。

①非付费区。是乘客购票并正式进入车站前的活动区域。它一般应有较宽敞的空间、售票和检票位置,根据需要还可设用于商业、娱乐、服务等的设施。非付费区的最小面积一般可参照能容纳高峰小时5min内聚集的客流量的水平来推算。

②付费区。包括站台、楼梯和自动扶梯、导向牌等,它是为乘客候车服务的设施。

非付费区的面积一般应略大于付费区。

乘客使用空间是车站设计的重点,设计时要注意人流流线的合理性,以保证乘客方便、快捷地出入车站。

(2)车站用房。车站用房包括营运管理用房、设备用房和辅助用房三部分。

①营运管理用房:是车站营运管理人员使用的办公用房,主要包括站长室、行车值班室、业务室、广播室、会议室和公安保卫室等。

②设备用房:是为保证列车正常运行、保证车站内环境条件良好和在灾害情况下乘客安全所需要的用房,主要包括通风与空调用房、变电所、综合控制室、防灾中心、通信机械室、自动售

检票室、冷冻站、配电室等。

③辅助用房:是为保证车站内部工作人员正常工作生活所设置的用房,主要包括卫生间、更衣室、休息室、茶水室等。

车站用房应根据营运管理需要设置,只配置必要房间,尽可能减少用房面积,以降低车站投资。

2. 车站分类

根据轨道车站与轨道线路的相对位置,轨道枢纽车站一般可以分为中间站、折返站、换乘站、越行站、接轨站和终点站六类,如图10-5所示。

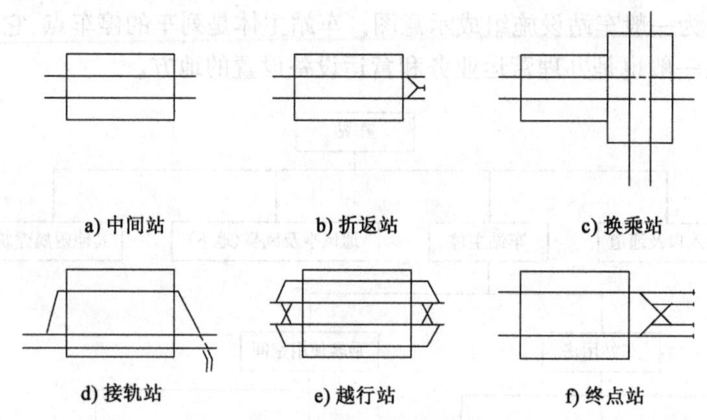

图10-5　城市轨道枢纽车站分类示意图

单线中间站是仅供乘客乘降车用的车站,其设施比其他各类车站简单。

折返站是在车站内有尽端折返设备的中间站,能使列车在站内折返或停车。

多线换乘站是能够使乘客实现从一个线路到另一线路换乘的车站。它除了配备供乘客乘降车的站台、楼梯或电梯之外,还应配备供乘客由一线站台至另一线站台的换乘设施。

越行站是每个行车方向具有一条以上停车线的中间站,其中一条供每站都停的慢车使用,其他供非每站都停的快车使用。

终点站是位于线路起、终点处的车站,除了供乘客乘降车外,还用于列车折返及停留,因此终点站一般设有多股停车线。如果线路需要延长时,则终点站可作为中间站或折返站来使用。

本节主要介绍城市轨道枢纽中单线中间站和多线换乘站的设计,见10.3.4和10.3.5。

10.3.2　城市轨道枢纽车站设计原则

1. 系统性原则

轨道枢纽车站综合体内部的各个功能都从属于复杂而复合的系统中,而整个综合体本身也只是城市交通中的一个节点,因此绝不能单独孤立地进行设计。

(1)步行系统的无缝连接

结合轨道商业综合体地下部分与轨道交通站点的空间对接,将商业、办公、居住、交通等不同的空间类型进行串联形成完整的地下步行系统,从而有效增加轨道商业综合体的交通可达性,以此建立完整的地下步行系统,并通过商业与原有地面步行空间相连,实现整体城市步行空间的无缝连接。

(2)城市公共空间的组成及延伸

轨道枢纽综合体能够通过地上地下空间的转换，为城市提供更多公共空间。以地下空间的形式参与改变原有的地面城市空间，重新定义城市公共空间的内容和秩序。并通过布局的调整达成新的平衡，完成城市公共空间的延伸。

2. 明晰导向性和识别性原则

轨道交通车站综合体内部由于功能复杂、人流众多，在各功能空间的设计中，应注意空间的导向性，避免迂回迷宫式的通路。一般在醒目的位置会设置标志牌和问讯处，在空间转换处，以层高、颜色和灯光等的变化加以区分。

3. 适当分区与功能复合原则

各功能空间需适度独立，以保证自身功能系统运行所需的基本条件，包括独立的使用空间和辅助设施、独立的交通空间和管理体系。同时，各部分功能需要相互关联、互惠互利，以达到系统的最优化组合。

4. 设计可持续发展原则

设计和施工的过程只是轨道枢纽综合体的整体运行阶段的前期步骤，在投入运营之后，轨道枢纽各项功能都将随使用而变化。因此设计过程中充分考虑项目的可持续发展性，才能保证前后更替的有机发展。

10.3.3 城市轨道枢纽车站设施配置要求

1. 城市轨道枢纽车站设施配置影响因素

影响城市轨道枢纽设施配置的因素很多，主要包括各种衔接交通设施的特点、枢纽乘客换乘需求、用地面积与投资、周边土地利用与道路条件等。

(1)交通设施的功能特点

轨道枢纽具备接运类、通道类、服务类等多种交通设施，因此需要考虑各交通设施的功能特点进行布局。接运类设施功能区是枢纽内各种交通方式的停车转换处，是各条客流流线的起点和终点，其占地面积大、服务乘客的同时还需要满足车辆的停放要求，应根据各交通方式特点进行布置。如公交站台为满足公交车辆的出入方便，一般优先考虑设置在地面层。通道类和服务类设施主要起到连接和服务作用，因而应综合考虑接运类设施布置形式与乘客的需求。

(2)枢纽乘客换乘需求

城市轨道枢纽的乘客特性与换乘量不仅是确定枢纽设施规模的主要依据，更是影响枢纽交通设施空间布局的重要因素之一。在进行综合客运枢纽功能区的空间布局时，应首先考虑将换乘量较大的设施布置在最佳位置，以保证乘客换乘顺畅，减少枢纽总换乘时间。

(3)换乘服务水平

换乘服务水平受到换乘时间与换乘舒适度、方便性、安全性等因素的影响，枢纽设施布局应充分考虑这些因素。其中，换乘时间由换乘距离与乘客走行速度决定，在枢纽设计过程中应注重减小乘客的换乘步行距离，增加换乘舒适度、方便性等，提高换乘服务水平。

(4)用地面积和投资约束

规划用地面积、工程建设投资、运营费用等也是影响枢纽设施布局的因素。如果用地足够大且枢纽建设资金有限，可以考虑设施的平面式布置，但是这种布置形式容易造成流线混杂；

如果用地范围不能满足平面式布置需求,可以考虑立体式布置,这种形式较为复杂,建设投资需求大,但是用地紧凑,不同层面间可通过扶梯等通道类设施衔接,交通流线简捷。

(5)周边土地利用与道路条件

枢纽周边的土地利用性质不同,枢纽周边的交通发生点和吸引点分布也不同。对枢纽的最初形式和布局起着一定约束作用,枢纽外部的道路条件决定了人流和其他交通方式交通工具的进出,从而也会对城市轨道枢纽的设施布局产生一定的影响。

2. 各功能分类轨道枢纽车站设施配置要求

轨道枢纽车站的功能与设施配置依据轨道枢纽的分类分级具有不同的要求与特点。各类型轨道车站功能定位与设施配置见表10-1。

各类型轨道车站功能定位与设施配置表　　表10-1

轨道车站类型	功能定位	配套设施
枢纽站(A类)	定位为城市综合交通枢纽和城市门户,以保障城市内外交通安全高效换乘为基本要求,并充分发挥其城市综合服务功能	合理配套长途汽车站与公交站场、小汽车配建停车场、出租汽车停车场、自行车停车场等设施,确保城市轨道与对外交通枢纽一体化衔接。交通集散应充分利用立体空间,提供分散的疏散通道,避免大尺度广场
中心站(B类)	定位为区域级公共服务中心,轨道站点核心区范围内鼓励进行城市综合体开发建设。鼓励通过多个中心站组合构成城市中心地区	特大城市中心站以轨道交通加步行的出行特征为主,并应配套公交车站。大城市中心站宜兼顾城市轨道交通与常规公共交通主要换乘枢纽的功能
组团站(C类)	定位为组团级公共服务中心,是周边居住区的生活中心和公交换乘中心。站点核心区内鼓励进行综合体开发建设	应作为服务社区的步行、自行车、地面公交与轨道交通换乘的主要节点。鼓励综合体利用地下空间设置商业、娱乐等经营性功能
特殊控制站(D类)	位于历史街区、风景名胜区、生态敏感区等特殊区域	建设强度、建筑密度、建筑高度、绿地率等按照城市相关规定控制
端头站(E类)	定位为城市郊区型社区的公共服务中心和交通换乘中心。鼓励结合车辆段进行用地功能混合开发	应设置常规公共交通枢纽、出租汽车停车场、自行车停车场。位于城市中心区以外的可设置P+R停车场。鼓励利用地下空间设置地下商业、停车等功能
一般站(F类)	定位为城市居住社区或就业密度高、通勤需求较强的产业区。其功能应根据城市规划确定,鼓励混合开发	应设置自行车停车场,并可根据需要设置常规公共交通换乘场站

10.3.4 单线中间站设计

单线中间站是仅供乘客乘降车之用的车站,其设施比其他各类车站简单。

1. 站台设计

站台是供乘客上、下列车的平台,是车站中最基本的部分。不论车站的类型、性质有何不同,站台都必须设置;其余各部分在特殊情况或满足功能需求的前提下,可被省略或部分省略。

城市轨道交通中,乘客在车站逗留时间较短,且没有行李寄存与货运运输等业务。在中间站上,客流只有往返两个方向,因而乘客在站内活动的客流线及车站服务设施都比较简单。单线中间站乘客进、出站活动流线如图10-6所示。

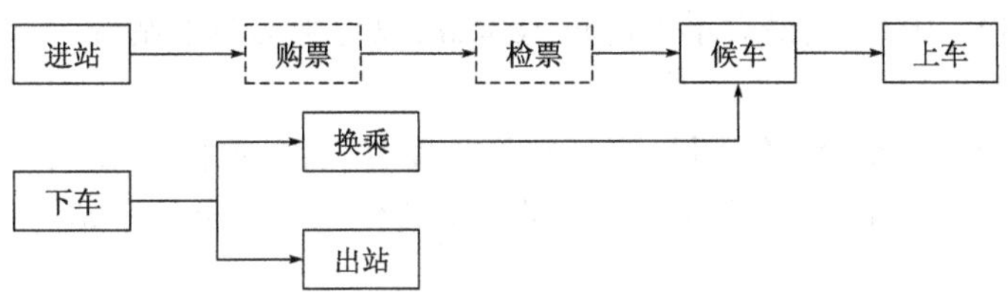

图10-6 乘客进、出站活动流线示意图

车站总体布局应按照乘客进出车站的活动顺序,合理布置进出站的流线。流线宜简捷、顺畅,尽可能使流线相互无干扰,为乘客创造便捷的乘降环境。

(1)站台形式

车站按站台形式可分为岛式车站及侧式车站两种基本类型。站台位于上下行线路之间的车站称为岛式站台的车站;站台位于线路两侧的车站称为侧式站台车站,如图10-7所示。

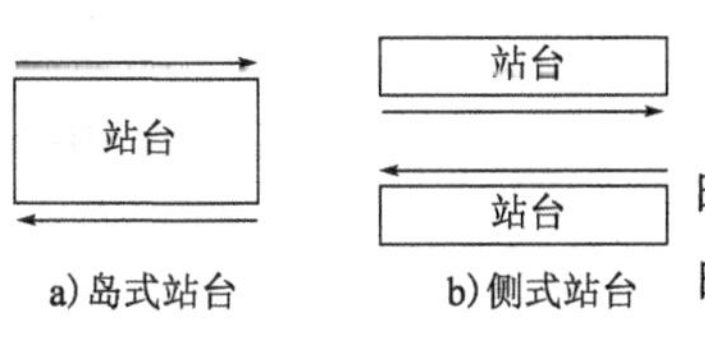

图10-7 不同站台形式的车站

岛式站台与侧式站台相比,在运营方面有以下优点:

①站台面积可以更充分地被利用,当一个方向的乘客很多时,可以分散到整个站台宽度上;侧式站台则容易出现一个方向的站台很拥挤,另一方向的站台尚未充分利用的情形。

②所有的行车控制都集中在同一站台上,运营管理比较方便。

③在站台的端部可借助自动扶梯或楼梯直接通至地面,乘客上下方便。

④乘错方向的乘客折返也较为方便;若为侧式站台,则乘客折返时必须通过前厅或跨线设施转换。

由于岛式站台优点较多,一般推荐采用这种形式。

但当车站位于地面或高架桥上时,修建侧式站台更为有利。车站位于地面时,站台上需安装雨棚,站台外需设围墙。车站位于高架桥上时,线路设于中间,可以使最大荷载位于桥梁结构中间,便于增加结构稳定性及节省造价,旅客从两侧去站台也较方便。

在有些特殊的情况下,有可能综合上述两种形式,形成混合型的三站台式车站,即中央的岛式站台用于上车,两个侧式站台用于下车。但这种车站造价较高,占地面积也明显增加,乘客的竖向输送设备较复杂。因此三站台式车站用得较少。

(2)站台长度

站台有效长度是指乘客可以乘降的站台范围。站台两端一般还布置一些其他的车站设备,站台长度为这两者之和。

站台有效长度由列车编组的计算长度决定。考虑到停车位置的不准确和车站值班员、驾驶员确定信号的需要,通常还要预留一段停车误差。随着车辆控制技术的进步,停车误差越来越小。站台有效长度的计算式为:

$$L = nl + \Delta l \tag{10-1}$$

式中:L——站台有效长度(m);

l——车辆长度,包括车钩长度(m);

n——远期列车的车辆编组数；

Δl——停车误差，一般取 4 ~ 8m。

站台应尽可能平直，以便车站员工能够看到站台情况和客流拥挤状况。站台边缘与车辆边缘的间距宜为 80 ~ 100mm，最大不得超过 180mm，以免乘客掉下站台。

(3)站台宽度

站台宽度应考虑远期预测客流量、列车编组长度、站台上横向立柱数量，以及站台与站厅之间楼梯(自动扶梯)布置形式等因素，并满足最小站台宽度要求。车站的站台类型对站台宽度有较大的影响。

①岛式站台宽度

岛式站台宽度按式(10-2)计算：

$$B_d = 2b + nz + t \geqslant B_{dmin} \tag{10-2}$$

其中，

$$b = \frac{Q_{上}\rho}{L} + b_a \tag{10-3}$$

或

$$b = \frac{Q_{上下}\rho}{L} + M \tag{10-4}$$

b 应取式(10-3)和式(10-4)的计算结果中的大者。

式中：B_d——岛式站台宽度(m)；

$Q_{上}$——远期每列车高峰小时单侧上车设计客流量(换乘站应含换乘客流量，人)；

$Q_{上下}$——远期每列车高峰小时单侧上、下车设计客流量(换乘站应含换乘客流量，人)；

ρ——站台上人流密度 0.33 ~ 0.75m^2/人，通常取 0.5；

L——站台计算长度，指能够集散乘客的有效长度(m)；

b_a——站台边缘安全带宽度，地铁规范规定为 0.4m，采用屏蔽门时以 M 替代 b_a；

n——站台横向的立柱数；

z——横向柱宽(m)；

t——每组人行梯与自动扶梯宽度之和(m)；

M——站台屏蔽门立柱内侧的距离(m)，无屏蔽门时，$M = 0$；

B_{dmin}——岛式站台允许最小宽度，规范规定为 8m。

此外，站台宽度还要满足事故状态客流疏散时间小于 6min 的要求，相应的计算方法参见《地铁设计规范》(GB 50157—2013)。

一般岛式站台宽度为 8 ~ 10m，横向并列的立柱越多，站台宽度越大。

②侧式车站宽度

侧式站台宽度可按式(10-5)计算：

$$B_c = b + z + t \geqslant B_{cmin} \tag{10-5}$$

式中：B_c——侧式站台宽度；

B_{cmin}——无柱式侧式站台允许最小宽度，规范规定为 2.5 ~ 3.5m；

其他符号意义同上。

一般侧式车站的站台宽度为 4 ~ 6m，无立柱时取小值，有立柱时取大值。

2. 站房

车站站房的组成应根据运营管理的要求决定。如果运营管理采用上车购票或车站自动售票，则车站可为无人管理方式，可不设站房，而只设风雨棚；否则应设售票房。在无人管理的车站，通常需要配备集中监视的闭路电视系统，以弥补管理上的不足。当车站位于地下时，还应增加环控、排水、防灾等设施。

3. 跨线及立体设施

(1) 跨线设施

城市轨道线路封闭程度较高。考虑乘客候车安全，侧式站台上、下行，岛式站台乘客进、出站，行人过街都需要越线。

地面站除客流量特别小的情况外，一般均需设跨线设施。地面站的跨线设施可以是天桥或地道两种方案。天桥方案较经济，施工方便，应优先采用。

地下站若为岛式车站，则没有跨线问题。若为侧式与岛侧组合车站，则可利用地下层设置跨线设施，也可以利用站厅解决各站台的联络问题。

高架站台应该尽量利用高架桥面以下的结构空间解决跨线问题，也可以在解决高架站的垂直交通时，解决跨线问题。但要注意避开道路的交汇路口，以满足道路上空的限高要求。如在高架桥上再设天桥，会加重乘客上下楼负担，安全感差，又占用较多高架站台面积，增加高架站结构的复杂性，不仅提高了造价，还影响景观。

(2) 立体设施

地下站和高架站与地面需要通过立体设施来联系，天桥或地道跨线设施也需要立体设施的连接。立体设施的设计要求位置适宜，路线便捷，宽度合理。

高架站的立体设施布置通常有两种方式：一种为街道两侧布置垂直交通，经天桥进入高架车站，即天桥进出方式，如图 10-8 所示；另一种是利用桥下空间，有楼梯通向休息平台，再向两侧高架站台，即桥下进出方式。

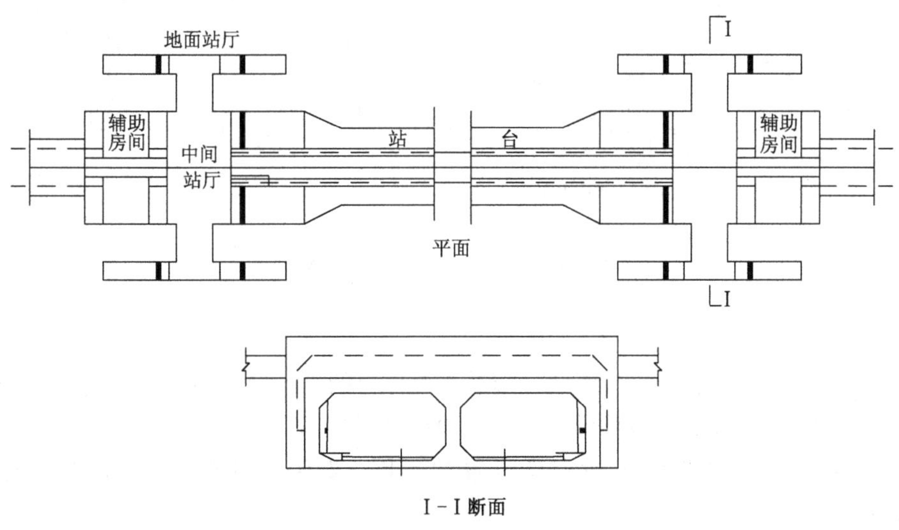

图 10-8 双跨地下侧式车站平断面

地下车站的出入口位置应考虑车站位置的地形、地势等具体条件，并应满足城市规划和交通的要求，可设在人行道上、街道拐角处、街道中心广场、建筑物内和建筑物边等位置。出入口及通道的数目和宽度应根据该地区的具体条件和客流量确定，并考虑紧急情况下，站台的乘客和停在列车内的乘客必须在6min内全部疏散出地下站上到地面。出入口及通道宽度应根据高峰小时客流量计算确定，采用宽度一般不小于2m，最小不得小于1.5m。地下通道净高一般为2.5m左右。

10.3.5 多线换乘站设计

换乘站是线网中各条线路的交叉点，是提供乘客转线换乘的场所。它除了供乘客乘降车之外，还应实现两线或多线车站站台之间的客流畅通。换乘站可以由中间站补充换乘设备而成，或者一开始就建成为供两条相交线路使用的联合车站。换乘站的形式与换乘方式密切相关。轨道车站的换乘方式包括同站台换乘、节点换乘、站厅换乘、通道换乘、站外换乘五种基本类型。下面按换乘方式分别介绍常用的换乘站形式。

1. 同站台换乘

同站台换乘是指乘客通过统一站台或相距很近的两个平行站台实现转线换乘，乘客只要走到车站站台的另一边或与之相当的距离就可以换乘另一条线路的列车。这种换乘方式要求两条线具有足够长的重合段，施工难度大，因此应尽量选用在建设期相近或同步建设的两条线的换乘站上。

同站台换乘的基本布局是双岛式站台结构形式，它可以在同一平面上布置，如图10-9a)所示，也可以在不同平面上布置，如图10-9b)所示。这两种形式的换乘站都只能实现4个换乘方向（A_1—B_1，A_2—B_2）的同站台换乘，而另外4个换乘方向（A_1—B_2，A_2—B_1）则要采用其他换乘方式。

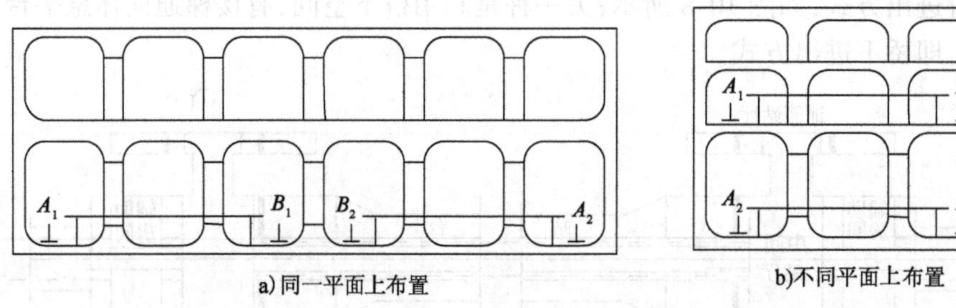

图10-9 同站台换乘车站形式示意图

2. 节点换乘

节点换乘是指在两线交叉处，将两线隧道重叠部分的结构做成整体的节点，并采用楼梯将两座车站站台连通，乘客通过该楼梯进行换乘，换乘高差一般为5~6m。

节点换乘方式随着两线车站交叉位置的不同，又有十字形、T形、L形三种布置形式（图10-10）。

节点换乘方式有许多种组合形式。以十字形换乘为例，常用的换乘站类型如下。

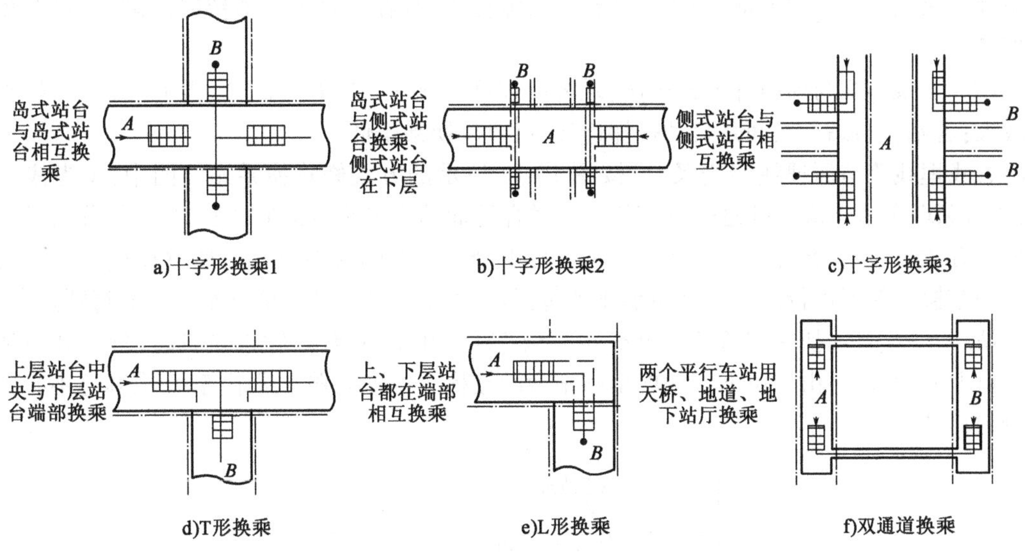

图 10-10　节点换乘形式示意图

(1)岛式与侧式换乘。如图 10-11a)所示,2 号线岛式站台与位于上层的 4 号线侧式站台换乘,形成 2 个小换乘厅。

(2)岛式与岛式换乘。如图 10-11b)所示,环线与规划线形成岛—岛换乘,只有一个小换乘厅,换乘能力较小。

(3)侧式与侧式换乘。如图 10-11c)所示,利用上、下两层侧式站台的十字交叉点形成 4 个换乘厅及换乘通道,换乘能力较上述两种都大。

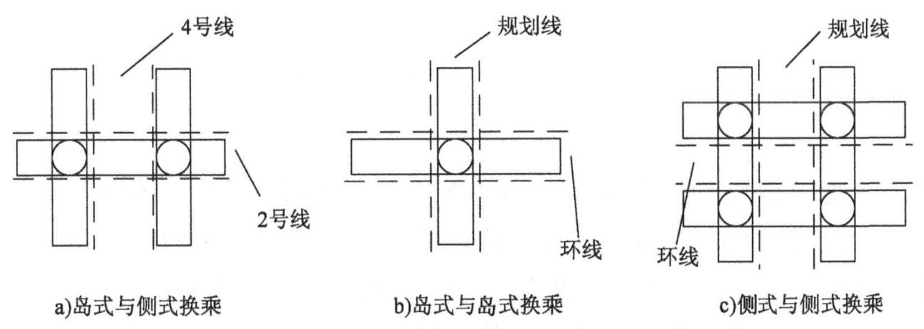

图 10-11　十字形节点换乘的三种形式示意图

节点换乘方式设计要注意上、下楼的客流组织,避免进、出站客流与换乘客流的交叉紊乱。该方式多应用于侧式站台间的换乘,或与其他换乘方式组合应用。两个岛式站台之间采用这种换乘方式连接一般较为困难,因为楼梯宽度往往受岛式站台总宽度的限制,其通行能力难以满足换乘客流需求。若两条交叉线路的高差较大,可以采用两个车站十字形塔式交叉,两站台之间用双层式阶梯相连接。

节点换乘方式的节点一般要求一次做成,预留线路应避免预留工程不到位或过剩等现象。

3. 站厅换乘

站厅换乘是指乘客由一个车站的站台通过楼梯或自动扶梯经由另一个车站的站厅或两站的共用站厅到达另一车站站台的换乘方式。乘客下车后根据导向标志经过站厅出站或换乘。

下车客流只朝一个方向流动,减少了站台上人流交织,且在站台上的滞留时间减少,可避免站台拥挤。

站厅换乘方式与前两种方式相比,乘客换乘路线通常要先上(或下)、再下(或上),换乘距离较大;若站台与站厅之间是自动扶梯连接,可改善换乘条件。

若浅埋线路与深埋线路交叉,可按图 10-12 所示的方式修建换乘站。图中,A 为浅埋车站,B 为深埋车站。乘客可通过一个公用的联合地面站厅换乘,如图 10-12 上半部分所示。这种换乘方式虽然比较经济,但乘客要先上升再下降。更好的换乘方式是通过连接两个车站中心的一套换乘体系进行换乘。该换乘体系包括:一条由浅埋车站至地下站厅的通行隧道,一个地下站厅,一座自动扶梯隧道及张拉室,一个集散厅,几个通至深埋车站的通行隧道和通到车站股道上方的天桥,由天桥下至深埋车站站台的楼梯。这种换乘方式距离短,乘客也不必爬升多余的高度。

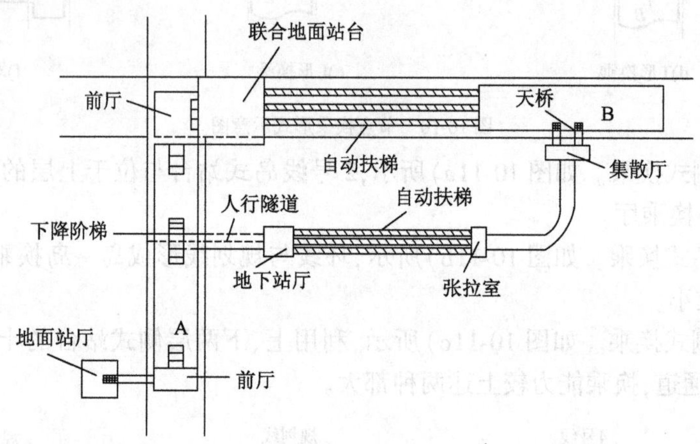

图 10-12 联合地面站厅的换乘站

4. 通道换乘

在两线交叉处,车站结构完全分开,当车站站台相距稍远或受地形限制不能直接通过站厅进行换乘时,可以考虑在两个车站之间设置单独的连接通道和楼梯供乘客换乘,这种换乘方式称为通道换乘。连接通到一般设于两站站厅之间,也可以从站台上直接设置。

通道换乘方式布置较为灵活,对两线交角及车站位置有较大的适应性,预留工程少,甚至可以不预留,容许预留线位置将来可以少许移动。通道宽度应按换乘客流量的需要进行设计。换乘通道长度一般不宜超过 100m,因为预留工程少、后期线路位置调整的灵活性大,这种换乘方式最有利于两条线工程分期实施。下列两种情况下常采用通道换乘。

(1)当两条轨道交通线路在区间相交构成 L 形时,两线上的轨道交通车站均应靠近交叉点设置,并用专用的人行通道相连接。图 10-13 是通道换乘方式的地下换乘站。在位置较高的车站 A 的站台中心安设双向阶梯或自动扶梯下降到人行隧道平面,该隧道在 A 站的站线下方穿过。供乘客双向走行的人行隧道,其宽度通常为 7 ~ 7.5m,长度不应超过 100m。人行隧道内应有斜坡,且应朝客流量较多的方向下坡。客流交叉的地点,人行隧道的断面应加宽。此人行隧道在靠近位置较低的车站 B 的地方,通常分成两个断面较小的隧道,这两个隧道的出口处接有跨越站线的天桥,该天桥端部应设置楼梯通到站台地板面,楼梯则设在车站 B 的塔柱或立柱之间。在人行隧道分支的地方应设置一间集散厅,以便在其中将不同方向的客流分隔开来。

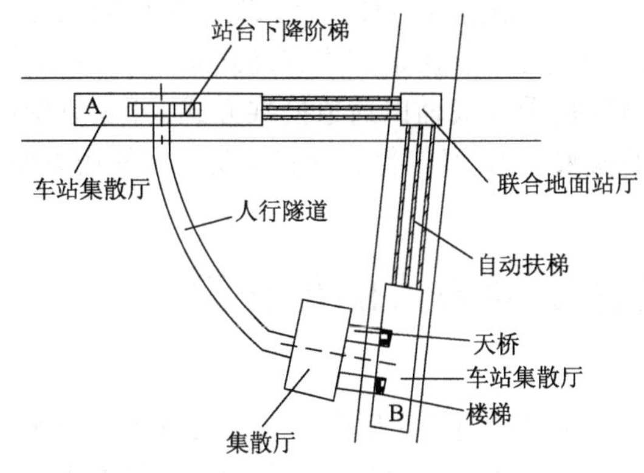

图 10-13 通道换乘方式的地下换乘站

在条件允许时,可利用联合式的地面站厅或地下站厅来换乘,联合式地面(或地下)站厅用自动扶梯与两个车站相连接,而在地面只设一个共同出口,如图 10-13 所示。为此,两个车站集散厅的端部至线路交叉点的距离都应与它们的埋置深度相适应。

也可以同时采用上述两种方案。这时人行隧道的宽度可减小,并只用于单向通行,反向换乘时可通过自动扶梯隧道。

(2)当一条线路的区间与另一条线路的车站 T 形交叉时,可按图 10-14 所示的换乘站形式组织换乘。位置较高的车站 A 的集散厅可用一个人行隧道与一个地下站厅(前厅)相连接,该地下站厅则经由自动扶梯隧道与位置较低的车站 B 相连接。若人行隧道较短,则 B 站乘客可经由 A 站的自动扶梯出站,但乘客需先上楼后下楼。若人行隧道很长时,则可使地下站厅直接与地面相连接,以供 B 站乘客出站之用。这样人行隧道仅供换乘旅客使用,减小了 A 站的自动扶梯的客流压力。

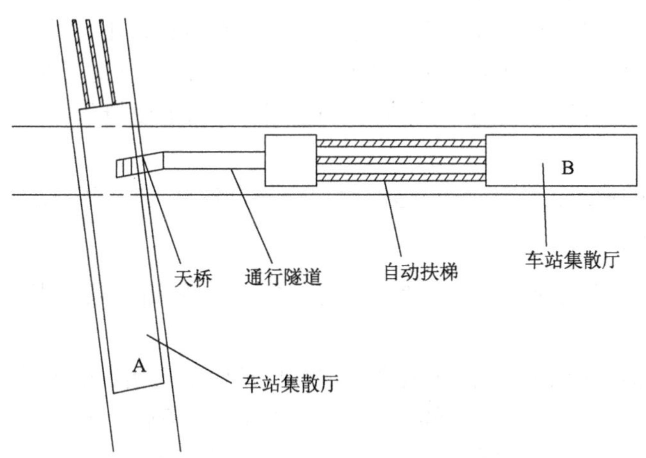

图 10-14 一条线路区间与另一条线路车站 T 形交叉时的换乘站

5. 其他换乘方式

除了上述四种基本换乘方式之外,还可采用站外换乘及组合换乘来达到换乘目的。站外换乘是乘客在车站付费区以外进行换乘,不设专用换乘设施。下列情况下可能需要站外换乘:

(1)高架线与地下线之间的换乘,因条件所限,不能采用付费区内换乘方式时;

(2)两线交叉处无车站或两车站相距较远时;

(3)规划不周,已建线未作换乘预留,增建换乘设施十分困难时。

采用站外换乘方式,往往是没有进行轨道交通线网规划而造成的。这会导致乘客增加一次进出站手续,步行距离长,且会与站外的其他人流混合。因此,站外换乘方式在规划中应尽量避免。

在换乘方式的实际应用中,若单独采用某种换乘方式不能奏效时,可采用两种或多种换乘方式组合,以达到完善换乘条件、方便乘客使用、降低工程造价的目的。例如,同站台换乘方式辅以站厅或通道换乘方式,使所有的换乘方向都能换乘;节点换乘方式在岛式站台中,必须辅之以站厅或通道换乘方式,才能满足换乘能力;站厅换乘方式辅以通道换乘方式,可以减少预留工程量等。组合换乘方式应既保证具有足够的换乘能力,又使得工程实施及乘客使用方便。

10.4 城市轨道交通与其他交通方式的衔接设计

城市轨道交通枢纽站根据不同功能定位应配备相应的衔接交通方式。交通衔接设施配置优先顺序依次为步行、自行车、地面公交、出租汽车、小汽车,各类设施与城市轨道交通站点出入口距离也应尽量按上述优先级由近及远设计。

10.4.1 城市轨道交通与步行的衔接设计

步行交通是轨道交通最主要的接运方式。轨道交通与步行交通换乘衔接规划布局的内容主要包括轨道枢纽合理步行区内的人行步道系统、过街设施和人车分离设施的规划设计、导向指示标志设置以及步行线路组织设计等。考虑到轨道交通附近土地使用强度较高,各种活动也较为频繁,适宜提供独立的人行步道,以连接车站合理步行范围内的街道、住宅区、商店等,并尽量与机动车流分开,行人过街的横道线和中央安全岛以及交通标识系统的设置在这个区域内不可或缺;在枢纽内步行道与车站站台的连接除了满足便捷的需求外,还要满足疏散的要求。

对于不同类型的枢纽,步行系统设施的设计应符合各自的功能定位与特点。

1. 枢纽站(A 类)

(1)可设置交通立体换乘平台、换乘大厅或广场,连接轨道交通站点出入口与对外交通出入口。

(2)要根据交通需求预测,提供轨道交通站点与其他方式换乘的公共通道,形成便捷的多方式换乘体系;换乘空间应实现全天候服务、人车分行与无障碍换乘。

(3)鼓励设置跨越铁路线的人行通道连接线路两侧的交通功能和公共空间。

2. 中心站(B 类)

(1)鼓励规划设置一体化的立体公共步行系统,在方便换乘的同时,扩大轨道交通的服务范围。

(2)城市核心地区形成站点群时,应在站点之间设置地下通道、地下街,结合商业开发,形成连贯的商业步行系统,实现多站间换乘。

(3)在城市其他地区,鼓励结合站点及商业开发,建设地下步行系统穿越城市道路,使轨道服务延伸到相邻街区。

(4)鼓励结合轨道影响区开发设置二层连廊系统跨越城市道路,拓展轨道服务范围;设置二层连廊系统时,仍需保证地面步行的完整与畅通。

3. 组团站(C 类)

(1)鼓励以轨道交通站点为核心,根据人流主要集散方向设置立体步行系统连接站点出入通道与周边主要建筑,并结合该系统在主要道路交叉口设置立体人行过街设施。

(2)鼓励结合立体步行系统适当安排服务于组团的商业设施。

4. 特殊控制站(D 类)

建议结合绿道设置步行系统,引导片区活动优先使用轨道交通作为到发交通方式。

5. 端头站(E 类)

建议结合上盖开发,通过步行廊道连接口连接上盖平台或交通换乘平台,并据此设置站点与周边物业、交通换乘点及外围联系的出入口。

6. 一般站(F 类)

鼓励建立二层步行连廊拓展服务范围,通过设置连续的二层步行通道、地下过街通道等,连接建筑及交通换乘设施,并可结合绿道设置,增加步行系统的舒适性与安全性。

10.4.2 城市轨道交通与自行车的衔接设计

自行车接驳轨道交通是提高轨道交通诱增客流的一种有效途径。设置轨道交通与自行车换乘衔接可以扩大轨道交通的服务范围,增加轨道交通的吸引力,提高客流量。

自行车与轨道交通衔接布局规划的主要内容包括自行车衔接停车场的规划布局以及轨道枢纽自行车合理交通区内行驶线路的组织设计。

在处理自行车与轨道枢纽接驳时,应注意以下几点:

(1)为了避免自行车的停放占用有限的城市道路空间以及对行人交通、机动车交通产生影响,枢纽必须提供足够数量的自行车专用停车位。因此该衔接换乘方式比较适合于城市外围区或居住区内的轨道枢纽,对于市区尤其是中心区的枢纽,由于路面空间和停放空间不足,不宜采用。

(2)应结合周边建筑开发增加配建或利用轨道站点设施布设自行车停车场。对于自行车换乘量大的轨道枢纽,应设置集中的专用路外停车场,且不宜相距太远,两者之间也应设置有专用的衔接换乘通道;对于换乘量较小的枢纽可以采用分散停放的方式,但停放场地不宜过分靠近车站集散大厅的出入口,以免自行车的停放影响乘客进出车站。

(3)在自行车合理交通区内组织好自行车的行驶路线,将它从主、次干道上分离出来,构成非机动车专用道系统,减少自行车对干道交通的影响,并为自行车出行的乘客提供方便、安全、舒适的换乘环境。居住社区附近的站点,宜将站点和社区的自行车道系统、自行车换乘停车场和社区停放场站进行一体规划。

(4)停车场内必须设置足够的支架和遮挡设施,并安排专人管理,收费力求低廉。

(5)有公共自行车系统的城市宜优先在轨道站点核心区内提供服务。站点周边设置公共自行车租赁点时,自行车换乘停车场宜与公共自行车停车场合并设置。

自行车停车场面积主要考虑自行车停放所需面积,可按式(10-6)计算确定:

$$S_{\mathrm{bike}}=\frac{N_{\mathrm{bike}}t_{\mathrm{bike}}s_{\mathrm{bike}}}{600P_{\mathrm{bike}}\beta_{\mathrm{bike}}\alpha_{\mathrm{bike}}} \tag{10-6}$$

式中：S_{bike}——自行车停车场所需的面积(m^2)；

N_{bike}——高峰时段每10min内自行车换乘的乘客数(人)；

t_{bike}——每辆自行车的平均停放时间(s)；

s_{bike}——每辆自行车停放所需的面积(m^2)，一般取1.8m^2/辆；

P_{bike}——每辆自行车的平均载客人数(人/辆)，一般取1人/辆；

α_{bike}——某一服务水平下的自行车停车场的饱和度；

β_{bike}——存车换乘的自行车数站停放自行车总数的百分比(%)。

10.4.3 城市轨道交通与常规公交的衔接

地面常规公交是城市轨道交通接运最主要的交通方式，合理进行轨道交通与常规公交的衔接规划，可以通过常规公交的辐射功能扩大轨道枢纽的辐射吸引范围。

城市轨道交通与常规公交的衔接布局包括连接轨道车站的常规公交线网布局、车辆配备、运营组织以及车站附近公交换乘站场布局等方面。

1. 衔接布局类型

(1)放射—集中布局式

常规公交线网主要以轨道车站为中心，呈树枝状向外辐射。换乘站场用地集中于车站邻接地区，作为各条线路终到始发和客流集散的场所。该布局类型适合于换乘客流大或辐射吸引范围广的城市轨道枢纽。将始发线路集中设置，乘客换乘距离较短、行人线路组织相对简单、对周围道路交通的影响也较小，但换乘站场用地较大。

(2)途径—分散布局式

常规公交线网由途径线路组成，公交停靠站分散设置在轨道交通车站周边的道路上。该布局类型不需设置用地规模较大的换乘站场，但线网运输能力较小，部分乘客换乘步行距离较长，行人线路组织相对复杂，且换乘客流较大时对周围道路交通有一定的影响，因此适合于换乘客流较小的城市轨道车站。

(3)综合布局式

该布局类型是上述两种布局类型的复合形式。常规公交线网由始发线路和途经线路共同组成，且集中布置一个换乘枢纽站和分散布置一些换乘停靠站。对于规模较大的轨道枢纽站来说，一般采取这种衔接布局类型。

2. 衔接布局原则

城市轨道枢纽与常规公交的衔接布局应遵循以下原则：

(1)当常规公交车辆从主要干道进出换乘枢纽时，应尽可能提供公交优先通行的专用道、专用标志或专用信号相位，以减少其进出换乘站的时间。

(2)常规公交停靠站和站台的数量应由接驳的线路条数、车辆配备数量、换乘候车所需时间、车辆停靠所需空间决定，并应为将来线路发展留有余地。

(3)应尽可能采用地下通道或人行天桥连接轨道车站集散大厅和常规公交站台，使人流、车流在不同层面上流动，互不干扰。地道和天桥的布置应有利于换乘客流沿站台均匀分布，并符合换乘客流强度要求。

(4)应有清晰的换乘线路信息、明确的流向组织、畅通的换乘通道以及必要数量的遮挡设施，且布置紧凑，尽量缩短换乘线路长度，以减少换乘步行时间。

(5)枢纽出入口布置应有利于各方向乘客换乘，应尽可能减少乘客横穿街道的次数。

3. 换乘形式

(1)常规公交路边停靠换乘

常规公交直接在路边停靠，利用地下通道与轨道枢纽站厅或站台直接联系(图10-15)。

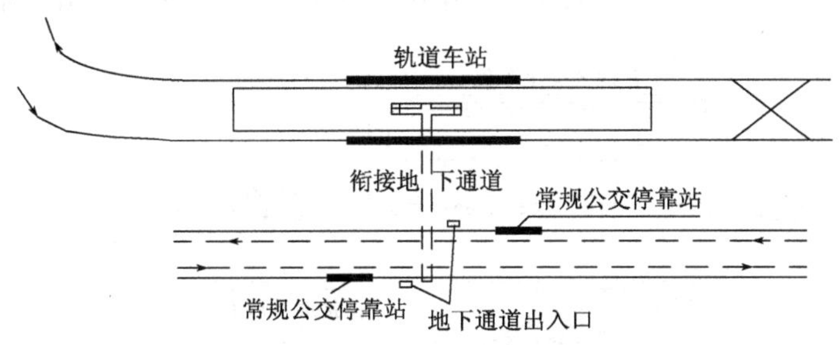

图10-15 常规公交路边停靠换乘

(2)合用站台换乘

常规公交与轨道交通处于同一平面，常规公交停靠站与轨道交通的站台合用，并用地下通道联系两个侧式站台，该形式能确保有一个方向换乘条件很好，而且步行距离短(图10-16)。

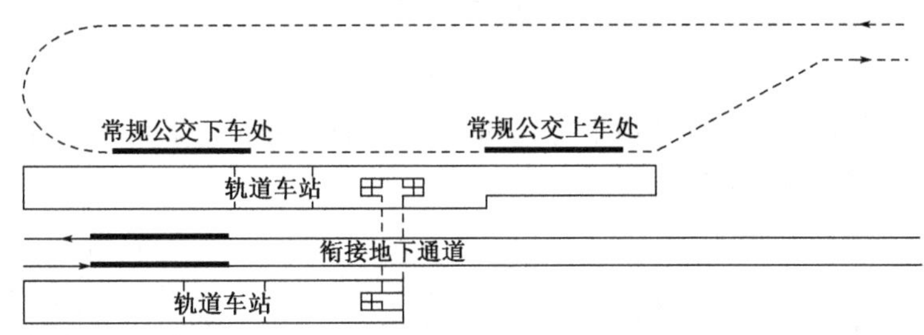

图10-16 合用站台换乘

(3)不同平面换乘

常规公交与轨道交通车站处于不同的平面层，通过长方形路径使常规公交到达站和轨道交通的出发站同处一侧站台，而常规公交的出发站与轨道交通的到达站处于另一侧站台，就近解决换乘并保证两股客流不相互干扰(图10-17)。在常规公交不太多的地方，可采用这种长方形路径，保持公交的单向车流。

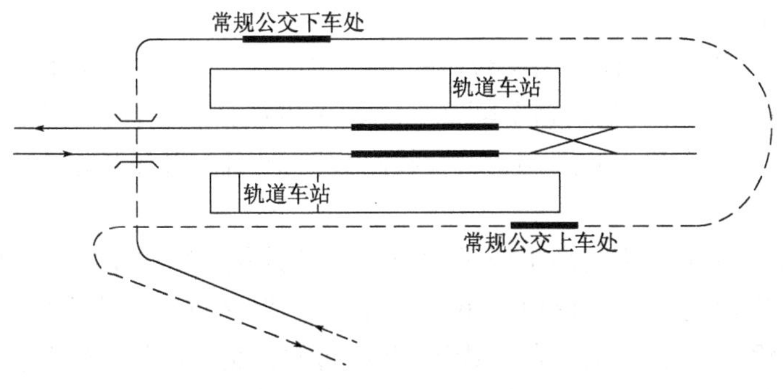

图10-17 在两个平面内换乘

(4)多站台换乘

在繁忙的轨道车站,衔接的公交线路较多,采用上述3种分散的沿线停靠模式会因停靠站空间不足而造成拥挤,同时给周边道路交通带来阻塞。此时可采用如图10-18所示的集中布局模式,形成路外有多个站台集中在一起的换乘枢纽。为避免客流进出车站对车流造成干扰,每个站台均以地下通道或人行天桥与轨道车站站厅相连。当常规公交从主要干道进入换乘站时,最好能够提供常规公交优先通行的专用道或专用标志,以减少其进出换乘站的时间。

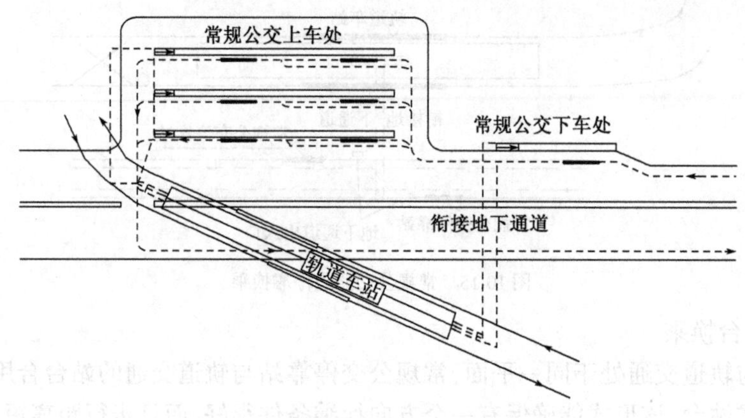

图10-18 多站台换乘

4.停车场形式

公交换乘场站内部停车位可采用平行式和斜列式,总体分布一般可采用并行排列式、岛屿集中式、周边分布式等(图10-19)。

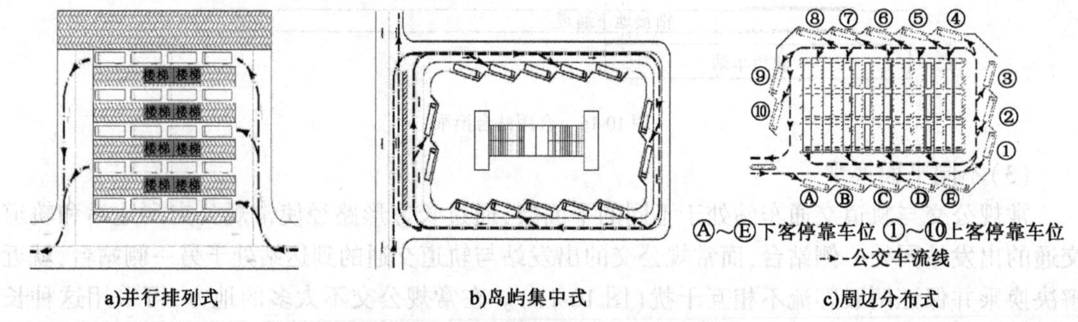

图10-19 轨道枢纽车站公交首末站衔接设施示意图

(1)并行排列式

各线路站台平行设置,车流进出站台比较方便,但换乘人流与公交车之间存在冲突,且灵活性差,线路停车位不允许其他线路车辆蓄车[图10-19a)],可设置人行地道或楼梯与站台连接以减少人车冲突。该布置方式适用于公交线路数较少,且乘客流量也不大的情况。

(2)岛屿集中式

轨道和公交的换乘通过人行地道或天桥与"岛屿"连接[图10-19b)],其优点是人车之间的冲突较小,换乘客流的平均步行距离短,换乘便捷。但该布置方式需保证乘客候车区的面积,同时在公交车辆进出时,将有一段交织区,与周边的公交乘客联系较差,需设置地道或天桥连接;该类型缺少蓄车位,适用于公交周转较快,且主要是与轨道交通进行换乘的情况。

(3)周边分布式

上车位和到达车位分散在周边,中间部分为蓄车位[图10-19c)],通过设置隔离栏等辅助设施,可以完全避免人车冲突,大大提高效率;在中央停车区设置蓄车位,提高公交车辆的服务水平,泊位可以灵活按需要调整。但该方式乘客上下车和换乘区域较为分散,需要对公交线路的布置进行合理安排。周边分布式适用于公交线路较多,客流量大,尤其是公交配车数较多,且有足够用地的情况。

10.4.4 城市轨道交通与出租车的衔接

1. 出租车换乘设施布置要求

出租车换乘设施的车辆出入口宜设置在次干路或支路上,尽量减少车辆进出对道路交通的影响;换乘客流大时,宜设置专用的步行通道与轨道站点相连。可结合综合开发,利用下沉空间来布置出租车换乘设施,也可采取立体化布局的方式,将出租车换乘设施设置在公交车站下方,形成立体换乘。

2. 出租车上客区的设计方法

根据出租车同时上客的车位数,上客区可分为单上客点和多上客点两类。

(1)单上客点出租车上客区的设计方法

单上客点出租车上客区是指只有最前面的1个泊位可以上客,其他泊位均只能作为空载出租车的蓄车泊位,为最常见形式(图10-20)。进行单上客点出租车上客区设计时应注意在蓄车位与上客车位之间设置停车线,有利于保障上客区的空间,同时采用隔离栏设置排队区和上客区,维持上车秩序。该设计形式能够保证出租车和乘客排队的公平性,适用于乘客流量不大,用地面积狭长形的空间布置。

图10-20 单上客点出租车上客区的设计示意图

(2)多上客点出租车上客区的设计方法

多上客点出租车上客区是指有两个或以上泊位可以同时上客,其他泊位作为空载出租车蓄车位的设置形式。总体上又可以分为平行式和锯齿式两种。

①平行式

将多个出租车上客区平行布置,乘客需要跨越内侧上客区到达外侧的上客区上车(图10-21)。该设计下,需在内侧上客区设置一个禁停区,方便乘客到达外侧上客车位,同时与内侧上客区上客车位之间,应再布置1~2个蓄车位,以缓冲由于乘客到达时对后续车流的干扰与冲突。由于乘客干扰,上车排队建议不超过2列。该设计适用于占地相对紧凑,空间呈狭长形,但乘客流量较大的情况,尤其适合于在城郊接合部出租车分为市区和郊区两类的情况。

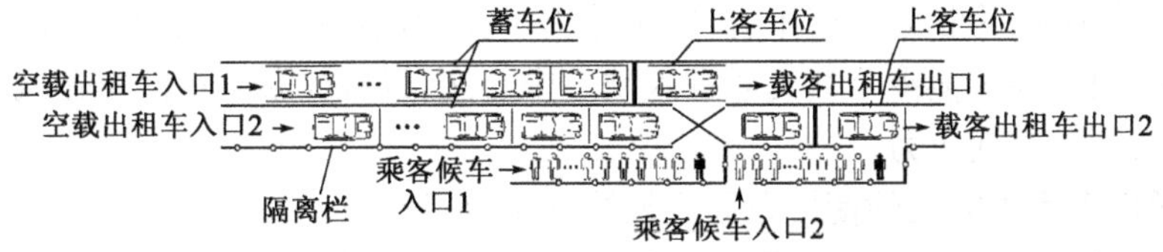

图10-21 平行式多上客点出租车上客区的设计示意图

②锯齿式

将单上客点上客区改造成为锯齿形区域,并布置多个上客点(图10-22),能够让多名乘客同时上车,增强了通行能力。此时,出租车的排队可采用迂回式组织,在上客区位置设置车辆检测器和信号指示,引导出租车进入上客区。该形式适用于乘客流量大,且有较大乘客排队空间的情况,往往采取排队雨棚并结合半封闭候车亭的布置,提高乘客等待时的服务水平。

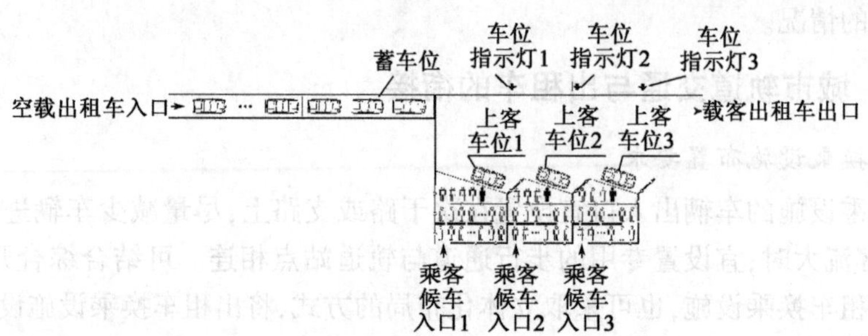

图10-22 锯齿式多上客点出租车上客区的设计示意图

10.4.5 城市轨道交通与小汽车的衔接

“门到门”的出行需求使城市轨道交通对小汽车出行方式有着较强的吸引力。小汽车出行方式与轨道枢纽的衔接需要考虑两种乘客需求,即接送客需求与停车换乘需求。

1. 接送客设施布置

接送客需求涉及临时停车场以及停靠设施的布局设计,该部分设施设计应尽量满足如下要求。

(1)停车场的设计应尽量结合其他场站设施空间进行立体式布置。宜设置步行通道联系停车场与轨道枢纽站点出入口。

(2)停车场内通道要面向站点出入口,且应能双向行驶。停车场出入口数量应符合相关规范及设计要求,避免集中于一条道路进出,与主要人行入口及通道相分离,并与地面公交、出租汽车等车流适当分离,尽量避免流线交叉。停车场出入口处要提供足够的车辆排队空间,还可设置变道满足早晚高峰不同方向需求。

(3)停靠设施布置应重视行人的安全性和便利性,上下客区尽量布置于乘客无须穿越车道的位置,且上下客区人行空间净宽应符合相关规范要求。应统一规划临时停靠点的交通流线,减少机动车相互干扰;临时停靠点宜采用港湾式停靠,降低对其他车辆通行的影响;临时停靠点进出口与交叉口距离等关系应符合相关规范要求;临时停靠点的车位数量,应综合考虑客流计算结果及常规配置数量。

2. 停车换乘设施布置

停车换乘(P&R)是指在城市中心区以外的城市轨道交通车站、公交首末站以及高速公路旁设置停车换乘场地,为私人小汽车、自行车等提供免费或低收费的停放空间,并公告优惠的交通收费政策,引导乘客换乘公共交通进入城市中心区,以减少私人小汽车在城市中心区域的使用,缓解中心区域交通压力。

轨道交通停车换乘方式的衔接布局规划需满足以下要求:

(1)停车换乘方式比较适合位于城市周边地区和高档居住小区的轨道枢纽;而位于中心

城市的轨道枢纽，由于用地紧张，难以设置规模适量的停车场，加之车辆进出停车场会对本已拥挤不堪的道路交通带来更大的影响，因此不建议采用。

（2）采用停车换乘方式的轨道枢纽必须提供足够规模的停车设施，停车面积的大小必须满足停车换乘的需求。

（3）停车设施应力求靠近轨道车站，并与车站集散大厅之间设置规模适合的专用衔接换乘通道，避免停车换乘乘客穿越城市道路以及与其他人流混杂而给换乘造成不便。

（4）应建立适当的停车场收费政策和管理措施，停车换乘收费力求低廉，以鼓励乘客转乘轨道交通。

（5）为力求减少停车场的建造对周边用地规划，道路交通以及其他客运方式所造成的不良影响，必须进行车辆行驶线路的组织设计，并设置明确的行车线路指示标志。

（6）为方便车辆进出停车场，宜对周边道路的瓶颈路段和交叉口采取一些增容措施，减少乘客出行过程中的延误，缩短出行时间。

【复习思考题】

1. 简述城市轨道枢纽布局原则。
2. 简述城市轨道枢纽分类分级及各类型特点。
3. 简述城市轨道枢纽规划布局流程。
4. 简述城市轨道枢纽车站构成。
5. 简述城市轨道枢纽车站设计原则。
6. 试讨论各类型城市轨道枢纽车站功能定位与设施配置要求。
7. 城市轨道枢纽岛式站台、侧式站台规模各自应如何测算？
8. 城市轨道枢纽多线换乘站的换乘形式有哪几种，分别适用于什么情况？
9. 不同城市轨道枢纽类型对步行衔接系统的设计要求是什么？
10. 城市轨道枢纽与常规公交的换乘衔接具有哪几种形式？
11. 简述城市轨道枢纽与小汽车停车换乘设施的布置要求。

第 11 章

城市中低运量公交场站规划与设计

公共交通场站(简称公交场站)的合理布置对于公共交通的有效运营具有重要作用。本章详细阐述城市常规公交场站的分类、布局规划及设计,并简要介绍城乡公交、有轨电车及快速公交场站的规划设计。

11.1 常规公交场站的分类

根据公交场站的换乘形式和交通设施类型,将常规公交场站划分为首末站、中途站、枢纽站、维修保养场和停车场五种类型。

1. 公交首末站

公交首末站即每条公交线路的起点站和终点站。主要承担公交车辆的始发、终到服务和客流集散服务,司乘人员的后勤服务,公交车辆的运营调度、检修清洗、部分夜间停车服务等。

2. 公交中途站

中途站为公交线路的途经站,实现旅客乘降、转乘功能,分为普通站,港湾站等,具有候车廊、停车区等设施。

3. 公交枢纽站

枢纽站是在主要的客流集散地设置的公交线路汇集站场，提供公交系统内不同模式之间、不同层次线网之间、市内公交与对外交通之间的接驳、换乘及中转，服务于城市主要客流点的客流集散。

4. 公交维修保养场

将公交营运车辆的维修场和保养场进行功能整合，统称为公交维修保养场，其主要承担运营车辆的高级保养、车辆大修任务及相应的配件加工、修制，还有修车材料、燃料的储存、发放，以及加油(加气)、车辆清洗等功能。

5. 公交停车场

停车场是公交营运车辆驻车的主要场所，弥补枢纽站、首末站等站场设施停车用地的不足，为线路营运车辆下班后提供合理的停放空间、场地和必要设施，并按规定对车辆进行低级保养和重点小修作业，以及加油(加气)、车辆清洗等，同时兼具部分线路的始发和终到服务功能。

11.2 常规公交场站布局规划原则

1. 常规公交枢纽站布局规划原则

常规公共交通枢纽站是公共交通线路之间、常规公共交通与其他交通方式之间客流转换的场所，提供公交系统内部不同模式之间、不同层次线网之间、市内公交与对外交通之间的接驳、换乘及中转，服务于城市主要客流发生和吸引点的客流集散。规划时应遵循以下原则：

(1)一般在铁路客运站、长途汽车站、轮渡港口、航空港口和城市出入道路等处设置公交枢纽，作为市内公共交通与城际交通的联系点。

(2)在城市轨道交通站点、大型居住区、市内客流中心等处应布设常规公交枢纽站，一般布设在干道一侧或另辟专用场地。

(3)三条以上常规公交线路共用的首末站或者与其他交通方式换乘的首末站应设成常规公交枢纽站；城市中客流较多的地方常有若干公交线路通过，为满足高峰小时客运负荷需要，也应设为常规公交枢纽站。

(4)枢纽站的用地应因地制宜进行核算，建设也要统一规划设计，其总平面布置应确保车辆按线路分道有序行驶，要能方便乘客在不同公交停靠点之间进行换乘，也要方便乘客进出枢纽站周边的区域；夜间可停放部分营运车辆，还需配备调度办公室等设施用地，为每条公交线路的每个行驶方向提供设有候车亭的独立停靠点。

(5)在枢纽站附近应安排自行车停车处，提高常规公共交通的吸引力；在较大的换乘站处也可以设有相应的停车换乘区。

2. 常规公交首末站布局规划原则

常规公交车辆首末站点的主要功能是为线路上的营运车辆在开始和结束营运、等候调度时提供合理的停放场地。它既是公交站点的一部分，也可以兼顾车辆停放和小规模保养的用途。首末站应与旧城改造、新区开发、交通枢纽规划相结合，并应与公路长途客运站、火车站、客运码头、航空港及其他城市公共交通方式相衔接。对首末站点的规划主要包括首末站点的

位置选择、规模的确定以及出入口道路的设置等内容,规划时应遵循以下原则:

(1)首末站应选择在紧靠客流集散点和道路客流主要方向的同侧;

(2)首末站应临近城市公共客运交通走廊,且应便于与其他客运交通方式换乘;

(3)首末站宜设置在居住区、商业区或文体中心等主要客流集散点附近;

(4)在火车站、客运码头、长途客运站、大型商业区、分区中心、公园、体育馆、剧院等活动集聚地多种交通方式的衔接点上,宜设置多条线路共用的首末站;

(5)长途客运站、火车站、客运码头主要出入口 100m 范围内应设公共交通首末站;

(6)0.7 万~3 万人的居住小区宜设置首末站;3 万人以上的居住区应设置首末站。

3. 常规公交中途站布局规划原则

常规公交中途站的功能主要为实现其服务范围内乘客的集散以及部分乘客的换乘。公交车辆中途站的规划在公交车辆的首末站点及线路走向确定后进行,其规划的原则为:

(1)中途站应设置在公共交通线路沿途所经过的客流集散点处,并宜与人行过街设施以及其他交通方式衔接。

(2)中途站应沿街布置,站址宜选在能按要求完成运营车辆安全停靠、便捷通行、方便乘车三项主要功能的地方。

(3)在路段上设置中途站时,同向换乘距离不应大 50m,异向换乘距离不应大于 100m;对向设站,应在车辆前进方向迎面错开 30m 内。

(4)在道路平面交叉口和立体交叉口上设置的车站,换乘距离不宜大于 150m,且不得大于 200m。郊区站点与平交口的距离,一级公路宜设在 160m 以外,二级及以下公路宜设在 110m 以外。

(5)几条公交线路重复经过同一路段时,其中途站宜合并设置。中途站的通行能力应与各条线路最大发车频率的总和相适应。中途站共站线路条数不宜超过 6 条或高峰小时最大通过车数不宜超过 80 辆,超过该规模时宜分设车站,分设车站的距离不宜超过 50m。当电、汽车并站时,应分设车站,其最小间距不应小于 25m,具备条件的车站还应增加车辆停靠通道。

(6)中途站的站距宜为 500~800m。市中心区站距宜选择下限值;城市边缘地区和郊区的站距宜选择上限值。

4. 公交维修保养场及停车场布局规划原则

公共交通维修场、保养场等场站设施应与城市公共交通发展规模相匹配。公共交通停车场和保养场布局应综合考虑公共交通的车种、车辆数、服务半径和所在地区的用地条件。规划的原则为:

(1)停车、保养场要根据城市的发展,统一规划,远近结合,逐步完善场站的建设;充分利用现有公交场站用地、设施,以节省投资,方便实施;由于城市保养场和停车场的建设对用地的要求较高,其规划可以适当超前。

(2)公共交通维修场和保养场布局应使高级修理、保养场站集中布置,低级修理、保养场站分散布置,并与公共交通枢纽、首末站、停车场相结合,这样既能提高高保装备的水平和综合维修能力,又便于及时、就地进行车辆的日常维护和检查,同时还可以节省投资和经营费用。

(3)可根据城市建设总体规划、公交线网规划及保养场、停车场的规模,提供多个可供选择的场地,以便择优选择。

(4)场址应远离居民生活区,避免公共汽车噪声、尾气污染对居民的直接影响;场址要避开城市主要交通干道和铁路线,避免与繁忙交通线交叉,以保证车辆保养场、停车场出入口的畅通。

(5)被选地块最好有两条以上的城市道路与其相通,保证在道路阻塞或发生其他意外事件的条件下,公交车辆能使及时进出场或完成紧急疏散;被选地块的用地面积要为其后续发展留有余地,但又不至于对附近街区未来发展形成障碍。

11.3 常规公交场站设计要求与设计方案

11.3.1 常规公交场站设计要求

1. 常规公交枢纽站设计要求

枢纽站可按到达和始发线路条数进行分类,汇集 2 ~ 4 条公交线路的为小型枢纽站,5 ~ 7 条线路的为中型枢纽站,8 条线路以上的为大型枢纽站,具备多种交通方式之间的客流换乘则为综合枢纽站。枢纽站的建设必须统一规划设计,其设计要求如下:

(1)枢纽站设计应坚持人车分流、方便换乘、节约资源的原则,统筹物理空间、信息服务和交通组织设计,并应与城市道路系统、轨道交通和对外交通有通畅便捷的通道连接。

(2)枢纽站进出车道应分离,车辆宜右进右出。站内宜按停车区、小修区、发车区等功能分区设置,分区之间应有明显的指示标志和安全通道,回车道宽度不宜小于 9m。

(3)发车区不宜少于 4 个始发站,候车亭、站台、站牌、候车廊的设计可参考《城市道路公共交通站、场、厂工程设计规范》(CJJ/T 15—2011)。

(4)枢纽站应设置适量的停车坪,其规模应根据用地条件确定。具备条件的,除应按首末站用地标准计算外,还宜增加设置与换乘基本匹配的小汽车和非机动车停车设施用地。不具备条件的,停车坪应按每条线路两辆运营车辆折成标台后乘以 200m^2 累计计算。

(5)大型枢纽站和综合枢纽站应在显著位置设置公共信息导向系统,条件许可时宜建电子信息显示服务系统。公共信息导向系统应符合现行国家标准《公共信息导向系统设置原则与要求第 4 部分:公共交通车站》(GB/T 15566.4)的规定。

(6)办公用地应根据枢纽站规模确定。小型枢纽站不宜小于 45m^2;中型枢纽站不宜小于 90m^2;大型枢纽站和综合枢纽站不宜小于 120m^2。

(7)绿化用地应结合绿化建设进行生态化设计,面积不宜小于总用地面积的 20%。

2. 常规公交首末站设计要求

首末站的规模按该线路所配营运车辆总数来确定。一般配车总数(折算为标准车)大于 50 辆的为大型站;26 ~ 50 辆的为中型站;小于或等于 25 辆的为小型站。其设计要求如下:

(1)首末站的规划用地面积宜按每辆标准车用地 100 ~ 120m^2 计算。其中,回车道、行车道和候车亭用地应按每辆标准车 20m^2 计算。办公用地含管理、调度、监控及职工休息、餐饮等,应按每辆标准车 2 ~ 3m^2 计算;停车坪用地不应小于每辆标准车 58m^2;绿化用地不宜小于用地面积的 20%。用地狭长或高低错落等情况下,首末站用地面积应乘以 1.5 倍以上的用地系数。

(2)当首站不用作夜间停车时,用地面积应按该线路全部运营车辆的60%计算;当首站用作夜间停车时,用地面积应按该线路全部运营车辆计算。首站办公用地面积不宜小于35m²。末站用地面积应按线路全部运营车辆的20%计算,末站办公用地面积不宜小于20m²。当环线线路首末站共用时,办公用地面积不宜小于40m²,首末站用地不宜小于1 000m²。

(3)首末站站内应按最大运营车辆的回转轨迹设置回车道,且道宽不应小于7m。

(4)远离停车场、保养场或有较大早班客运需求的首末站应建供夜间停车的停车坪,停车坪内应有明显的车位标志、行驶方向标志及其他运营标志。停车坪的坡度宜为0.3%~0.5%。

(5)首末站的入口和出口应分隔开,且必须设置明显的标志。出入口宽度应为7.5~10m。当站外道路的车行道宽度小于14m时,进出口宽度应增加20%~25%。在出入口后退2m的通道中心线两侧各60°范围内,应能看到站内或站外的车辆和行人。

3.常规公交中途站设计要求

(1)公交站距

中途站点的站距受到乘客出行需求、公交车辆的运营管理、道路系统、交叉口间距和安全等多种因素的影响。干线公交线路平均站距一般在500~600m,中心城区站距可适当缩小,建议在300~500m之间;城市边缘地区和郊区的站距建议在600~800m。

对公共交通中途站点的规划主要是对中途站点间距的研究。一般而言,较长的车站间距可以提高公交车的平均运营速率,并减少乘客因停车造成的不适,但乘客从出行起终点到上下站的步行距离增大,并给换乘出行带来不便;站间距缩短时,情况则相反。最优站间距规划的目标是使乘客"门到门"的出行时间最小。同时,进行车站间距优化时,还应考虑站间距对需求的影响和各种客运交通方式之间的协调。

(2)站场设计要求

中途站候车廊前必须划定停车区。线路行车间隔在3min以上时,停车区长度宜为30m;线路行车间隔在3min以内时,停靠区长度宜为50m;若多线共站,停靠区长度宜为70m。停靠区宽度不应小于3m。

在车行道宽度为10m以下的道路上设置中途站时,宜建避车道,即沿路缘处向人行道内成等腰梯形状凹进应不小于2.5m,开凹长度应不小于22m。在车辆较多、车速较高的干道上,凹进尺寸应不小于3m。

在40m以上宽设有隔离带的主干道上设置中途站时,可不建候车廊,城市规划和市政道路部门应根据城市公交的需要,在隔离带的开口处建候车站台,站台呈长条形,平面尺寸应不小于两辆营运车同时停靠的长度,宽度应不小于2m,站台宜高出地面0.20m。若隔离带较宽(3m以上),上游可减窄一段绿带宽度,作为港湾式停靠站,减窄一段的长度应不小于两辆营运车同时停靠的长度,宽度应不小于2.5m。

符合以下情况时,还应设置港湾式停靠站:

①机非混行的道路,且机动车只有一条车道,非机动车的流量较大[1 000辆/(m·h)],人行道宽度不小于7.0m时;

②机非混行的道路,高峰期间机动车、非机动车交通饱和度皆大于0.6,且人行道宽度不小于7.0m时,可以设外凸式港湾停靠站(非机动车交通流在驶近公交停靠站时上人行道行驶);

③机动车专用道路,外侧流量较大(不小于该车道通行能力 1/2),且外侧机动车道宽度加人行道宽度不小于 8.25m 时;

④沿分隔带设置的公交停靠站,最外侧机动车道宽度加分隔带宽度不小于 7.0m 时,应设置成港湾式停靠站。

4. 常规公交停保场设计要求

常规公共交通车辆保养场用地面积指标宜符合表 11-1 的规定。

常规公共交通车辆保养场用地面积指标　　表 11-1

保养场规模(辆)	每辆车的保养场用地面积(m^2/辆)		
	单节公共汽车和电车	铰接式公共汽车和电车	出租汽车
50	220	280	44
100	210	270	42
200	200	260	40
300	190	250	38
400	180	230	36

11.3.2 交叉口群常规公交枢纽站设计

城市中心交叉口周围的多个公交站,通过功能组合实现不同方向和线路上的中转和换乘,形成城市的组合公交枢纽(枢纽群)。根据各公交线路方向与交叉形式的不同,交叉口群常规公交枢纽具有不同的线路衔接设计方案。

1. 两条始发线路方向相反

(1)对于连接道路无禁左限制的枢纽点,可采用如图 11-1a)所示的衔接方案。公交车辆采用左转向的环形绕行方式,车次不多时较易实现下客点与上客点的分离,减少对交通的干扰。在道路宽度不足的条件下可以考虑设置单行道。

(2)对于连接道路有禁左限制的枢纽点,可采用如图 11-1b)所示的衔接方案。图中以主干路 C-D 禁左为例,该方案会增加公交车辆的绕行距离,只适用于特殊情况。

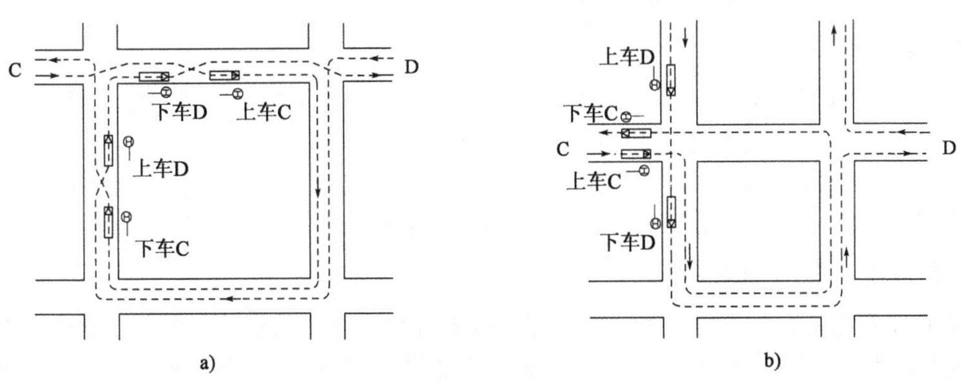

图 11-1　线路衔接方案(图一)

2. 一条线路始发方向与另一条线路运行方向垂直

(1)始发线路在街区绕行的情况,可采用如图 11-2a)所示的衔接方案。该方案将始发线路的下客点与上客点分开设置,适用于 B—C 和 C—D 为主要换乘方向的情况,可同侧换乘;B—D 和 D—B 方向换乘的乘客则需要横穿道路。

(2)始发线路街区绕行和途径线路错移的情况,可采用如图 11-2b)所示的衔接方案。该方案将始发线路的下客点与上客点合用,各个方向都可实现同侧换乘,乘客不需要横穿道路。

(3)始发线路处于单行道上的情况,可采用如图 11-2c)所示的衔接方案。该方案始发线路一般需要停靠多次,若单行道间距较大,则途径线路也需停靠两次才能提高换乘便捷性,且容易引发站点混乱,非特殊情况不宜使用。

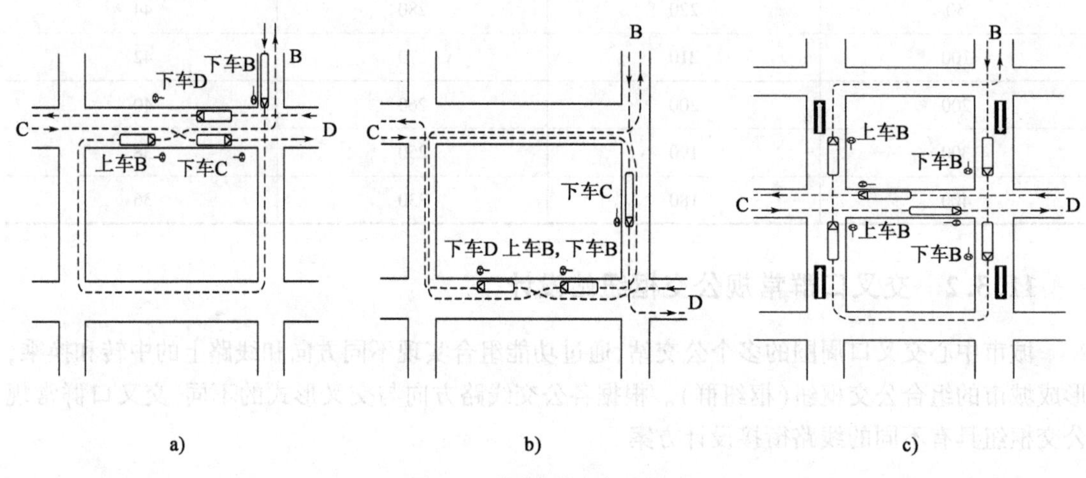

图 11-2　线路衔接方案(图二)

3. 两条线路并向行驶后转向相反的方向

(1)对于用地受限制的情况,可采用如图 11-3a)所示的衔接方案。为避免乘客横穿道路的危险,从 D 向开往 B 向的线路采用街区绕行的方式(若交通不繁忙也可以不绕行,采取过街换乘的方式)。

(2)对于公交线路位于道路中间的情况,可采用如图 11-3b)所示的衔接方案。该方案适用于如路中式的公交专用道等特殊情况。

4. 两条线路交叉

(1)对于一般的街道交叉口,可采用如图 11-4a)所示的衔接方案。停靠点的位置应根据换乘关系布置,并配置地下通道或专门的信号系统,方便乘客过街换乘。

(2)对于宽阔街道交叉口,可采用如图 11-4b)所示的衔接方案。为缩短换乘的距离,提高换乘的便捷性和安全性,各线路应设置两个停靠站,并实施专门的交通管理措施。

5. 两条线路单点(顶点)衔接

对于两条线路经过同一路段的情况,可采用如图 11-5 所示的衔接方案。尽量将换乘站点布置在路段上,并设置相应的人行横道;若路段无法设置停靠站时,应根据换乘关系将换乘站点集中在其中一个交叉口处。

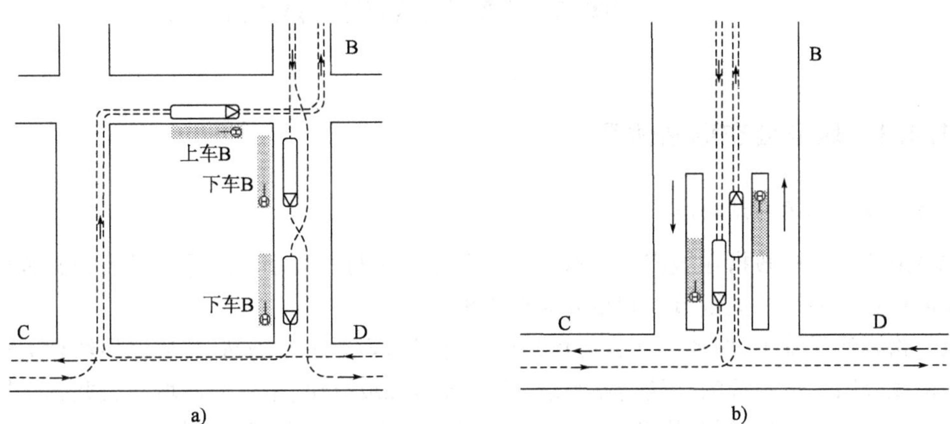

图 11-3 线路衔接方案(图三)

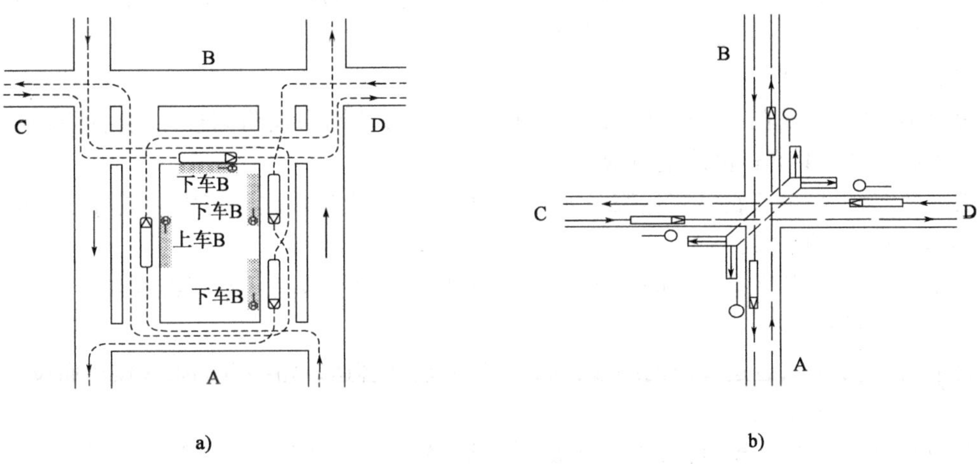

图 11-4 线路衔接方案(图四)

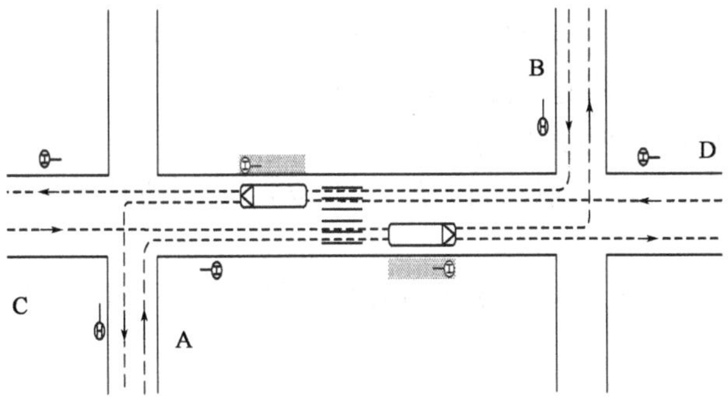

图 11-5 线路衔接方案(图五)

11.4 城乡公交场站规划设计

11.4.1 城乡公交场站体系

1. 城乡公共客运场站分类

城乡道路运输一般指在城市间和城乡间的公路上进行的机动车运输。城乡公共客运枢纽是城乡道路运输系统的关键节点和重要系统组成。

在公路客运系统中,城乡公共客运场站属于基层的客运服务场站,与公路枢纽相关辅助站点共同构成公路客运系统的终端场站系统,支撑公路二级枢纽、主枢纽。城乡公共客运场站与公路运输枢纽相比,多位于县道和乡道、乡道与乡道的交汇点、乡镇经济相对较发达地区三类,有集中客货流量和方便的交通条件。

参照《汽车客运站级别划分和建设要求》(JT/T 200—2004),将城乡公共客运场站分别按功能、建设形式、投资主体经营方式三种方法进行分类。

(1)按照功能分类

综合枢纽站:建设在城乡公共客运网络枢纽节点,方便网络线路调整,综合枢纽场站建设有利于提高城乡公共客运网络运行效益;

农公站:为提高乡镇农村客运服务水平而建设的,一般建设在经济发展较好或者潜力较大、影响区域较广的乡镇;

过路站:城乡公共客运线路的普通站点,方便乘客了解城乡公共客运线路情况,进而选择线路并为候乘而设立;

首末站:城乡公共客运线路的终端,为方便城乡公共客运线路终点端乘客候车而设。

(2)按照建设形式分类

等级站:具有一定规模,可按规定分级的车站。站内设施较为齐全,服务功能健全;

简易车站:达不到五级客运站要求或以停车场为依托,具有集散乘客、售票、停放和发送客运班车功能的车站;

港湾站:道路旁具有候车标志、辅道和停车位的乘客上落点;

招呼站:道路沿线设立的客运班线乘客上落点。

(3)按照投资主体和经营方式分类

公用型车站:具有独立法人地位,自主经营,独立核算,全方位为客运经营者和乘客提供站务服务的车站;

自用型车站:隶属于运输企业,主要为自有客车和与本企业有运输协议的经营者提供站务服务的车站。

2. 场站体系

城乡公共客运场站体系包括城乡公交枢纽站、乡镇等级客运站、候车亭、招呼站(简易站牌)、终点站回车场、停车保养场等。图 11-6 为城乡公共客运场站体系示意图。

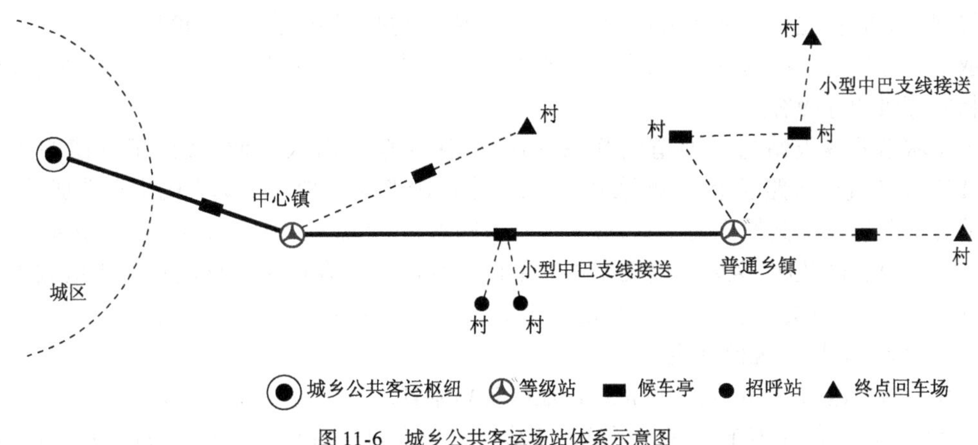

图 11-6　城乡公共客运场站体系示意图

11.4.2　场站布局规划

1. 规划原则

城乡公共客运场站布局规划，应与城镇体系规划、农村公路网、公路运输枢纽布局规划等相协调，具体原则如下。

(1) 与农村居民点布局规划相适应

农村居民的出行需求是农村客运场站规划的决定性因素。城乡公共客运站规划应充分考虑各区县、乡镇和行政村的经济发展趋势，规划布局一批与农村居民点布局相适应的等级客运站，满足当前及未来农民出行需求。

(2) 与城乡发展趋势相适应，无缝衔接城市客运系统

城乡公共客运站是乡镇对外交通换乘的枢纽，城乡公共客运站的规划应与城乡发展趋势相适应，充分考虑与城市公交、枢纽客运站、火车站等运输方式的换乘，进而实现无缝衔接，方便农村居民的市内及长途出行。

(3) 与城镇体系规划、镇村规划相适应，与农村公路网、公路运输枢纽布局规划相协调

客运场站的规划要与城镇体系规划相适应，乡镇级别的等级客运场站规划要与镇村规划协调，符合当地发展规划要求。

客运站布局要综合考虑县乡道网、国省干道等公路网的影响，同时也要与县域内的公路运输枢纽布局规划相衔接。

2. 城乡公交枢纽站布局

中心城市城乡公共客运枢纽站一般为城镇间公交的起点站，多数结合长途客运汽车站、火车站等对外客运枢纽或者其他城市公交换乘枢纽布置，实现与城市公交的无缝衔接。

3. 乡镇等级客运站布局

在一些区域重点镇建设乡镇等级客运站，用作城乡公共客运车辆停靠、乘客换乘、车辆维修、夜间停车，也可作为区域内客流集散场所。场站选址布局应与市域或县域道路网络规划相一致，确保有可供城乡公共客运站发展的基础设施平台。

(1)等级客运站布局方法与要点

规划布局时首先选取客运节点,对客运节点重要度进行评价,根据评价值大小选取农村客流集散中心并进行层次划分,在对农村客流集散中心层次划分的基础上,结合客运站建设标准确定相应等级的等级客运站。

中小城镇的等级站与交通道路联系密切,应保证车辆出入方便,宜设于城镇的边缘约0.5~1.0km的过境公路线上,方便乘客乘车,并尽量避免或减少对城镇人民生活造成的干扰,方便乘客集散和换乘其他交通工具;应靠近服务网点,例如旅社、饭店、商店,以方便乘客食宿、购物,远离学校、幼儿园、医院等需要安静的单位。乡镇等级客运站选址应列入当地城镇总体规划,用地由各镇负责(按公益性用地落实土地),选址由交通部门参与。

(2)等级客运场站规模确定

城乡公共客运站规模的确定应依据该地区规划年客流发生量以及节点重要度分析,确定符合规划年营运车辆停靠需求的客运场站的规模。一般农村客流集散中心建设四级或五级客运站。有条件地区的农村客流集散中心建设准三级客运站(按三级面积征地,四级规模建造),极少数重点镇地处交通枢纽位置,客流量超过三级站标准的需采用二级客运站规模规划。

等级客运站规模的确定,应考虑协调乡镇发展和乡镇特色,协调客流特点和城镇公交场站网络体系,综合运输发展逐步推进。

4. 中途停靠站布局

候车亭、招呼站(简易站牌)是城乡公共客运中途停靠站。候车亭在《汽车客运站级别划分和建设要求》(JT/T 200—2004)中定义是为方便乘客候车,在车站设置的防护(遮阳、防雨)设施,实践中一般兼具停靠站功能。

城乡公共客运中途停靠站布局应注意以下几点:

(1)建成区范围内城乡公交线路公交站点主要与城市公交站点共用,宜建造港湾式停靠站。建成区范围以外的城乡公交线路停靠站点宜选择布设在各乡镇、中心村,优先考虑原乡镇停车换乘中心。站点设置应根据客流的集散量多少,沿主干公路设置。

(2)考虑到城乡公交客流分散性较大,一般相邻的一个或几个乡村设置一个停靠站,实践中要根据具体的乡镇的需求量及区域内乡镇间的布局关系来确定设置停靠站的个数。

(3)应充分考虑有效的衔接换乘,特别是城乡接合处城乡公交与城市公交之间的有效衔接。站点附近可以通过小型客运出租车(出租摩托车、小四轮等)接送乡村的乘客到达站点,扩大城乡公交的覆盖与服务范围。

5. 停车保养场布局

城乡公共客运停车保养场主要为公交车辆提供维修、保养、停车等服务。停车保养场的布局主要结合乡镇等级站,在三级及以上客运站配备车辆保养点,在二级及以上站设置车辆修理点,城乡公交车辆的保养维修也可以放在城市公交车辆的保养维修场统一进行;城乡公交停车场地设置综合考虑驾驶员的住宿位置、上班的方便性、公司管理的方便性以及安全等因素。

11.4.3 建设形式与要求

1. 城乡公共客运场站建设形式

城乡公共客运场站应立足乡镇人口和客运现状和发展前景,本着实用性和节约建设资金的原则，在控制建设总量的情况下，力求覆盖市县各方向的乡镇，均衡合理布局站点。客运站规划以四、五级站为主，适当控制三级站数量。对于客流量大的中心镇、枢纽乡镇等节点需建设二级以上客运站的，应纳入各市公路客运枢纽规划。

场站形式选择需与片区客运需求相协调，与服务城乡公共客运客流量相适应。根据各级场站的所需提供的基本服务不同，其建设形式要求也不同。各类型城乡公共客运场站建设形式如表11-2所示。

城乡公共客运场站建设形式 表11-2

场站类型	建设形式	站、点具备的功能	临界建设标准	应用范围
枢纽站	城区公交枢纽站、等级客运站	停车、保养、维修、候车、换乘	客流组织量>3 000 人/d	城乡公共客运网络枢纽
农公站	等级客运站	停车、保养、维修、候车、换乘	客流组织量>300 人/d	产业镇、旅游镇
首末站	港湾式停靠站、简易车站、回车场	停车、候车、换乘	平均每条线路建设1.7个	普通乡镇、街道、产业村、景区村
过路站	一般停靠站、简易站牌	候车、换乘	平均每公里线网长度建设2处(双向)	普通村庄、农村公路沿线

2. 建设条件和建设要求

(1)等级站

具备下列条件之一的镇(乡)、重要节点可组建等级客运站：①所在地统计年度日均旅客发送量在300人次以上；②所在地统计年度日均发车班次在20个以上；③所在地统计年度日均过往20个以上客运班车；④所在地统计年度人口在50 000人以上。

建设要求：参照《汽车客运站级别划分和建设要求》(JT/T 200—2004)行业标准。

(2)简易车站

具备下列条件之一的公路沿线乘客上下点，设置简易站：①公路交通流量较大，统计年度日均发车班次在10个以上，日均过往在5个班次以上；②所在地统计年度平均日发送旅客50人次以上。

建设要求：具有简易站房、驾驶员休息场所、乘客候车座椅等设施；可从事简单的站务操作；有供车辆停放和回车的场地。

(3)港湾式候车亭

具备下列条件之一的公路沿线乘客上下点，设置港湾式候车亭：①公路交通流量较大，统计年度日均过往班次在6个班次以上；②村、屯距公路在1km以内，所在地统计年度日均上落旅客25人次以上。

建设要求：布设于干线公路或农村公路沿线一侧；具有明显的车站标志、辅道；配置2个以上的停车位和遮阳、避风、避雨等设施，配有座椅；可供同时等候人数不少于10人，每人占用空间面积不小于1.2m^2。

(4)非港湾式候车亭

具备下列条件之一的镇、乡、村和公路沿线乘客上下点，设立非港湾式候车亭：①所在地统计年度日均过往班次在3个班次以上；②所在地公路沿线旅客上落点统计年度平均日上落旅客10人次以上。

建设要求：布设于镇、乡、村或干线公路或农村沿线乘客习惯上落点；具有明显的车站标志和遮阳、避风、避雨等休息功效的设施、配有座椅；可供同时等候人数不少于4人，每人占用面积不小于$1.2m^2$。

(5)招呼站

建站条件：所在地统计年度平均日过往客运班车不足3个班次的村、屯和公路沿线乘客上下点，设立招呼站。

建设要求：位于镇、乡、村或干线公路或农村公路沿线乘客上落点；具有明显的车站标志，条件许可时可设置遮阳、躲雨设施。

3.建设规模及配置

(1)等级客运站

各地城乡公共客运等级站的建设规模应根据当地经济社会发展水平、人口总量及城乡公共客运发展状况确定。对等级客运站(三级、四级、五级)及简易车站的设施规模、设施配置与设备配置要求建议如下。

三级站：占地3 000 ~4 500m^2。其中，站房600 ~1 000m^2，车场为2 000 ~3 000m^2，生产发送能力为2 000 ~5 000人次/d。人员配备为站长、售票员、检票员、调度员、技术安检员、门卫、后勤等。建筑设施包括：候车厅、站务员室、驾乘休息室、调度室、无障碍通道、残疾人服务设施、盥洗室和乘客厕所、办公用房、汽车安全性能检测台等。

四级站：占地2 000 ~3 000m^2。其中站房300 ~600m^2，车场为1 000 ~2 000m^2，生产发送能力为300人次/d ~2 000人次/d。人员配备有站长、售票员、检票员、后勤等。建筑设施包括：候车厅、站务员室、驾乘休息室、无障碍通道、残疾人服务设施、盥洗室和乘客厕所、办公用房、汽车安全性能检测台等。

五级站：占地2 000m^2以上。其中，站房300 ~600m^2，车场为1 000 ~1 500m^2，生产发送能力为100 ~300人次/d。一般配备1 ~2名管理人员。建筑设施包括：候车厅、站务员室、驾乘休息室、无障碍通道、残疾人服务设施、盥洗室和乘客厕所、办公用房、汽车安全性能检测台等。

简易车站：占地2 000m^2以下。其中站房100 ~300m^2，车场为300 ~1 000m^2，生产发送能力为50 ~300人次/日。一般配备1 ~2名管理人员。建筑设施包括：候车室、公共厕所等。

依据《汽车客运站级别划分和建设要求》(JT/T 200—2004)对各级车站设施配置、设备配置的要求，等级客运站(三级、四级、五级)必备设施包括候车设施、卫生设施、站房及驾乘人员休息设施、停车及发车设施等，根据需要可配设一定的商业设施、车辆检修及清洗设施。

(2)候车亭

候车亭的候车廊(即站亭主结构)规模应根据站亭周边人口密集度、客流量大小以及车辆长度，线路车次等综合考虑，应尽量采用标准化设计和模块组合方式。廊长以6m为基准，以整数倍数设计，如6m、12m、18m、24m等，以便于根据后期维护和视距需要而增减，从而降低建设、改造成本。候车亭高度(候车廊地平面至站亭顶棚距离)不宜低于2.5m，候车亭顶棚宽度不宜小于1.5m。具体实施时，可根据实际情况，视需要选择合适级别的候车亭规模。候车亭候车廊前需划定停车上下客区。停车区长度依照车长、线路车次而定，并应与候车廊相适应，但停车上下客区长度需长于候车亭长度，一个停车上下客区长度一般应在10m以上。

(3)终点站回车场

终点站回车场建设数量根据各镇通村线路具体情况确定。回车场建设用地、资金投入及管理建设由各镇与村解决。

11.4.4 场站设计

1. 等级客运站设计

乡镇等级客运站设计应按照《汽车客运站级别划分和建设要求》(JT/T 200—2004)中相关规定,保证等级客运站建设质量,使其符合安全、环保、经济、适用的要求。且其设计要求布局合理、功能完善,强调以人为本,能代表当地城镇文化特色与民族风情。

等级客运站设施包括场站设施、站房与辅助用房。场站设施包括站前广场、停车场、发车位。站前广场是乘客的集散地,设计时应妥善安排各类车辆的行驶路线与乘客站外休息的场所,有机联系道路、站前广场与乘客进出站口,缩短乘客步行距离。停车场分停车区和行车道区,要求有足够的面积,保证车辆进出及回转方便。停车区一般每50辆车及以下分为一组,相邻组间的防火间距应不小于5m,车距保持在0.8~1.0m之间;行车道区在停车场、站台发车位和大门之间,单车道宽度不小于4m,双车道宽度不小于5m。

站房区为乘客办理客运业务的场所,宜直接面向乘客。等级客运站站房主要设施要求有候车厅(室)、站务员室、驾乘休息室、无障碍通道、残疾人服务设施、盥洗室和厕所,视情况设置售票厅、医疗救护室、饮水室、调度室、综合服务处、办公用房、行包房、治安室、广播室等。

等级客运站应有序组织各区流线:区分进、出站的乘客流线,进、出站的车辆流线,乘客流线与车辆流线,乘客流线与生产流线,行包线与乘客线,避免出车与返车、人与车、乘客与工作人员之间相互交叉干扰,确保客运的迅速、安全和站内秩序井然。

2. 候车亭设计

候车亭的设计首先应符合国家《城市公共交通站、场、厂设计规范》(CJJ 15—1987)和《公路工程技术标准》(JTG B01—2014)等相关建设标准,还应结合城市规划合理布局,保障城市公共交通畅通安全、经济科学,突出以“为乘客候车服务”功能为主,广告经营效益为辅,以及“以人为本”的设计原则,充分满足人们的出行需求,考虑特殊群体的需要。

候车亭应能够遮阳避雨,设置坐凳和盲人道,准确、合理标示公共信息。其构成包括能够遮阳避雨的主亭结构、站牌、公共信息牌、固定休息椅、盲人道。站牌能清晰显示站点名、过往班次及运行时间表;公共信息牌用于设置公交线路图、区域地图,以方便乘客查询站点;应设计灯光照明装置,条件成熟时可设置电子显示公共信息系统。主亭广告窗口必须预留1/3作为公益性广告。候车亭的标志、标识应与地方建设标准统一。

候车亭建筑风格应与环境相协调,充分考虑安全要求,严格按照国家有关建设工程强制性标准和要求设计。其站牌和广告牌的设计,应当与交通设施保持必要的距离;整个设施表面须光滑、无刺、无尖角;站台必须高于停车区水平位置15cm,宽度应不小于顶棚宽度。

当建设条件受限时,候车亭可以进行简易设计。没有候车廊的站点,站牌须另外作为单体设计。除了考虑安装公交线路牌外,结构上还应满足安装交通图的需要,并附设夜间照明功能。候车亭的形状、材质、功能设计应尽可能将地方人文特色和现代气息统一体现。

11.5 有轨电车停靠站、车场规划与设计

11.5.1 有轨电车停靠站规划与设计

1. 有轨电车停靠站规划的原则

(1)停靠站应靠近客流集散点,为乘客提供方便的乘车条件。

(2)应在城市交通枢纽以及轨道交通交汇处设置车站,使之与道路网及公共交通网络密切结合,为乘客创造良好乘车条件。

(3)停靠站应与城市建设密切结合,与旧城房屋改造和新区土地开发结合。

(4)停靠站应兼顾各个车站间距离的均匀性,站间距应根据现状及规划的城市道路布局和客流的实际需要确定。

2. 影响停靠站分布的因素

(1)是否有大型活动集散点,如商业中心、文体中心、大型居住社区等。

(2)有轨电车客流时空分布,包括与其他交通方式衔接点以及上下客流大的点。

(3)经济因素、工程条件及设置条件等。

3. 停靠站的设计要求

(1)停靠站总体设计要求

停靠站总体布局应符合城市规划、环境保护、文物保护和城市景观布局的总体要求,其设计和服务设施标准应根据客流预测、道路等级、系统设计、车站类型以及不同运营工况等合理确定。停靠站设计应满足客流需求,保证乘降安全、疏导迅速、布置紧凑、便于维护和管理,同时应具有良好的通风、照明、卫生和防灾条件。停靠站造型应与全线景观规划相结合,设计中应注意建筑体量、造型、用材对周围环境、道路交通的影响,满足防腐蚀、耐擦洗,便于维修的要求。

停靠站应考虑与其他公共交通之间的衔接,换乘站应选择便捷的换乘形式。停靠站周边宜设置供乘客安全集散的空间和自行车停车场,首末站宜根据交通组织需求和周边条件设置P+R停车场或其他换乘设施。停靠站宜以地面站为主,采用地下站时宜尽可能浅埋并采用自然通风。同时,车站应进行无障碍设计,并符合现行《无障碍设计规范》(GB 50763)的规定,车站设置的盲道应与城市道路无障碍步行系统相衔接。

(2)停靠站平面布局设计要求

根据站台与线路的位置关系,停靠站分为侧式、岛式和混合式三种类型,侧式站台分为对位侧式、错位侧式、单边侧式、线中侧式等;混合站台包含岛式和侧式两种以上的站台形式。站台形式应综合考虑客流特征、道路交通组织、运营方案和周边环境等因素,宜全线保持或分段保持一定的连续性。

地面站乘客宜平面进出车站。当车站沿快速路路中敷设时,或高峰小时进出站客流量大于5 000人时,可采用立体形式进出车站。

沿道路路中敷设的地面站,站台边缘距平交路口的距离应根据客流乘降量、有无立体过街设施等综合确定,且不宜小于15m。站台与机动车道之间应设置有效隔离的防撞设施;沿道路一侧敷设的地面站,站台宜结合人行道、市政及休闲广场等周围环境统一整体设计;沿道路路中敷设的地面站,采用侧式站台时,站台最小宽度不宜小于3.0m,困难情况下不应小于2.5m;采用岛式站台时,最小宽度不宜小于0.5m,困难情况下不应小于4m。

对于停靠多条线路的车站、起终点站、枢纽站和换乘站的站台乘降区,宜在计算最小设计宽度基础上适当加大。

地面车站应设站亭,站亭一般开敞设置,特殊情况时可封闭设置。站亭的设计应简洁、明快、易于识别。开敞设置的站亭,其顶棚底距离站台面的高度不应小于3.0m,靠近站台内侧的顶棚边缘与候车座椅之间的距离不宜小于1.0m。顶棚边缘与站台边缘的距离应满足车辆限界的要求。站亭的屋面不宜向轨行区内排水。

车站采用站内售检票时,宜采用栏杆、半高站台门、闸机等将站台围合成半封闭或封闭空间。天桥、地道和无障碍电梯的布置,宜位于有效站台范围之外,满足限界的要求,且不应对道路中机动车驾驶员的视线产生影响。天桥和地道的设计应满足《城市人行天桥和人行地道技术规范》(CJJ 69—1995)的相关规定。

(3)停靠站基础设施设计要求

地面车站主要由站台、站亭和设施三部分组成。设施一般包括坡道、座椅、栏杆扶手、安全档台、导向牌、垃圾桶等;采用立交进出站时,尚应包括楼梯、自动扶梯和无障碍电梯等。

设置在道路路中的地面车站,站台和机动车道之间应设置有效的防撞设施,防撞设施的材料应满足一定的强度要求,高度不应小于30cm。地面车站站台边缘的安全线宜结合无障碍盲道统一设计。

(4)停靠站无障碍设施设计要求

车站出入端应设无障碍坡道,坡度不大于1∶12,坡道起终点设轮椅缓冲带,坡道两侧设高低扶手,起终点水平延伸300mm,无障碍栏杆扶手末端设置盲文提示。

缓冲段、站台宜铺设300mm宽地面盲人导向带,与城市道路的盲人导向系统连通,具体要求应符合现行无障碍设计的有关规定。

(5)停靠站环境及导向设施设计要求

车站形式应简洁、明快,以交通功能为主,并与地面环境、结构形式和施工方法相协调。

装修应经济、实用、安全、耐久,便于施工和维修。应采用防火、防潮、防腐、容易清洁、光反射系数小的环保型材料,站内地面应选用耐磨、防滑的材料。

导向标识必须按统一标准和规格执行,高度及宽度应符合乘客的视觉要求,造型应美观、新颖。广告箱(灯箱)应结合站亭设计,与装修、照明相协调,宜规格化、统一化,亮度适中。

(6)停靠站供电设施设计要求

供电系统应安全可靠、节能环保、经济适用。在设计规定的各种运行方式下,供电电压应满足低压用电设备的正常运行。

接触网形式应根据城市发展定位、车辆受电和景观等方面要求综合确定,平交路口宜采用"无架空网"化供电方式。接触网可采用不同的形式,具体可分为架空接触网和接触轨,接触轨包括轨旁式接触轨和嵌地式接触轨。嵌地式接触轨应选用有成熟运营经验的产品。当有轨电车采用车载电源作为动力时,充电桩的设置应根据车辆的要求确定,并应符合景观的要求。

11.5.2 有轨电车车场规划与设计

车场是有轨电车系统工程的重要组成部分,车场对于一条完整的有轨电车来说是必不可少的。同时车场是保证有轨电车系统安全运行的“总后勤部”,是负责一条线路的正常运营、控制、调度、应急处理等事务的管理中心。

1. 车场的规划原则

有轨电车线网规划应依据城市用地规划、有轨电车线网布局及车辆配置需求,做好车场选址规划和规模控制,并纳入到用地控制规划。

(1)车场规划应坚持资源共享、综合利用的原则,集约使用土地。

(2)有轨电车车场选址应符合城市总体规划,并与线网规划相协调,具有良好的接线条件。

(3)有轨电车车辆用地规模应按线路远期客流配属车辆计算,并适当留有余地。在有轨电车运营线路起终点,有条件时可设置停车线增加车辆运营调度的弹性。

(4)宜结合用地规划分析综合开发利用和立体化布局的必要性和可行性,提出车场规划。应以资源共享为原则,将车场整合布置在线路交叉点附近。

2. 车场类型

有轨电车车场宜按类型分为车辆段、停车场两类。有轨电车线网规划应控制车场的规模,车辆段宜按 1 500 ~1 800m²/车进行控制;停车场的用地规模宜按 800 ~1 000m²/车进行控制。

3. 车场的设计要求

车场应包括车辆运用、检修、设备系统维修和必要的办公、生活等设施;根据需要可设置物资存储、培训设施。在用地紧张的区域,车场可向空间立体发展,节约用地。车场的功能、布局和各项设施的配置应充分利用有轨电车线网资源及城市既有轨道交通线网资源,在满足功能的前提下,实现资源共享,减少工程投资。车场的规模应满足车辆运营、维修功能要求,并根据车辆长度、运行对数、车辆模块数、检修周期和检修时间、技术参数等综合计算确定,并应按最不利情况进行校验。出入线及车场线应满足车辆的正常运行及维修工艺等要求。场坪高程应满足防洪防汛要求。车场各种车库有关部位的最小尺寸应符合表 11-3 的规定。

各车库有关部位最小尺寸表(m) 表 11-3

库类 / 项目	停车库	列检库	周月检库	一级维修库	二级、三级维修库	油漆库
车体之间通道宽度(无柱)	1.0	2.0	3	4	4.5	2.5
车体与侧墙之间的通道宽度	1.0	2.0	3	3.5	4	2.5
车体与柱边通道宽度	1.0	2.0	2.0	3	3.2	2.2
库内前、后通道净宽	4	4	4	5	5	3
车库大门净宽	$B+0.6$					
车库大门净高	$H+0.4$					

注:B——车辆的宽度。

H——车辆高度(受电弓电动车辆按受电弓落弓高度计算);车库大门净空未考虑受电弓升弓进库状态下的高度。

车场内应设有设备系统维修中心，对现代有轨电车工程范围内的轨道、建筑、供电以及运营控制系统、设备的运行提供维修和管理。车辆维修制度宜采用状态修与计划修相结合。车辆维修方式宜采用社会化委托与专业化检修相结合的形式。有轨电车车辆检修周期宜按表 11-4 中的规定确定。此外，车场内还应设救援办公室，并应配备相应的救援设备和设施。

车辆日常检修修程和定期检修周期表　　表 11-4

类　别	检修种类	检修周期		检修时间(d)
		行走里程(万 km)	时间间隔	
定期检修	三级修	100	12 年	20/18
	二级修	50	6 年	10/8
	一级修	12.5	1.5 年	6/4
日常维修	月检	—	1 月	1/1
	列检	—	7d	3h

注：表中/左侧为近期天数；/右侧为远期天数。

11.6 快速公交停靠站、车场规划与设计

快速公交是指以大容量、高性能公共汽电车沿专用车道按班次运行，由智能调度系统和优先同行信号系统控制的中运量快速客运方式。

11.6.1 快速公交停靠站规划与设计

1. 停靠站设计原则

(1) 车站设计必须满足客流和设备运行需求，并应保证乘降安全舒适、疏导迅速、布置紧凑、便于管理。

(2) 车站应根据线路特征、运营要求、周边环境及车辆等条件进行设计。

(3) 车站宜设置在主要客流集散点附近，其中首末站应与城市规划、交通枢纽规划相结合，与长途客运、铁路、城市轨道交通、水路、航空港等其他公共交通方式衔接。

(4) 车站应根据快速公交系统级别设置相应的站台、停靠泊位、站台安全门、售检票等服务设施，乘客过街设施，以及车站配套设施。

(5) 车站内实现功能分区，尽量减少进出站流线和换成流线之间的相互干扰。

2. 停靠站站址选择

(1) 快速公交车站通常设置在客源充足的交叉口附近，方便乘客从各个方向到离车站。

(2) 站位和站距都是快速公交车站地址规划的重要指标，快速公交车站应设置于客流集散地，确保乘客可达性，应尽量利用现状的过街设施，如设置在交叉口或已有立体人行过街设施的位置。

(3) 尊重现状乘客的出行习惯，新设车站与现状常规公交车站尽量一致。

(4) 站距一般为 500 ~ 1 000m，系统平均站距较常规公交大，保证系统运营的速度；车站设置应与城市其他客运走廊结合，并考虑系统新开线路停靠的需要；车站选址要方便快速公交与

其他出行方式换乘。

(5)车站布设和设计应与车站所在道路及地区景观协调,与现有市政管线和绿化工程协调。

3.停靠站设计要求

快速公交中间停靠站设计包括站台设计、车站位置选择、平面布局设计以及乘客过街设施设计等部分。

(1)站台设计要求

基本选型是停靠站详细设计的基础,并由系统运营确定。对于分别设置在道路两侧的快速公交系统,一般采用侧式站台,而对于采用中央专用道(或道路单侧设置双向专用道)的系统,站台有两种布局形式:中央岛式站台和中央侧式站台。侧式站台能适应开放的运营方式,而岛式站台主要用于车流集中在走廊沿线并具有潮汐走向的走廊。其特征对比见表11-5。

中央专用道快速公交系统岛式车站和侧式站台的特征对比表 表11-5

特　征	岛式站台	侧式站台
车站乘客容量	双向客流共用站台,站台空间利用效率高,特别是在潮汐型客流下优势明显	每个方向利用一侧站台,特别是在潮汐型客流下,容易出现同一站台利用效率不均的现象,高峰方向站台容易造成候车乘客拥挤
对道路条件的要求	需要至少5m的宽度,对道路横断面条件要求较高	宽度一般不小于3m,如错位设置,占用横断面空间不如岛式车站,但由于需要成对设置,占用道路总资源更多
建设和运营成本	一个站位仅需要一个站台,工程土建和设置安装成本较低,同时,需要配备一组站务人员	一个站位需要设置两个侧式站台,工程土建和设施安装成本高,并且需要同时配备两组站务人员
运营车辆	必须采用左开门车辆或双开门车辆。此外,在突发高客流下,常规公交的右开门不能安全补充快速公交系统的运力	采用右开门的车辆,既可以运营在快速公交走廊内,也可以在普通城市道路上运营,灵活性好。此外,在突发高客流下,快速公交系统可以临时借调常规公交车辆补充运力
线路组织形式	采用相对封闭的线路组织形式,干线运营效率高,但如果客流需求的出行起讫点不全都在走廊沿线,则必须设置大量换乘接驳支线	如果沿线客流高,可以采用封闭的线路组织形式。同时,由于运营车辆可以在一般道路上运营,系统线路组织可以具有一定的开放性,能将线路延伸到走廊外的区域
对未来发展的影响	一般而言,快速公交系统要等到第一条快速公交线路实施达到预期效果后才有可能扩展成网,如果示范线走廊本身客流不足,很难通过线路延伸来提高系统利用效率,相应的政治阻力和社会压力会比较大,并会制约系统的进一步扩展	由于运营组织比较灵活,第一条快速公交线路实施以后,可以根据实际客流需要相应调整专用道内的运营线路,达到比较理想的客流量和运营品质,有利于获得社会认同,并进一步扩展成网。同样是由于普通公交线路可以利用专用道系统,在线路整合不利的情况下,可能造成过多的线路涌入专用道,导致系统效率低下,造成不良的社会影响

(2) 车站位置的选择

车站位置选择是车站设计的先期工作,需要考虑周边的用地情况、周边乘客出行起讫点分布、快速公交和其他换乘公交线路走向、交叉口交通组织和信号管理方案、道路设置车站的条件、车站的慢行交通可达性、现有过街设施状况、公交优先通行设施对车站布设的要求等因素。

车站位置布设需要考虑车站位置与交叉口的关系、同一站位一对车站的相互位置关系以及其他影响车站位置的因素。在与交叉口的相对位置上,快速公交车站可设置在路段、交叉口进口道或者交叉口出口道。

快速公交车站设置在交叉口不同位置的优缺点比较,见表11-6。

快速公交车站设置在交叉口不同位置的优缺点比较 表11-6

车站与交叉口的相对位置	优　点	缺　点
车站设置在交叉口进口道	当公交车进站时为红灯相位时,可以利用此相位上下乘客; 公交车在车站的排队不会堵塞交叉口	当车辆完成停靠离站时,如果信号相位为红灯,将会阻碍后面的排队公交车进站停靠; 在交叉口需要转向的公交车辆往往需要提前变换车道,不能在交叉口的进口道上设置车站内停靠; 车站将占用一定的道路宽度,减少交叉口进口道通行能力,而交叉口进口道通行能力恰恰是制约城市道路通行能力的瓶颈; 公交主动优先设施的探测装置设置在进口道,需要通过分析车辆到达交叉口的时间来分配优先权,车辆在进口道停靠将使得公交主动优先难以实现; 如车站为路侧式车站,交叉口进口道设置车站将与右转车辆冲突
车站设置在交叉口出口道	公交车在完成停靠后即可离站,不会再受到红灯阻碍; 在设置平面过街时,乘客在停靠车后过街,而不是在车前过街; 交叉口各进口道探测装置可以较准确地判断车辆到达路口的信息,公交主动优先交叉口各进口道汇集的线路均可在设置在出口道的车站停靠,便于实现同台换乘,避免停靠站在交叉口各个位置的重复设置; 不会占用进口道空间,对交叉口通行能力影响小; 大多数的常规公交车站都设置在交叉口出口道端,快速公交车站设置在出口道易于与常规公交换乘	公交车在遭遇交叉口红灯相位时,不能利用红灯时间上下客,并会造成公交车在通过交叉口和停靠站时的至少二次停靠; 当公交车流量较大时,出口道端的公交车进站排队可能会堵塞到交叉口,影响交叉口的交通组织; 当公交车在绿灯相位到达交叉口,而交叉口出口道的车站又处于饱和状态时,车辆将不得不在进口道等待进站,并可能遭遇二次红灯排队
车站设置在路段上	不会对交叉口交通组织产生干扰,不占用交叉口道路空间; 乘客将分流道路段中的车站过街,缓解交叉口的过街行人交通压力	路段道路的可达性和车站的易辨识性不如设置在交叉口; 如路段原来没有过街设施,则需要新建乘客过街设施,新设平面过街还会影响道路交通通行; 需要对设置车站的路段进行全面渠化

对于设置岛式车站的快速公交而言,上下行均在统一站台停靠,当停靠一侧为交叉口进口端时,则另一侧是交叉口出口端。车站设置时只需考虑是否设置在交叉口。交叉口具有最佳的乘客可达性,并可以利用路口过街设施,以及方便与常规公交换乘,除部分长路段或路段上有走廊的主要客流集散点外,大部分岛式快速公交车站均设置在交叉口。

实施侧式车站的快速公交系统更多的将车站设置在交叉口出口道端,因为除容易引起二次停靠延误的缺点外,车站设置在交叉口出口道端在交通组织设计、运营停靠、与现状常规公交换乘衔接、实施主动公交优先等方面都具有优势。

在侧式车站的快速公交系统中,规划人员还必须确定同一站位一对车站是对位设置还是错位设置。

对位式车站是指一个站位两座车站在同一断面上并排设置,整个车站区域的长度较短,但对道路横断面宽度要求较高,交通渠化比较困难;当车站设置在交叉口时,则一对车站分别在交叉口进口端和出口端;当采用立体过街时,仅需要建设一处过街设施;车站设置在一起的整体形象感较强,车站相互距离很近,站务管理容易组织。

错位式车站是指一对车站不设置在同一横断面上,而是相互错开设置,车站区域总长度较长,但对道路横断面宽度要求较低,交通渠化易于组织,在城市已建成区道路红线宽度比较紧张的条件下容易实施。在车站设置在交叉口时,可以分设在路段两端,保持统一的设置形式,对路口交通组织影响较小。由于车站分开设置,其整体的形象感不如对位式车站。

(3)停靠站平面布局设计要求

快速公交车站首先要提供足够的候车空间和停靠能力,满足乘客出行的需求。由于设置快速公交中途停靠站需要占用稀缺的道路空间资源,车站尺寸受到很大制约,需要尽可能减少空间的浪费。

快速公交封闭式车站由车站出入通道、售检票区和站房、候车区三个功能分区构成。其中售票及检票通道和站内候车空间是容易造成拥挤的区域。

在售票和检票空间,受车站宽度和站房设置的限制,进站闸机通常只能提供两个进站通道,而乘客需要刷卡(或投币)后通过闸机进站。由于通过速度比正常步行慢,进站通道是常见的拥堵点。车站可针对这些特点进行专门设计,以缓解拥堵。例如进站闸机和出站闸机错位布置,增加了乘客通过售检票区的排队通行空间;针对快速公交车站宽度有限的特点,采用一机两通道式的闸机,减少了闸机设备对车站宽度的占用;进站闸机与出站闸机之间的连接部设置无障碍通道,可为有需要的乘客进出站提供方便,同时在节假日超高客流时可临时开启,提高进出口通道的通行能力;闸机上方和机身都有明确的引导标识,使不熟悉系统的乘客也能够迅速识别并通过等。

(4)乘客过街设施设计

乘客过街方式应根据车站客流组织、系统运营和道路交通组织要求来综合确定。乘客过街可采用人行天桥、人行地道、平面穿越道等过街方式,且当近期、远期分期实施时,应预留条件。宜采用平面穿越道的过街方式;采用立体过街设施宜安装自动扶梯、垂直电梯等辅助设备,实现无障碍化。过街通道宽度应满足车站过街客流量与道路行人过街流量的需求。车站周边宜设置引导乘客按规定线路进出车站的隔离设施。

11.6.2 快速公交车场规划与设计

快速公交车场应为运营车辆提供停放空间,并应按车辆保养级别和实际要求配建相应的停车坪(库)、回车道、试车道、车辆维修保养设施、车辆清洗设施和加油加气等设施。车场应与线路同期建设,可根据运营管理的需要与常规公交停车场合建,并预留相应接口。地面停车场与维修保养场的车均占地指标宜取 210 ~ 230m^2/标台;多层停车库与维修保养场的房屋建筑主要为多层停车场,停车容量不宜小于 250m^2/标台。

快速公交车场的设计也应符合一般公交车场相应的规范规定。

【复习思考题】

1. 简述公交场站的分类及各自的功能。
2. 简述公交枢纽站的布局原则。
3. 分析交叉口群公交枢纽站的设置形式及适用性。
4. 简述港湾式停靠站的设置要求。
5. 城乡公交等级站的建设条件是什么?
6. 简述城乡公交场站布局规划原则。
7. 简述有轨电车停靠站各项设施的设计要求。
8. 比较快速公交和城市普通公交在停靠站设计方面的异同点。

第 12 章

铁路主导型综合客运枢纽规划与设计

本章阐述与城市规划各阶段对应的铁路主导型综合客运枢纽规划设计编制体系，系统分析铁路主导型综合客运枢纽设施构成及功能属性，明确枢纽交通需求分析思路，介绍各类交通衔接设施规模测算以及布局的方法，以及交通设施之间衔接换乘的设计要求。

12.1　铁路主导型综合客运枢纽规划设计流程

12.1.1　铁路主导型综合客运枢纽规划设计编制体系

城市总体规划和综合交通规划层面的铁路主导型综合客运枢纽专项规划，按照我国现行铁路专业规划习惯，称之为“铁路综合客运枢纽总图规划”或者“铁路综合客运枢纽总体布局规划”。

通常超过两条以上干线铁路相交，都必须编制“铁路综合客运枢纽总图规划”。内容涉及各条铁路干线、支线、联络线等线路走向、选线,铁路枢纽的选址等。铁路综合客运枢纽总图涉及的铁路线路、站场设施的选址布局,必须与城市的地形地貌、空间形态、发展方向、布局结构、综合交通等相协调。

铁路主导型综合客运枢纽总图规划首先需要体现前瞻性、战略性。在充分认识铁路,尤其是高速铁路重大战略意义前提下,以国家和区域广阔的空间视野,结合经济带、城市群、都市圈等经济、产业、城镇布局,分析区域和城镇间的空间运输联系,分析国家和区域中心城市引领下的经济、产业、交通集聚辐射的指向,分析区域与城市间的时空可达目标等,科学谋划城市铁路网与枢纽体系总体布局。

城市某个具体铁路综合客运枢纽的规划设计,需要从铁路综合客运枢纽地区整体概念规划(城市设计)、综合交通规划、控制性详细规划、枢纽核心区交通规划、枢纽核心区城市设计、枢纽站场综合体总体设计、交通设计、建筑设计等,由战略到战术、由宏观到微观、由整体到单体、由粗到细、由浅入深,多专业多工种配合、多层次多阶段展开,形成完整的铁路综合客运枢纽规划设计编制体系,如图12-1所示。

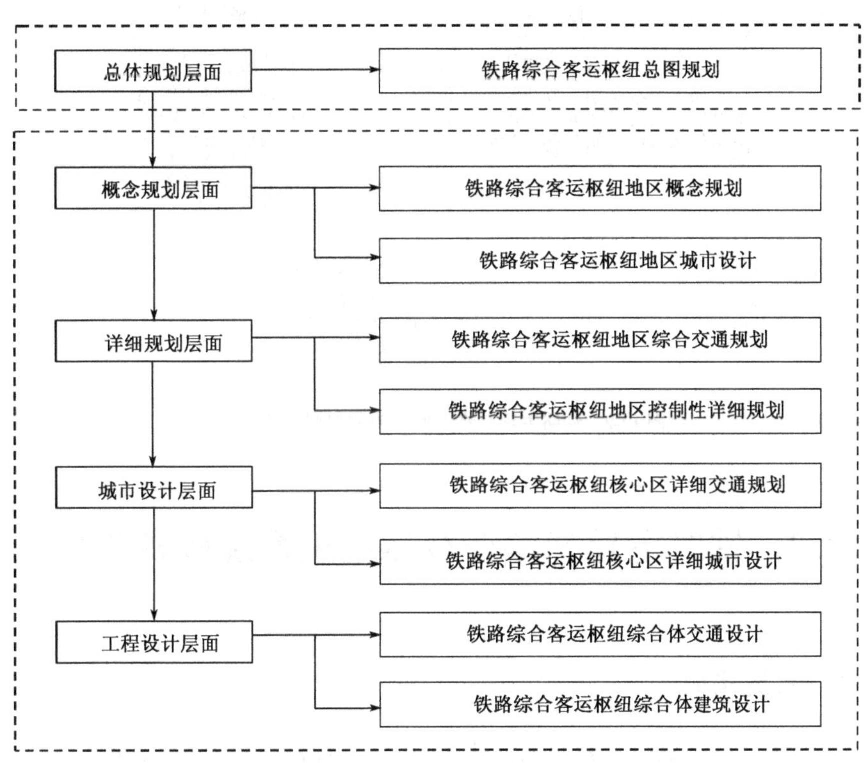

图12-1 铁路综合客运枢纽规划设计编制体系图

12.1.2 铁路主导型综合客运枢纽规划设计流程

铁路主导型综合客运枢纽规划与设计包括外部条件分析、功能定位与枢纽选址、交通需求分析与设施规模测算、综合客运枢纽主体设施方案设计、导向系统及安全应急系统设计等部分,其主要设计流程如图12-2所示。

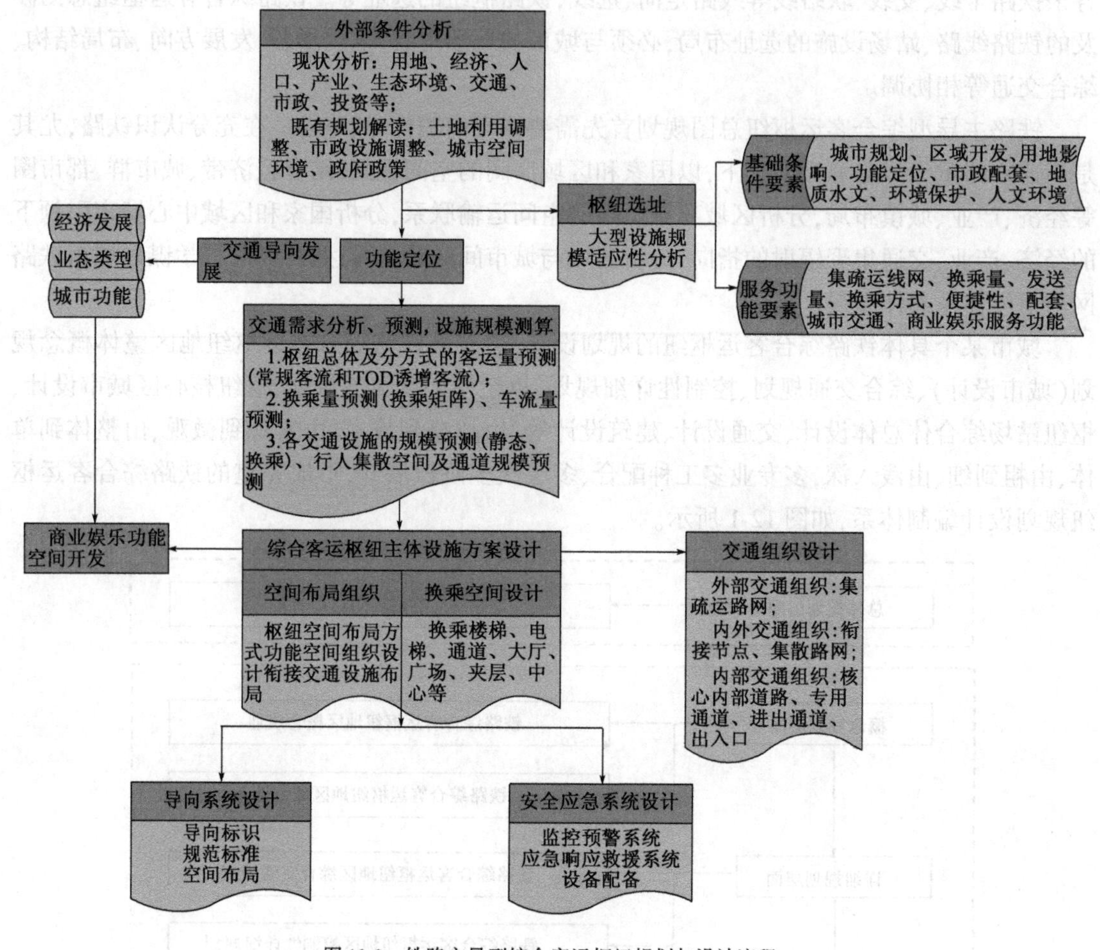

图 12-2 铁路主导型综合客运枢纽规划与设计流程

12.2 铁路主导型综合客运枢纽系统构成及功能

12.2.1 系统构成

铁路主导型综合客运枢纽配套设施包括中转交通、旅客活动地带、服务设施等，具体如图 12-3 所示。

铁路主导型综合客运枢纽内主要交通设施可以细分为交通场站类设施和交通衔接类设施。场站类设施是为各种用来换乘的交通工具提供行驶和停放的场地；衔接类设施是乘客在不同交通方式间换乘的物理连接载体。

(1)交通场站类设施

根据不同交通衔接设施的服务需求与供给特性，将铁路主导型综合客运枢纽内交通设施依附的交通方式分为四类：站房候车类、站台候车类、即到即走类、停车场。

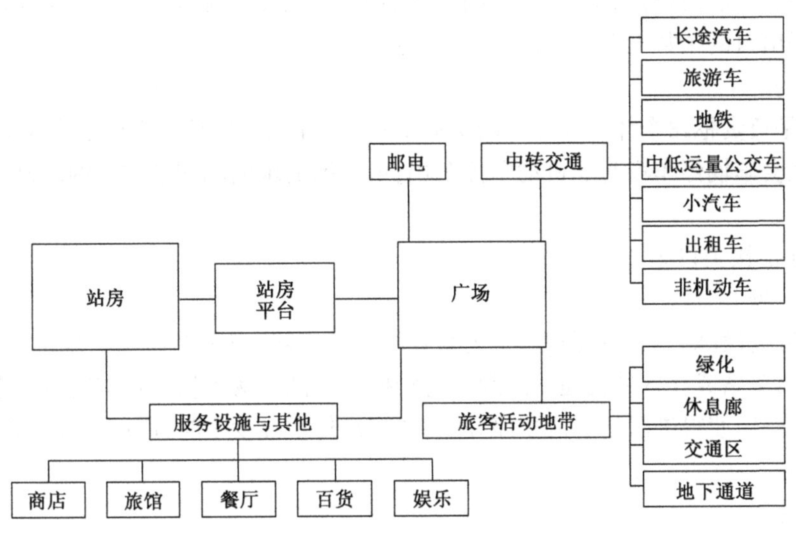

图 12-3　铁路综合客运枢纽设施构成图

①站房候车类

站房候车类设施包括铁路旅客站、公路客运站，以及城市轨道交通站点。

铁路旅客车站为旅客办理客运业务，设有旅客乘降设施，由车站广场、站房、站场客运建筑三部分组成。车站广场是客流换乘的主要场所，由站房平台、旅客车站专用场地、公交站点及绿化与景观用地四部分组成。按列车编组形式，客运专线车站可不设置行李、包裹用房。

公路客运站一般由站房、建筑红线退让区形成的集散广场、发车区、辅助设施及长途汽车停车场五个主体部分组成。铁路综合客运枢纽配置长途汽车站可方便周边城镇的居民换乘铁路。此外，公路客运站也可作为一个独立的城市对外客运窗口，在站前集散广场或者地下设置市内交通换乘设施以服务市内旅客的到达和离去。

城市轨道交通站分为付费区与非付费区两部分。付费区相当于候车区，是轨道交通相对封闭的空间，类似于站房的功能；非付费区承担着类似集散广场的功能，同时也完成乘客的购票过程。

②站台候车类

铁路主导型综合客运枢纽中，站台候车类设施一般指常规公交站，用于城市公交与城乡公交线路的上下客。公交首末站包括上下客区和停车坪两部分，由于铁路主导型综合客运枢纽作为城市中重要的客流集散点，丰富的公交始发线路使得首末站的上下客区顺其自然的成为一个城市公交换乘枢纽。

城市公共交通中途站结合城市道路的建设布置，作为道路设计的一个不可或缺的部分同期进行，设计时应考虑铁路主导型综合客运枢纽的大量客流集散，根据站台停靠的公交线路数确定站台尺寸的前提下，适当增加站台的长度与宽度。

③即到即走类

即到即走类设施主要指的是车道边，它是客运枢纽一种特有的交通设施，是为了实现进出站人流与车流转换而集中设置的车辆上客、落客区域。一般将进站车道边与出站车道边分开布设，分别靠近车站的进出口。

出租车上客区也具有“即停即走”的特点，应尽量靠近铁路客站与公路客运站的人流出口，并可根据出口的个数设置多个出租车待客点。

④停车场

停车场是负责枢纽个体交通方式的交通工具短期停放，也负责枢纽通勤交通的交通工具停放，包括社会车辆停车场与非机动车停车场，可根据需求的不同及空间的限制设置一个或多个停车场。

(2)交通衔接类设施

①集散广场

集散客流类设施一般指铁路客站、公路客站集散广场，以及枢纽中的集散换乘大厅，旅客需要经其进出车站或在各种交通方式间进行转换。集散广场提供一定空间用于乘客的短暂停驻，而其缓冲作用使得进出站客流秩序井然，在有意外情况发生时，广场可成为紧急疏散场地，保证旅客安全。

②联系通道

联系通道实现各种衔接换乘和出入车站，如步道、地下换乘通道、楼梯、自动扶梯等，主要为步行服务。其合理的设计能够为乘客的换乘提供方便、快捷和安全的服务。联系通道包括两类，一类是直接在交通场站类设施之间连接，另一类是场站设施出入口连接集散广场的通道。

③站内道路

枢纽内供车辆行驶的站内道路也是枢纽不可或缺的组成部分，其主要任务是将进出场站的车辆汇集到城市道路网络或者区域公路网中，枢纽的道路网规划必须保证交通场站与进出站道路、进出站道路与城市道路衔接处通行能力相匹配，避免出现瓶颈，造成不必要的延误。

12.2.2 铁路主导型综合客运枢纽系统功能

1. 城市门户功能

在区域一体化发展背景下，由于城市不同的职能和产业分工，差异化、协同化的发展目标促使大中城市间产生大量的铁路客流出行需求。承担这类铁路客流集散、中转功能的铁路主导型综合客运枢纽成为区域内各城市间联系的纽带。伴随着大量铁路客流的集聚和疏散，枢纽作为旅客进出城市的起终点，不仅带来繁荣的地区活力空间，同时也承担着城市对外门户和窗口的功能，是城市重要的地标之一。枢纽建筑也起着展示城市文化内涵的作用。

2. 交通服务功能

作为枢纽的核心功能，铁路主导型综合客运枢纽的主要价值在于：一定服务距离范围内提供快速的交通运转服务，保障区域内各城市之间具备准点可靠、快速便捷、舒适经济的交通联系，从而促进区域社会经济的整体发展。铁路主导型综合客运枢纽是区域骨架公共客运网络中的转换和集散点，是区域和城市重要的交通基础服务设施。枢纽的交通服务功能直接影响到区域一体化的合作进程以及区域综合交通体系和旅客出行的方式选择。此外，铁路主导型综合客运枢纽还是重要的城市交通枢纽和公共活动中心，应具备“换乘、停车、集散、引导”等交通集散功能。

3. 引导发展功能

铁路主导型综合客运枢纽具有与城市发展结合度强、集散客流量大的特点，其服务客流性质和规模效应在引导枢纽地区土地开发(TOD)方面较其他方式主导型枢纽和交通基础设施明显。枢纽带来相对高值的交通可达性和区位优势，可促进枢纽片区的更新和再开发，提升地区的开发强度和集约化利用程度，塑造城市新的中心体系和空间格局。

4. 城市服务功能

随着枢纽职能的变迁，城市化过程中铁路主导型综合客运枢纽将逐步赋予更多的城市服务功能，如商业、文化和公共服务设施的集聚，将交通出行与工作、生活和休闲娱乐相结合。枢纽建筑和空间风貌风景开敞化、立体化，将餐饮、购物、住宿、会务、展览、休闲娱乐、信息中心等服务功能与交通功能相结合考虑，形成城市最密集、最繁华、最活跃的部分，成为城市核心区域并与城市整体发展融为一体。城市服务功能随着城市土地利用和混合度的提高，逐渐形成广场功能、公共服务功能等。

12.2.3 枢纽区域空间层次

铁路主导型客运枢纽设施功能虽然复杂多样，但仍然具有较为有序的空间层次关系。以高速铁路客运枢纽为例，由内向外，与铁路主导型客运枢纽有关的城市空间大体可以分为三个层次(图12-4)：

站场区(第一层次)：即高速铁路客运枢纽本身，主要承担交通功能的地块，由地铁站、公交站等组成的以交通职能为核心的区域，是整个枢纽地区的“锚固点”。其强调交通组织的便利和快捷，使得设计区内各交通系统间的换乘为“零换乘”，促进城市各交通系统功能得到最大限度发挥。

核心区(第二层次)：是对第一层次功能的补充和相关功能的延伸拓展，也是枢纽的直接拉动区。核心区是在枢纽步行10～15min范围内，进行高密度第三产业开发，围绕高铁枢纽形成城市功能的集中体现，主要功能在于商务办公和配套设施。

影响区(第三层次)：高铁客运枢纽地区一般所指的是高铁旅客车站的影响区，围绕高速铁路客运枢纽，由于所处的城市位置、城市性质的不同，这一区域往往承担不同的城市功能，强调用地混合使用，并通过舒适的人行步道和怡人的城市景观将各功能用地有机组织起来，是枢纽地区交通规划研究的主要范围。

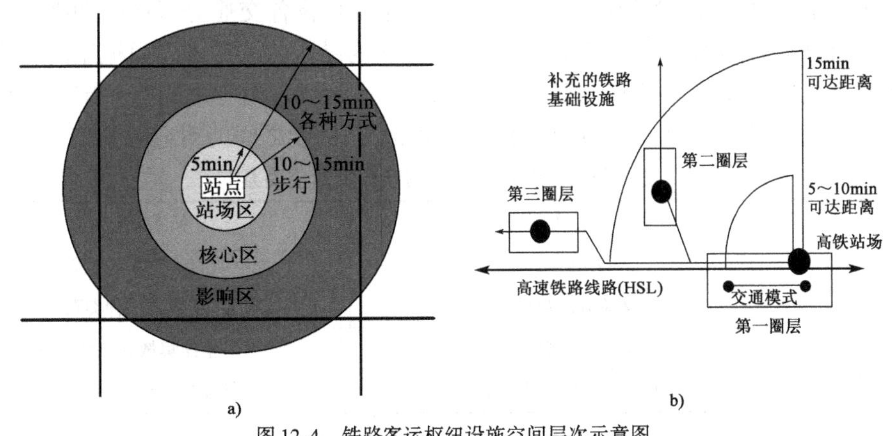

图12-4 铁路客运枢纽设施空间层次示意图

12.3　铁路主导型综合客运枢纽交通需求分析

1. 枢纽客流构成

在枢纽规划设计中，枢纽内多种交通衔接设施的用地和布局规模都需要有规划年的客流预测数据给予支持，需全面考虑枢纽设施可能涉及的各种客流，以反映枢纽运营时的状况。一般情况下，铁路综合客运枢纽客流由以下两部分构成：

(1)铁路相关的客流：主要包括进出铁路枢纽的旅客及其接送人员，同时也包括相关工作人员和服务人员的出行。

(2)枢纽内城市交通所诱发的客流：包括中低运量公交、城市轨道交通、出租车和社会车辆所诱发的客流。

2. 枢纽铁路客流分析

在一定的运力配备下，铁路客运具有相对稳定的客流，一般情况下，其客流量主要与站场的发车数线性相关。因此，分析时根据该站场历年的数据资料和规划年运力配备的情况，可以采用回归分析的方法对规划年的客流进行预测分析。

3. 枢纽内城市交通诱发的客流量分析

枢纽内铁路与各种城市交通方式间的换乘客流量预测是确定枢纽换乘设施规模、集散功能与布局以及运能衔接匹配的主要依据。铁路主导型客运综合交通枢纽集结了多种交通方式，有铁路、公路、城市轨道交通、中低运量公交、出租车、私家车、自行车等。对于不同的旅客，他们可以根据自己的需求和条件选择适合自己的交通方式，不同交通方式因其自身的特点在整个换乘系统中分别承担着各自的旅客集散任务。衔接系统换乘客流量的预测实质上就是对各类交通方式在整个换乘系统中旅客分担率的确定，而通过对各种交通方式分担率的预测以及对换乘客流总量的确定，就能预测出各种交通方式具体的换乘量，这样有助于规划各换乘设备的规模、数量以及人员的配备，在运能、运力上进行相应的匹配。

4. 需求分析方法

传统交通需求预测“四阶段法”中，出行分布预测就是将各交通分区产生和吸引的交通量转化成各交通分区之间的出行交换量，出行分布预测的结果为OD表。而枢纽内客流量分布是各客运方式之间的交换客流量，其结果也可以用矩阵表示，两者之间有一定的相似性。因此，可以采用交通分布模型来进行换乘客流的分布预测，两者之间的对应关系如表12-1所示。

出行分布预测和换乘分布预测的对应关系　　表12-1

项　目	出行分布预测	换乘分布预测
预测基础对应关系	交通分区	枢纽内各换乘客运交通方式
	交通分区数目 n	交通方式种类数 n
预测变量	出行生成总量 T	枢纽集散客流总量 H
	交通分区的出行产生量 P_i	交通方式的客流集结量 G_i

续上表

项　　目	出行分布预测	换乘分布预测
预测变量	交通分区的出行吸引量 A_j	交通方式的客流疏散量 D_j
	出行分布量 T_{ij}	换乘分布量 H_{ij}
出行阻抗与换乘阻抗	出行分布阻抗 t_{ij}（包含行程时间及出行费用等在内的综合阻抗）	换乘分布阻抗 h_{ij}（包含换乘时间、换乘方式的行程时间及费用等在内的综合阻抗）
产生量与集结量约束	$\sum_{j=1}^{n} T_{ij} = P_i$	$\sum_{j=1}^{n} H_{ij} = G_i$
吸引量与发送量约束	$\sum_{i=1}^{n} T_{ij} = A_j$	$\sum_{i=1}^{n} H_{ij} = D_j$
总量约束	$T = \sum_{i=1}^{n} \sum_{j}^{n} T_{ij} = \sum_{i}^{n} P_i = \sum_{j}^{n} A_j$	$H = \sum_{i=1}^{n} \sum_{j=1}^{n} H_{ij} = \sum_{i=1}^{n} G_i = \sum_{j=1}^{n} D_j$
预测结果	出行分布 *OD* 矩阵	换乘分布 *GD* 矩阵

客运枢纽换乘分布可通过集散客流量与换乘比例相乘得到，换乘客流分布问题可转换为换乘方式选择问题，通常采用非集计模型进行换乘方式选择比例的预测分析。铁路主导型客运枢纽无现状换乘方式选择比例，可依据普通铁路、航空运输、公路客运等城市对外客运方式的换乘方式选择情况，标定模型中的个人特性变量和选择枝特性变量，建立铁路主导型综合客运枢纽换乘方式选择的非集计模型。

枢纽内的市内交通方式换乘主要为城市公共交通之间的换乘，客流量通过公共交通的组织完成在枢纽地区的出行，因此可将该部分需求量归入枢纽地区土地利用吸发的交通量中考虑，将枢纽作为城市交通用地进行需求预测分析。

12.4　交通衔接设施规模测算

12.4.1　交通衔接设施分类

铁路主导型综合客运枢纽交通衔接设施是为服务旅客上下客用途的接驳设施和交通工具停放功能的场站设施。根据交通设施类型，交通衔接设施可以分为步行换乘设施、城市轨道交通设施、中低运量公交设施、出租车上下客区、社会车停放设施、自行车停放设施六类设施。

1. 步行换乘设施

步行换乘设施是枢纽客流集散的场所，包含集散广场设施和步行通道设施。

(1)集散广场

集散广场承担着车站不同交通衔接设施间的连通功能，满足旅客集散的换乘需求。同时，高峰期车站聚集人数过多，站房购票和候车空间不足时，集散广场可为应急预案提供用地空间。车站集散广场功能主要有交通功能、环境功能、城市文化广场功能等。在购票方式多元化(特别是网络购票比例不断提高后)、运输效率和准点率提高的发展趋势下，铁路客运枢纽集散广场承担滞留旅客的功能将逐渐弱化,将以满足快速交通集散功能为主,使得人流、车流能够快速通过。

(2)步行通道

步行通道是为旅客提供各种换乘衔接和出入车站的步行通道,如步道、地下换乘通道、楼梯、自动扶梯等。步行通道的设置应满足旅客步行路径的简明、步行距离的最短以及步行舒适性、安全性的提高,需结合枢纽主要功能区布局、各区换乘客流需求量等因素设置步行通道。

2. 城市轨道交通设施

城市轨道交通网络化运营条件下,城市轨道的接入是支撑枢纽交通功能最为重要的因素。城市轨道交通设施通常设置于车站地下空间,分为站厅和站台层。在枢纽上进下出的客流组织模式下,铁路出站客流可通过换乘通道直接抵达轨道交通站台快速地进行疏散,进站客流需先到达地面层再至铁路站厅。轨道交通设施主要考虑站台、站厅和换乘通道最多容纳的旅客人数,以满足高峰期客流集散需求。

3. 中低运量公交设施

中低运量公交客运是大部分枢纽最主要的交通集散方式。中低运量公交设施承担与枢纽衔接的公共交通线路旅客上下客换乘和车辆停放功能,分为首末站和中途站两种类型。公交首末站可保证较高的公交运行准点率和旅客上下客集散能力,对场站设施用地需求较高,包含公交站台、旅客等候区、车行道、蓄车位等。公交中途站结合枢纽四周的城市道路设置为港湾式停靠站,对枢纽空间占用需求较低。公交车辆以通过式为主,旅客换乘需借助过街步行设施,站点的集散能力相对较低。

4. 出租车上下客区

出租车客运作为仅次于轨道交通和中低运量公交的集散交通方式,车辆在枢纽滞留时间短,对车站空间资源占用少。由于进站和出站客流的分离组织,出租车上下客区分离设置。进入枢纽的车辆完成落客后需进入出租车上客区候客再驶离。下客区一般位于车道边的临时停车泊位进行落客,上客区则包含蓄车场和上客泊位。由于出租车车流量较大,因此其规模设置应充分考虑车辆到达量的规模。

5. 社会车停放设施

枢纽交通衔接设施在满足地区交通容量的情况下,应配置一定比例的停车泊位。针对接送客和停车换乘两种类型的停车需求,停放设施有临时停车泊位和社会车停车场两种形式。临时停车泊位可通过枢纽车道边完成旅客的落客和临时上客。停车场可满足较长时间的车辆停放需求。停车需求规模较大的枢纽可采取立体化机械式停放设施。在枢纽处交通空间资源有限的条件下,社会车停放设施规模确定应采取“以供定需”的策略,并应用经济手段等进行需求调控。

6. 自行车停放设施

自行车在交通集散中的作用相对较弱,主要满足本地市居民购票、枢纽工作人员通勤等需求。车辆停放设施占用面积偏小,且布局设置较为简单、灵活,可充分利用枢纽各处的空余空间。

各种交通设施的运输特性及参数见表 12-2。

各种交通设施的运输特性及参数比较 表 12-2

交通设施类别	运量(人/h)	运行速度(km/h)	占地面积(m^2/人)	特 点
广场设施	10 000	—	1.4～4	方便客流集散,具有景观功能,占地面积较多
城市轨道	30 000 以上	40～60	不占用地面面积	建设门槛较高,运输能力和运输效率均较强
中低运量公交	6 000～9 000	20～30	1～2	运输能力较强,占地面积相对较小
出租车	5 000	30～50	7～15	灵活高效,具有一定运输能力,占地面积一般
小汽车	3 000	30～50	10～20	占用空间资源较多,可采取收费予以补贴
自行车	2 000	10～15	4～6	占地面积较小,运输能力较低,出行距离短

12.4.2 设施规模测算的基本指标

枢纽交通衔接设施承担的客流规模大于铁路主导型客运枢纽的集散客流量,其包含枢纽旅客和接送客流、商业商务客流、车站工作人员、周边地区居民四类。根据枢纽不同发展阶段,其各类型的客流构成比例不同。本节主要分析铁路主导型客运枢纽旅客集散的高峰集聚特征和到达离去分布。作为交通衔接设施规模测算的主要依据,分析指标包含单向高峰小时客流量、旅客最高集聚人数。其中,客流集散设施规模为旅客最高聚集人数和单位旅客所需的步行面积的乘积。车辆场站设施规模取决于单向高峰小时客流量以及运输组织的发车频次。

1. 单向高峰小时客流量

既有的相关规范和研究中涉及的枢纽高峰时段单向客流指标为高峰小时发送量。《铁路旅客车站建筑设计规范》(GB 50226—2007)中关于高峰小时旅客发送量的定义为:车站全年上车旅客最多月份中,日均高峰小时旅客发送量。高峰小时发送量是铁路车站设计中的关键参数之一,规范中将客运专线车站建筑规模按高峰小时发送量划分为四类,如表 12-3 所示。其中,特大型车站高峰小时发送量不小于 1 万人次。高峰小时发送量的数值大小取决于枢纽列车发车频率,反映车站单位小时最高的单向旅客发送能力,也反映出高峰时期集散客流的规模需求。

客运专线铁路旅客车站建筑规模 表 12-3

建 筑 规 模	高峰小时发送量 pH(人)	建 筑 规 模	高峰小时发送量 pH(人)
特大型	pH≥10 000	中型	1 000≤pH<5 000
大型	5 000≤pH<10 000	小型	pH<1 000

交通衔接设施配置应以满足枢纽客流最高峰或85%位高峰为目标，并考虑枢纽在不同时期、不同时段内高峰客流的变化情况，以满足高峰时期客流的集散需求。

2. 旅客最高聚集人数

《铁路旅客车站建筑设计规范》(GB 50226—2007)中关于旅客最高聚集人数的定义为：旅客车站全年上车旅客最多月份中，一昼夜在候车室内瞬时(8～10min)出现的最大候车(含送客)人数的平均值。现有定义中，最高聚集人数主要指由于旅客上车(包括送客)而使得车站旅客在某一时刻达到的最大值。最高聚集人数是对车站内部短时瞬间客流的聚集表征，反映某一时刻旅客最密集的情况，主要体现等候式客流对站房设施的规模需求。按旅客最高聚集人数的规模大小可将车站分为四种类型，如表12-4所示。

客货共线铁路旅客车站建筑规模 表12-4

建筑规模	最高聚集人数 H(人)	建筑规模	最高聚集人数 H(人)
特大型	$H \geqslant 10\,000$	中型	$600 < H < 3\,000$
大型	$3\,000 \leqslant H < 10\,000$	小型	$H \leqslant 600$

最高聚集人数是计算铁路综合客运枢纽站房规模和配套交通设施场站用房设置的关键指标。车站配套交通场站设施规模应能满足出现旅客最高聚集时刻的要求。

在枢纽交通衔接设施配置分析中，铁路进站(汇集)和出站客流(离散)的客流聚集特性不同，两个过程的最高聚集人数计算方法和测算的衔接设施类型也有差异。进站过程中最高聚集人数主要用于站房、进站交通衔接设施的规模；出站过程中最高聚集人数指标主要用于接驳交通方式等候设施的规模测算。

12.4.3 各类交通衔接设施规模测算

针对交通衔接设施的不同类型，在既有规范值分析基础上，以最高集聚人数为指标，采用广义容量时空消耗法进行步行设施规模测算。以单向高峰小时客流量为指标，也采用排队论、广义容量时空消耗法进行车辆场站设施的通行能力和规模测算。

1. 步行广场设施规模测算

站前广场是客运枢纽旅客换乘的空间场所。由于铁路枢纽客流规模较大，其对站前广场的要求最高，承担着客流集散和临时候车等功能。根据《铁路旅客车站建筑设计规范》(GB 50226—2007)，客货共线铁路旅客车站广场设施最小面积应按最高聚集人数确定，其中最高集聚人数是按照旅客出发量进行计算；客运专线铁路旅客车站广场设施最小面积应按高峰小时发送量确定。

2. 城市轨道交通设施规模测算

城市轨道交通的站台规模和换乘通道规模是反映车站容纳客流能力的关键区域。站台规模包括站台长度和站台宽度，站台长度由线路单方向高峰小时预测客流量确定，站台宽度则根据远期高峰小时客流量(上车和下车人数)确定。换乘通道的用地规模与其服务水平有关，按照人均占用面积进行计算。

3. 中低运量公交场站设施规模测算

与铁路客运枢纽衔接公交设施包括公交首末站和公交中途站两类。其中，公交首末站是公交线路始发和终到的站点，包含上公交下客区及公交蓄车场。公交中途点为过境公交线路的站点，设施包含港湾式停靠泊位和站台。

铁路客运枢纽公交首末站主要考虑旅客快速集散需求，以及在满足车辆调度情况下尽可能集约停车用地，可将上下客区和蓄车场分离设置。从公交客流需求量、公交线路条数配置、站台公交线路容纳能力方面测算公交场站的设施规模。在枢纽公交优先策略导向下，公交线路配置数量最低应能满足枢纽高峰时期铁路旅客的集散需求。确定公交线路数量后，上下客区规模需分析公交首末站上下客区站台设施的线路容纳能力和规模指标，应用排队论建立一定场站设施规模下的公交站台容纳线路能力。车场蓄车方式一般有垂直式和平行式两种。单位车辆所占用的面积(包括回转车道)在 100 ~ 140m^2，其中平行式停放取最小值，垂直式停放取最大值。

公交中途站考虑到旅客换乘距离的约束，一般设置在围合枢纽四周的主次干路上，换乘距离不应超过 200m。公交站点客流需求由枢纽集散客流和站点周边其他城市用地产生客流共同构成。公交站点设施规模测算方法与城市其他公交中途站点相同，可采取通行能力以及广义时空消耗测算方法。

4. 出租车上下客站点规模测算

由于枢纽进出交通和客流组织的分离，出租车上客站点和下客站点应分别单独设置。上客区车位规模的配置在满足车辆通行能力要求的同时还需要符合旅客期望平均等待时间(据调查，应控制在 10min 以内)。在出租车供给充足条件下，出租车通行能力及旅客服务能力取决于上客时间(包括出租车停靠及旅客上车时间)和上客区设置模式。出租车下客站点与社会车落客区共同设置在枢纽车道边。可通过仿真方法分析车道边出租车和社会车落客站点的通行能力和合理规模。

5. 社会车停车设施规模测算

铁路客运枢纽处的社会车停车设施大致包括三类：一类为供枢纽工作人员上下班的停车场，一类为进出枢纽换乘的停车场，一类为临时接送客停靠点。停车场规模可采用排队论方法进行测算，即将停车场作为一个车辆进出的服务系统，泊位数为系统服务台数。

6. 自行车停车场规模测算

自行车作为铁路客运枢纽一种辅助换乘衔接方式，主要针对本地市居民用户群体。随着城市慢行交通发展，占地省、成本低、便捷性高等特点使得自行车换乘具有较强吸引力。国外部分铁路站甚至配置公共自行车进行衔接。电动自行车的普遍使用将集散出行范围延伸更长，占自行车出行的比重较高。自行车停车场规模测算主要取决于高峰时期自行车使用者数量及自行车泊位周转率。

各类设施面积规模计算式与参数选择见表 12-5。

各类设施面积规模计算式与参数选择 表 12-5

交通衔接设施	计 算 式	参 数				
		高峰小时服务客流量 N	单车载客人数 P	周转率 λ	单车平均占地面积 s	共享系数 α
步行广场设施	客货共线铁路旅客车站广场设施最小面积应按最高聚集人数确定，其中最高聚集人数是按照旅客出发量进行计算；客运专线铁路旅客车站广场设施最小面积应按高峰小时发送量确定					
城市轨道交通设施	站台规模包括站台长度和站台宽度，站台长度由线路单方向高峰小时预测客流量确定，站台宽度则根据远期高峰小时客流量（上车和下车人数）确定。换乘通道的用地规模与其服务水平有关，按照人均占用面积进行计算					
公交首末站上下客区	$S_{\text{bus}}=\dfrac{N_{\text{bus}}s_{\text{bus}}}{P_{\text{bus}}\lambda_{\text{bus}}}$	枢纽疏散对外客流的常规公交分担量以及市内公交换乘量	25～30	4～5	110～120m²	—
出租汽车上客区	$S_{\text{taxi}}=\dfrac{N_{\text{taxi}}s_{\text{taxi}}}{P_{\text{taxi}}\lambda_{\text{taxi}}}\alpha_{\text{taxi}}$	枢纽疏散客流的出租汽车方式分担量	1.5～1.8	6～7	30～40m²	0.85～1
社会车辆停车场	$S_{\text{car}}=\dfrac{N_{\text{car}}s_{\text{car}}}{P_{\text{car}}\lambda_{\text{car}}}\alpha_{\text{car}}$	枢纽集散客流的社会车辆方式分担量。其中，使用社会车辆停车场的比例取60%～80%，大型车比例取25%～35%	1.5～2（小型车）；30～35（大型车）	2.2～2.5	25～30m²（小型车）；90～100m²（大型车）	0.9～1（小型车）；0.8～1（大型车）
非机动车停车场	$S_{\text{bike}}=\dfrac{N_{\text{bike}}s_{\text{bike}}}{P_{\text{bike}}\lambda_{\text{bike}}}$	枢纽转换客流的非机动车方式分担量	1	1.5	1.8～2.5m²	—

12.5 枢纽内部交通设施布局

12.5.1 布局原则与要求

铁路主导型综合客运枢纽布局基本按照“功能分区、地籍清晰、易于实施、便于管理、节约投资”等基本原则进行。

将旅客换乘、集散、购票、候车、乘车功能分别布置在不同平面位置，通过分区设置实现上述各种功能。铁路主导型综合客运枢纽总体布局分区明确，特大型、大型枢纽根据客流方向分区布置交通衔接设施，枢纽总体布局以平面布局为主。

铁路主导型客运枢纽由于综合功能的多元化更强调站前广场、站房和站场设施的统一规划和整体设计,集约化的用地模式以及快速换乘要求各类功能区的立体化及复合化。枢纽站前广场交通组织方案遵循以人为本、公交优先的原则,交通方式换乘模式和站点布局相结合,各种流线顺畅、简捷;场站设施功能多元化,统筹考虑、综合利用枢纽地下空间。

结合枢纽未来发展趋势和总体平面布局的要求,其设施布局应遵循以下要求。

1. 立体化空间组织

在枢纽多功能及客流规模增加的要求下,将交通广场和站房设施进行立体化组织和整合,使得换乘更为方便、快捷。将平面式的布局模式转变为立体化多层空间,缩短了旅客换乘距离,同时在建筑上将各种设施进行统筹一体化的布设,突破地籍界限。

2. 复合化功能融合

已往枢纽的站前广场、站房有其明确的任务分工,其各组成部分功能也较为单一。从枢纽发展趋势看,这种分工明确、功能单一的空间使用模式不能适应未来枢纽综合体的发展模式。空间功能复合化是枢纽发展的趋势,对各种交通衔接设施功能融合要求也越来越显现。

3. 人性化空间使用

枢纽总体布局要求从“人”的角度进行考虑,特别对于缺乏出行经验的旅客,枢纽设施布局应能满足这类旅客快速理解车站设施和交通设施的换乘路径,减少换乘障碍。总体布局应以强调流线设计为主,以功能需求为导向,强调旅客换乘的效率和安全性。

4. 地下空间的统筹利用

大型枢纽地下空间对于立体化空间组织起着非常重要的作用。地下空间可有效实现人车分离,车站普遍采用上进下出或高进低出的模式,使得地下空间成为旅客快速疏散的重要途径,特别是城市轨道交通车站、地下商业空间、地下停车场等均可在地下完成旅客组织。同时车站地下空间可与周边建筑的地下空间连为一体,避免大量行人过街对地面道路交通的影响。

12.5.2 交通衔接设施布局的空间组织

枢纽交通衔接设施的空间组织形式与枢纽发展阶段和类型密切相关。在以交通功能为主的发展阶段,交通衔接设施空间组织较为简易,往往采用围绕集散广场形成的“点状”组织形式;在交通功能与城市功能相互融合的阶段,交通衔接设施需兼顾跨越铁路线路两侧方向衔接的要求,交通衔接设施开始沿铁路线两侧呈现“线状”组织形式;在城市功能与交通功能融为一体的阶段,城市发展跨越了铁路线路两侧,交通衔接设施呈现“网状”的组织形式。

铁路客运枢纽的城市功能已经发展到较为成熟阶段,形成了以枢纽为核心的城市中心体系。在枢纽周边能形成高强度的用地开发形态,城市空间发展与枢纽融为一体,枢纽综合体兼具商业、办公、交通等综合功能。目前铁路线路多采用高架形式,这一定程度上也消除了铁路线路对两侧城市用地和道路交通空间的隔阂,能保障枢纽处的城市空间相对连续。

集约化、高强度、综合化的用地开发促进了枢纽空间资源的高效利用。城市职能产生的相关活动要求枢纽车行交通组织向人行交通的组织转变,交通设施配置更加适宜于生活性交通需求。枢纽与周边地区的交通出行更为密切,与主要客源地的集散出行距离相对缩小。同时城市轨道交通的网络化衔接可有效支撑枢纽大规模集散客流和中长距离出行需求。由于车行交通组织向人行交通组织的转变,组织形式趋于分散,呈现“网络状”的形式,其组织形式和适应性分析如表12-6所示。

"网络状"空间组织形式及适用性分析　　表 12-6

类　别	特　点	适 用 性	布 局 形 式
主体站房设施	铁路对两侧城市空间发展的影响较小，主体站房核心建筑设置于铁路线下方，铁路线路两侧交通空间和城市空间可连为一体	适用于枢纽与城市功能融为一体的城际站	
组织形式	设施空间组织趋于网络化，与枢纽体及周边用地开发统筹考虑	适用于以人行为主的交通组织形式	
设施布局	站区交通设施布局高度集约化、立体化，衔接节点呈网络化、分散化的布局特点	适用于客流强度大、换乘组织复杂、多元的枢纽	商业设施；站前广场、出租车；公交站；城市轨道交通出入口；商业建筑枢纽站房；城市轨道交通出入口；商业设施；站前广场、出租车；停车楼

12.5.3　交通衔接设施空间布置形式

铁路主导型综合客运枢纽将交通设施的布局作为交通空间架构的基础。总结枢纽地区交通设施空间布置形式，可分为平面式、立体式和半立体式三种类型。

1. 平面式

平面式也称分散式，布置形式如图 12-5 所示，通常以集散类广场作为各种交通元素分流的集散地，各种人流、车流都在同一平面上行动，完成进站、出站、换乘等行为。

优点：区域划分明显，交通要素可识别性高，有利于功能布局和工程实施，方便运营、管理。

缺点：功能分散，占地面积大，换乘距离、时间较大，各交通流线干扰严重。

适用范围：对于中小型铁路主导型综合客运枢纽一般采用平面布局形式。

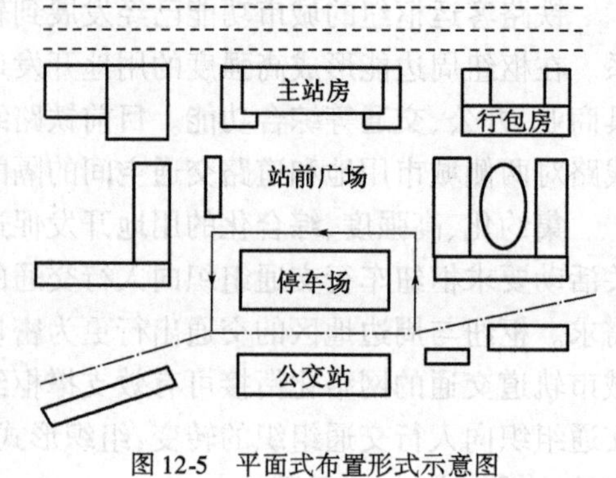

图 12-5　平面式布置形式示意图

2. 立体式

垂直集中式布局，是完全立体化的交通衔接布置形式，如图 12-6 所示，即将各种交通设施的换乘集中到一栋综合建筑中，分层设置，强调交通建筑体及交通设施的整合，以交通设施的布局约束乘客流线的运行。

优点：换乘距离、时间最短；各种交通设施衔接紧密，处于连续运作状态，从而达到最佳经济效益；土地利用率高；有效促进城市商业建筑与交通枢纽的结合。

缺点：工程难度大，一次性造价高；交通压力大；管理难度大，各部门需要充分协调统筹，很多功能须重新整合。

适用范围：特大型铁路主导型综合客运枢纽采用立体式布局，既能解决交通和城市开发带来的巨大客流需求，又能尽量减少枢纽本身占地，为城市功能预留发展空间。受用地、地形和工程条件制约的中小型枢纽也可采用立体式布局。

3. 半立体式

半立体式是结合平面式、立体式两种换乘形式的布局模式（图 12-7），是将两种或多种交通模式在垂直方向叠加展开，集中在同一建筑或者空间内进行换乘。同时，还将部分交通方式的换乘分散到其他空间内进行，按照平面布局进行组织，强调枢纽内功能模块的设计，交通衔接设施的运转更倾向于交通组织优先。

办公
停车库
高速公路
高架轻轨
二层步行系统
公交站
地面
出租车站
地下步行系统
铁路车站
城市轨道交通车站

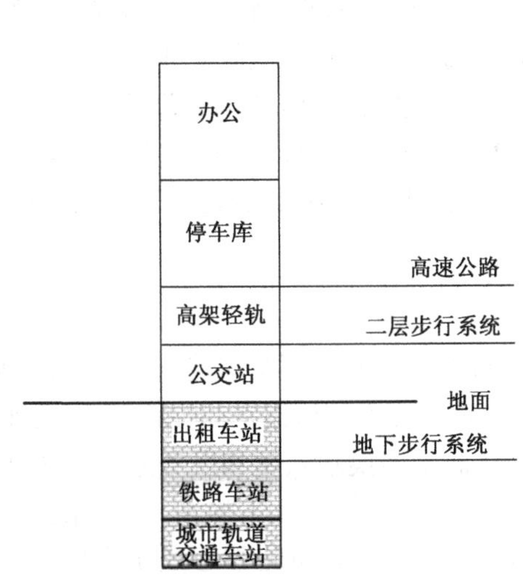

图 12-6 立体式布置形式示意图

半径至少为500m
公共建筑
地下街或二层步行廊道
铁路车站
能够生长的地下地上立体的步行系统

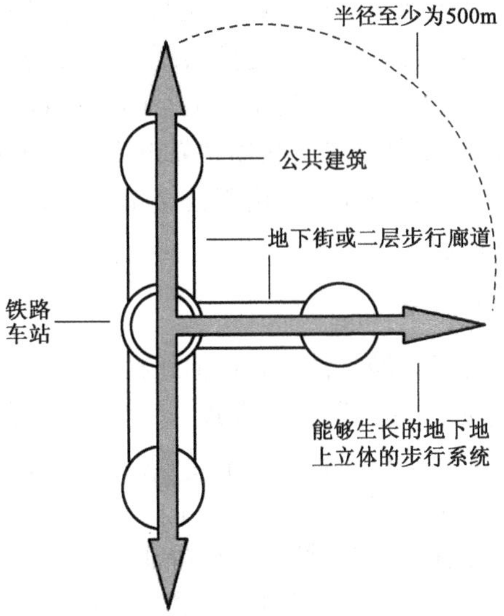

图 12-7 半立体式布置形式示意图

优点：换乘距离、时间较短；各交通设施衔接较紧密；集约利用土地：给人们提供比较宽松和可以停留的环境；管理、施工相对“集中式”容易。

缺点：在换乘距离、时间以及交通设施衔接上较“集中式”欠缺，部分交通流线有绕行。

适用范围：大型铁路综合客运枢纽可以采用半立体式布局，集约利用站场上层空间，减少客流换乘距离。

12.5.4 交通衔接设施布局指引

交通衔接设施布局应结合枢纽核心建筑主体布局统筹考虑，充分利用高架、地面、地下采用立体化换乘，以实现设施紧凑化布局，尽可能缩短旅客换乘流线。

1. 公共交通设施优先布置

交通衔接设施布局应遵循“主次分明、近大远小”的原则，并做到公共交通设施优先布置。

大型城际铁路客运枢纽客流规模较大，换乘设施种类较多，不同交通方式间的换乘强度不同。为实现枢纽整体换乘效率最优，满足旅客换乘便捷性要求，在交通设施规划布局方面需注重不同交通方式距主体设施的远近。遵循的原则是优先考虑换乘量大的交通设施，依据换乘量大小，距离依次渐远。换乘量指主体交通设施和换乘设施之间的换乘量。换乘量越大，距离越近；换乘量越小，距离越远。

在近大远小的基础上还需强调公交优先，主要体现在大运量轨道交通和载客率较高的地面公交优先方面。首先，枢纽主体设施具有客运量大、客流集中的特点，大运量公共交通符合这种客流特点，特别是旅客集中离散过程，公共交通可实现客流的快速疏散。如城市轨道交通与城际轨道交通同属轨道运输方式，运量大，班次化运行，通过立体化站台换乘使枢纽实现最紧密的换乘衔接。轨道交通由于客运量大，运行时间准确，是主体设施重要的换乘载体。考虑到枢纽的换乘效率，城市轨道交通车站和主体设施的关系十分紧密。因此，总体布局轨道交通站一般采用无缝换乘型，就近在主体设施布设。这种布局优势在于与主体设施实现就近换乘。

城市轨道交通车站一般布置于主体设施地下，作为与主体设施换乘量最大的换乘设施。这种布局形式的特点是换乘距离最短，旅客不出主体设施就可以换乘，符合“近大远小”的原则。一般轨道交通位于地下空间，可通过竖向交通实现不同交通工具之间的转换。大运量公交优先，中低运量公交场站靠近主体设施布局，优先设置在站前广场距离车站进出口较近处，方便旅客步行换乘。由于公交车辆爬坡能力、拐弯半径大等因素，中低运量公交场站一般设置在地面层。

2. 紧凑集约

为确保城际铁路客运枢纽换乘方便，集约高效，枢纽总体布局应尽量紧凑，采用立体布局、垂直换乘、水平贴临等方式。大型城际铁路客运枢纽主体交通设施所需空间往往较大，在平面布局模式下枢纽自身因素导致换乘距离过长，会大大降低旅客换乘效率和服务水平。采用立体布局策略，将各类设施上下叠合，使平面距离上换乘转变为立体式上下换乘，使换乘流线变得短捷，同时有效控制枢纽占地规模。旅客通过自动化换乘工具在枢纽核心建筑本体内进行垂直换乘，具有较高的换乘效率和舒适性。立体式竖向布局会受到设施的使用特性和建设费用等因素的制约，例如有些设施因技术或使用原因无法高架或设于地下，竖向布局建设成本也高于水平布局，因此枢纽在使用竖向布局同时还需采用一定的水平布局。水平贴临、无缝衔接是枢纽水平布局的主要策略。尽管枢纽往往由不同部门投资建设、运营管理，但旅客换乘应系统统一，高效便捷。水平贴临、无缝衔接充分利用毗邻枢纽主体设施的空间资源，可为便捷的枢纽换乘系统提供保障。

3. 多方向分散化

城市铁路主导型综合客运枢纽设施布局应遵循“多方向、分散化”原则，设置多通道、多出入口、多车道边等。单向通行组织可避免人流相互冲撞，通行效率更高。但仅设置单条通道会增加换乘距离，且换乘可靠性较低，若发生拥堵、事故等突发情况，则会造成换乘系统瘫痪、旅客误车等负面影响。因此，重要的换乘集散通道应设置多方向换乘通道，提供备用选择不仅可在故障模式下保障基本的使用，还有利于应对高峰客流情况下的多方向分流，同时多通道还有利于旅客换乘不同交通方式时选择最短换乘路径，以缩短旅客换乘距离。

4. 递进疏散

城市铁路客运枢纽客流疏散应采用逐级分流、设置缓冲区及利用商业设施进行疏散等方式。城际铁路客流量大以及商业综合开发的特点要求枢纽客流集散要逐级实现分流。短时流量高峰效应容易造成客流的拥堵和积压,设置逐级分流可形成客流疏散缓冲区域,降低旅客流率和密度。枢纽与商业、办公等综合功能集中于一体,枢纽换乘不应局限于传统的交通功能,还应满足旅客购物、休闲、餐饮等需求。综合商业设施主要集中设置在枢纽上部和平面毗邻枢纽,如日本名古屋车站上盖物业,商业与车站通过垂直通道连接,旅客在车站可直接换乘进入商城。

5. 适度立体化

城市铁路主导型综合客运枢纽建设应适度立体化,上轻下重、适度利用地下空间。车流道路高架的造价约为旅客道路高架的 10 倍,轨道交通高架的造价约为车流道路高架的 10 倍。因此,枢纽立体布局最经济的方式是将人、车、轨道分层布设,将较轻的设施布设在枢纽上部。立体化开发有利于提高枢纽集散交通的空间资源和用地集约化程度,特别是与城市轨道交通的衔接。通过不同立体层面设置转换区、停留区,可减少不同交通流之间的相互交叉和干扰。同时地下空间开发增加了枢纽换乘的立体层面,缩短了旅客换乘距离。

6. 用户友好

城市铁路主导型综合客运枢纽内部应增加空间方向感,做到旅客流线简洁、易识别。城际铁路客运枢纽换乘量大,换乘流线较多,枢纽换乘衔接系统应注重换乘空间的通透、宽敞、具备较强的方向感,便于旅客识别和定位,换乘交通设施应增加可视性。换乘流线应简洁清晰、易识别,转弯宜少(《地铁设计规范》明确规定地下通道的弯折不宜大于 3 次)。流线应避免迂回,以缩短两种交通模式间的换乘距离。

12.6 衔接换乘设计及流线设计

12.6.1 对外交通设施之间衔接换乘设计

城市铁路主导型综合客运枢纽中与对外交通的换乘大多限于与公路交通的换乘,换乘方式较为多元,一般有站前广场换乘、通道换乘、垂直换乘三种。

1. 站前广场换乘

适用于铁路车站与其他对外交通站点(如:长途客运站)分散布置,铁路车站与其他站厅之间由地面广场连通。其特点是分开设置,结构简单,施工难度相对较小,两种交通站厅不要求同时施工。铁路的线路对其他交通的道路站场没有影响。但旅客行走距离较长,对车站的行李托运服务提出较高的要求。此种布置方式较多地应用于一个建成的交通与一个新建交通的相互衔接。

2. 通道换乘

适用于地面环境复杂,两种对外交通非同时施工、运营的情况。这种方式为施工提供了很大的灵活性,无论是在两交通站点施工阶段还是完工后,都可进行建设。便于连接不相邻的站厅。但由于两站厅空间距离比较大,会引起通道行走距离较长。

3. 垂直换乘

此种布置方式可以避免铁路与其他交通的交叉,铁路车站与其他对外交通站厅集中布置时,旅客在两种交通之间转换的行走距离短,换乘方便,这种方式需要两种交通方式在总体规划阶段就一起考虑,集中布置。两种交通方式的站厅和线路可以同步建设施工,也可以在规划完成后,做好预留、分期完成。法国戴高乐机场与铁路车站 Roissy 衔接,是世界上实现铁路与机场衔接的代表,铁路、机场、城市交通实现了垂直换乘。

以上几类中,对于换乘来说,垂直换乘方式最佳,既能节省了换乘的距离和步行时间,又能在心理上创造了一种较轻松的环境。

12.6.2 对外交通与市内交通设施衔接换乘设计

对外交通与市内交通设施换乘设计指对外交通系统(火车、长途汽车、飞机等)与城市内部交通系统(地铁轻轨、中低运量公交、出租车等)之间的换乘。铁路主导型综合客运枢纽与城市客运交通换乘所选择的交通工具有轨道交通、地面公交、出租车、小汽车、自行车等。枢纽内相应的交通换乘设施有轨道交通站、公交枢纽、出租车停靠点、小汽车停车场等。

1. 城市轨道交通与铁路衔接换乘

根据城市轨道交通车站设置与铁路综合车站主楼的关系,轨道车站与铁路客运枢纽的衔接主要有四种布局类型。

(1)在铁路客运枢纽的站前广场地下单独修建轨道交通车站,站厅通道的出入口直接设置在站前广场,再通过站前广场与客运站衔接。

(2)轨道车站的出口通道直接通到客运站的站厅层,乘客出站后就能进入客运站的候车室或售票室。

(3)由轨道车站的站厅层直接引出通道至铁路客运枢纽的月台下,并通过楼梯或自动扶梯与各月台相连,乘客可以通过此通道在轨道交通与铁路客运之间直接换乘,只是换乘步行距离较长。

(4)轨道交通与铁路客运联合设站。联合设站的最佳衔接方式是实现两种客运方式同站台换乘。这种形式依据两者站台的设置方式可分为两种情形:两者的站台平行设置在同一平面内,再通过设置在另一层的共用站厅或者连接两者站台的通道进行换乘;轨道车站直接修建在铁路客运枢纽的站台或站房下,乘客通过轨道车站的站厅就能在两者之间换乘。

2. 中低运量公交与铁路衔接换乘

中低运量公交是城市铁路综合客运枢纽内外交通换乘衔接的重点,其固定投资少、运行路线灵活,适合于客流不大的中短距离出行。在短时间内,轨道交通在国内的一些大中城市中不能成为铁路客运枢纽中的主体集散方式,这个任务只能由中低运量公交来承担。铁路客运与市内中低运量公交的衔接设计必须保证换乘过程的连续性、客运设备的适应性和客流过程的舒畅性三个系统条件,乘客完成铁路客运与中低运量公交之间的中转换乘应是一个完整的连续过程。

(1)基本衔接换乘

铁路综合客运枢纽周边地区中低运量公交线网由始发线路和途经线路共同组成,且集中布置一个换乘枢纽站和分散布置一些换乘停靠站。城市中低运量公交与铁路客站协调的必要条件是保证在列车密集到达时,城市公交应在短时间将乘客疏散。即客站的疏散能力应比集结能力更为重要,从城市中低运量公交线网和枢纽换乘站场的布局模式来看,主要有以下三种衔接模式。

①放射—集中布局。中低运量公交线网主要以铁路客运站为中心成树枝状向外辐射,并于车站邻接地区集中开发一块用地用作换乘枢纽站场,作为各条线路终到始发和客流集散的场所。由于始发线路多,常规公交线网运输能力大,乘客换乘方便且步行距离较短,行人线路组织相对简单,对周围道路交通的影响也较小,但换乘枢纽站场用地较大。适合于换乘客流较大的客运专线中心站。在线侧式客运专线中心站,可以将公交站点设置在站前广场,到达场靠近进站口设置,发车场靠近出站口设置;在线上或线下式车站中,易将到达场分开设置于地面进站口处,发车场分开设置于出站口处。

②途经—分散布局。中低运量公交线网由途经线路组成,公交停靠站分散设置在铁路客运站周边的道路上。该布局不需设置用地规模较大的换乘枢纽站场,但线网运输能力较小,部分乘客换乘步行距离较长,行人线路组织相对复杂。换乘客流较大时,此布局模式对周围道路交通有一定的影响,因此反适合于换乘客流较小的枢纽。

③综合布局。此种布局模式是上述两种布局模式的复合形式,线网由始发线路和途经线路共同组成,且集中布置一个换乘枢纽站和分散布置在一些换乘停靠站。对于规模较大的对外客运枢纽来说,一般采取这种衔接布局模式。

三种衔接模式的共同特点是:铁路客运枢纽的到达客流是通过枢纽周围的公交线网向城市各个方向扩散的。密集的客流对城市公交的影响集中在站前广场,且客流对广场以及公交站点容易造成周期性的紧张和拥挤。公交车辆在站前广场过于集中,对枢纽地区的交通影响很大。如广州火车站公交线路过于集中,使得火车站从某种程度上来说,已经不仅是一个内外客运换乘枢纽,而且是市内客流换乘枢纽。

(2)与中低运量公交的衔接方式

①公交中途站

公交中途站有直线式和港湾式两种,一般上下行错开,但不宜超过50m。如果道路宽度大于22m,可以不错开。公交中途站选址应充分考虑乘客上下车和与客运专线中心站换乘方便程度,选择在客流集散点进出站通道附近,应纳入城市道路、交通工程项目统一规划、建设,在规划上不要求预留用地。公交中途站通过站前广场或利用地下通道、天桥与客运专线中心站衔接。路边停靠站换乘示意如图12-8所示。

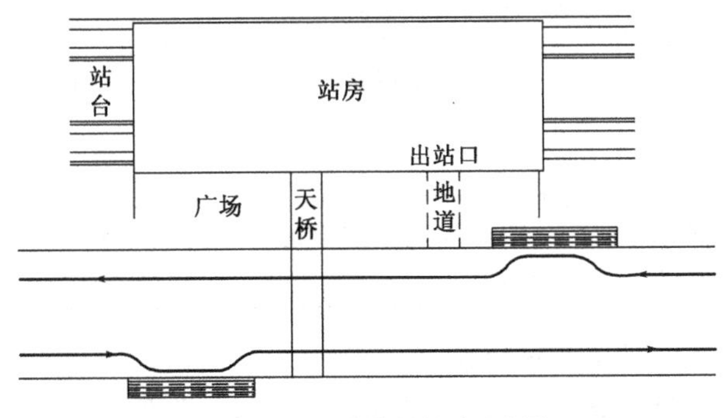

图12-8 路边停靠站换乘示意图

在站前广场不设置地下通道或者天桥时,乘客出站后通过站前广场,到达停靠站,将在站前广场形成新的交叉点,特别是客流量大时,容易产生拥堵。

②大型接驳站

客运专线中心站配置的部分公交线路完全可以采用路边停靠站,减少建设的投资。但客运专线中心站因连接众多的公交线路,路边停靠站已远远不满足要求时,宜采用大型接驳站的方式。大型接驳站宜设于客运专线中心站200m范围内,有条件时可考虑与客运专线中心站合站。站内形成多个站台的方式,每个站台均从地下通道与客运专线中心站相连接,其方式又分为分设和合设两种。

分设方式,是将公共汽车到达场(乘客下车区)在临近车站进站口设置,将公共汽车发车场(乘客上车区)在临近车站出站口设置,这种设置方式较适合客运专线中心站(图12-9)。合设方式中,公交站的设置主要从进站客流相对分散,而出站客流却非常集中来考虑。为方便换乘,减少出站旅客换乘常规公交的行走距离,一般将公共汽车到发场设置在出站口附近,这种方式多用于客流较小的客运专线中心站。一般将出站厅与到发场通过地道衔接(图12-10)。

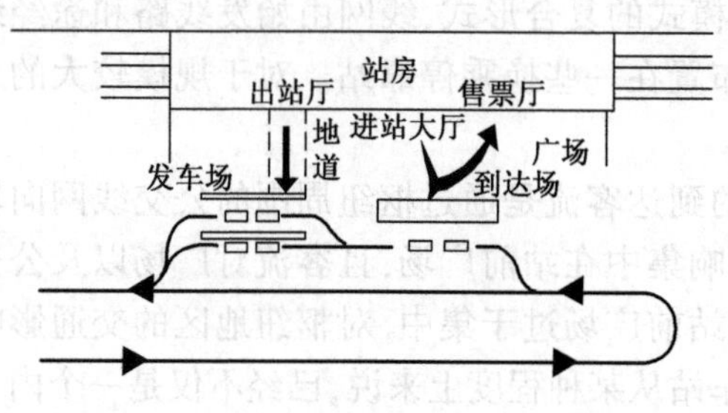

图12-9　大型接驳站分设方式换乘示意图

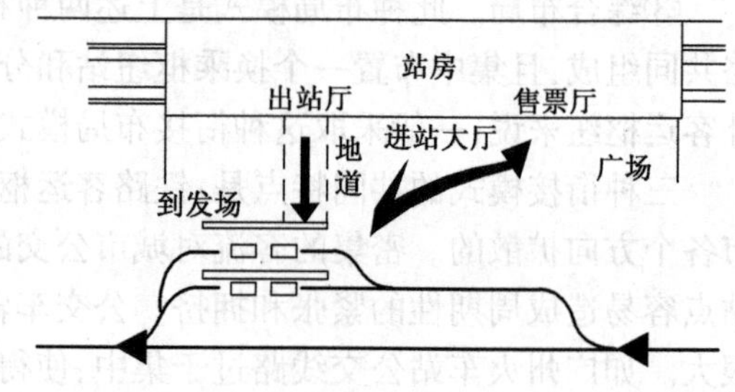

图12-10　大型接驳站合设方式换乘示意图

根据表12-7所示优缺点比较,从方便大多数旅客进出站的原则出发,公共汽车到、发场分设的方式在公交线路较多的客运专线中心站具有一定的优势。公共电车的到达场和发车场同公共汽车一样,可以合设也可以分设,乘客的下车站台和上车站台的设置也同公共汽车类似。公共电车到达台位和发车台位可与公共汽车统筹考虑。

常规公交接驳站两种布置方式的优缺点对比分析　　表12-7

设置方式	分设	合设
优点	旅客车站进站、出站客流分开;公共汽车场内上下车客流分开;流线通畅、功能明确,避免两股法向客流交叉;铁路旅客换乘便捷、效率高,步行距离短	常规公交汽车到发场集中,便于管理,节省人力;市民换乘不同线路公交汽车方便
缺点	公共汽车到发场分散,增加公交管理人员;换乘不同线路公交不方便;多条公交线路到达过于集中,车站出入口易拥堵	旅客进站、出站和公共汽车下车、上车两股反向车流在公共汽车场内交叉干扰;铁路进站旅客步行距离长

3. 出租车、社会车辆与铁路衔接换乘

出租车、社会车辆与铁路客运枢纽有三类衔接方式:一是停车场设置在站前广场地面;二是停车场设置在站前广场地下;三是出租车停车场和社会车停车场分别设置在站前广场地面或地下。

(1)停车场设置在站前广场地面

这种衔接方式需要站前广场有较大面积,站前广场是平面布置,没有高架和地下空间开发。出租车停车场位置尽量靠近站房,出租车下客区位置靠近进站口,上客区位置靠近出站口。社会车停车场位置靠近进站口,以减少旅客进站步行距离。

(2)停车场设置在站前广场地下

这种衔接方式适应于目前铁路主导型综合客运枢纽发展的趋势,可以节省用地、提高换乘效率。在该种设置方式下,旅客在进站口下客后通过匝道进入地下停车场,上车后再通过匝道到达地面从而离开客运站。

(3)停车场分别设置站前广场地面、地下

在地下面积不足时可以考虑这种方式,应结合停车需求量、站前广场、车站站房布局,与城市主干道衔接方式等特点来综合分析布设停车场。

在大型铁路主导型综合客运枢纽站也可不设出租车专用停车场,可以接、送客合用站台,如广州站只设有接、送乘客区,接客区为"U"形,候客车辆排队进入,如果接客区已停满,后到达的出租车则不得进入。对于流量特别大的大型铁路主导型综合客运枢纽,一般把出租车停车场、接客区和送客区分开设置。因出租车受上下坡和转弯半径的控制较小,在大型综合客运枢纽内可以利用高架匝道或地下坡道把出租车的上下客区域放在更靠近进出站的位置,形成立体交通方案。

4. 自行车与铁路衔接换乘

在城市铁路主导型综合客运枢纽内,自行车应与机动车一样,从设计到管理给予全面、专门的筹划。轨道交通与其他方式衔接换乘如图 12-11 所示。

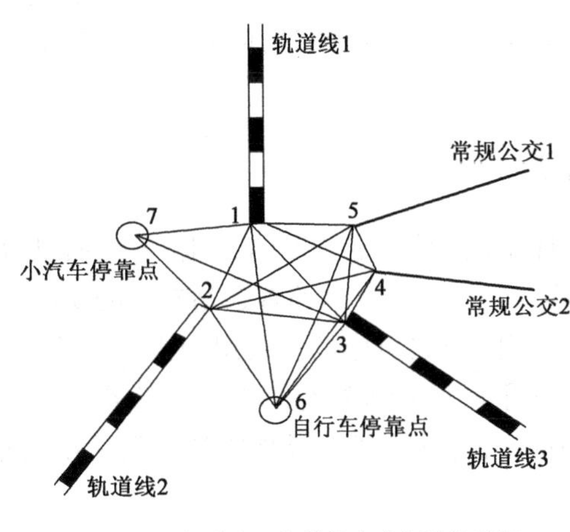

图 12-11 轨道交通与其他方式衔接换乘图

铁路主导型综合客运枢纽规划中自行车场的选择一般比较单一,均设置在地面上。停车场面积要根据自行车容量来考虑,尽量在满足要求的同时节省用地;自行车停车场位置选择要根据铁路综合客运枢纽布局、自行车停车需求,以及主干道衔接方式等因素综合考虑,结合用地情况来布置出入口位置,消除或降低自行车的进出对其他车辆或行人的影响,避免自行车与其他交通方式之间的冲突;自行车停车场要明确界线,防止越界停车对行人和其他交通产生干扰。提倡对自行车停车实行免费政策,指派专人看管,为自行车换乘的安全提供保障。

12.6.3 步行联络空间一体化组织设计

步行交通是铁路主导型综合客运枢纽核心区范围内最主要的接运方式,通过步行的接驳可实现交通设施之间良好的衔接与换乘。

步行空间体系是由步行空间要素组成的具有层次结构的系统。步行空间要素根据不同的功能分为界面空间、联络空间、停留空间三类。界面空间是指步行交通流向其他交通工具转变的集散空间,它也是换乘设施间转换的步行媒介,如火车站站前广场、地铁站厅、火车站高架步行平台、铁路站出站口的下沉式广场、公交车站站台等,它是承担通过性人流功能的步行空间。联络空间是指联系车站及建筑物之间的非停留性空间,包括地下、地面、高架三个层面(图 12-12)。

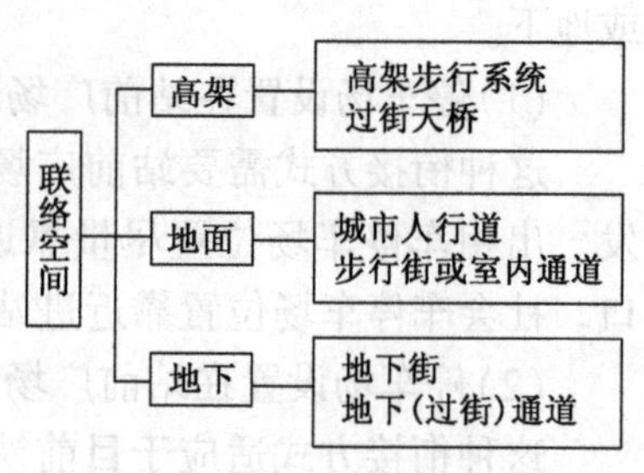

图 12-12 铁路综合客运枢纽地区步行联络空间

铁路主导型综合客运枢纽地区的步行联络空间主要是方便场站设施及建筑物之间的非停留性空间的衔接,满足交通枢纽地区一体化衔接换乘及实现枢纽地区空间结构的一体化。铁路综合枢纽地区步行空间是以人行步道为主干的公共空间体系。衔接规划布局的内容包括枢纽合理步行区内的人行步道系统、过街设施和人车分离设施的规划设计,导向指示标志设置以及步行线路组织设计等。

铁路主导型综合客运枢纽地区步行联络空间设计有以下要点:

(1)考虑安全性,进行旅客人流与非旅客人流、通过性人流与停留性人流的分离;对步行空间立体化、系统化,地下、地面、高架进行整体规划,形成独立的步行网络,实现完全的人车分离;分离的措施有多种,目前我国铁路主导型综合客运枢纽采用的措施与方法是用不同高程、绿地阻隔、不同地面铺装、行道树、栅栏等设施来分离步行通道与机动车道,或是综合运用多种方式来分离。

(2)考虑连续性,旅客自出站到换乘的交通工具场站直至上车过程中,都应有明确的步行通道供旅客行走。其中,在过街或穿越马路时,要根据流量大小来施划人行横道标线宽度或设置过街天桥和人行地道,给旅客过街带来方便。

(3)考虑舒适度,步行通道的地面应尽可能平整、宽畅、明亮。在雨天或夏天,尽可能减少步行旅客在步行过程中的日晒雨淋。在有上下楼梯或不同层面间换乘时,应有自动扶梯帮助年老体弱者完成换乘。

12.6.4 铁路主导型综合客运枢纽流线设计

流线设计是对建筑空间的布局组合采用其他设计手法,对特定范围的人流、车流加以分类、组织、引导,形成有秩序、有目的的流动线路的过程。单一方式的铁路客运站布局的功能分区较简单,站前广场、站场和站房往往在平面上依次展开,与之对应的流线组织也相对简单。站前广场是主要的换乘场所,车流和人流的组织一般在平面广场进行组织即可。随着铁路主导型综合客运枢纽功能综合化、客流量规模化程度的提高,各种流线类型及换乘组织关系更加复杂和多元,对流线组织的要求越来越高。

1. 流线设计原则

铁路主导型综合客运枢纽的流线设计需结合枢纽主体建筑布局及各类流线特点,在枢纽功能空间从平面布局进入站房、广场和站场立体化阶段,与之对应的流线组织也从二维转变为多维。站前广场通过设置高架落客平台等途径实现交通组织立体化,进、出站的流线分层设置,有多向进口和多向出口,避免与人流的相互干扰。利用高架、地面和地下三个层面组织流线,使得各类车辆的客流换乘衔接点尽可能靠近车站出入口,缩短旅客换乘距离,满足即到即走的客流需求。流线设计的总体原则有以下三个方面。

(1)立体换乘、互不交叉

流线设计应避免各种流线相互交叉、干扰,充分考虑进出站的流程和需求特点,采用立体疏解、人车分离、互不交叉的组织方式。

(2)短捷合理,避免迂回

换乘距离短捷合理是流线设计的基本要素,应最大限度地缩短旅客换乘中的走行距离,避免迂回绕行,交通衔接设施采取水平贴临设计。

(3)明确清晰,易于识别

铁路主导型综合客运枢纽占地面积广,换乘距离相对较长,对于流线较长且复杂的情况,流线设计应将明确清晰放在首要位置。

2. 行人流线构成设计要点

(1)行人流线构成

枢纽内行人流线包括进站、出站流线两种。

进站客流是由各种交通接驳方式汇聚的客流。客流由相应换乘通道汇集到候车厅(进站口),其到达过程较为连续、均匀,且客流提前到达时间较短。因此,与传统单一方式铁路枢纽进出站旅客流线相比,铁路主导型综合客运枢纽进站客流多为通过式,等候滞留时间短,可由接驳交通直接进入候车厅,流线更加简洁,如图 12-13 和图 12-14 所示。

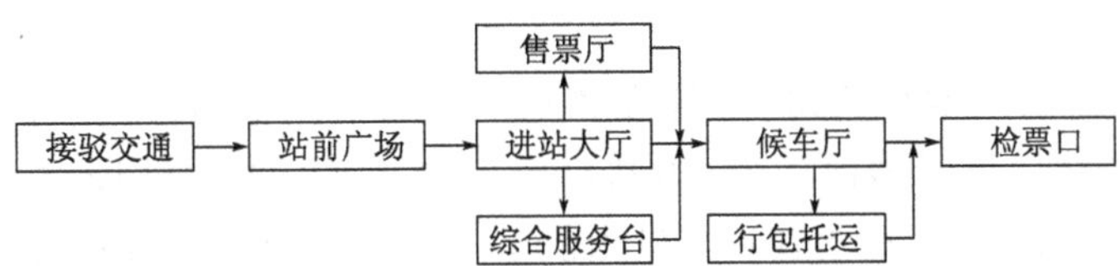

图 12-13 传统铁路客运枢纽进站旅客流线组织图

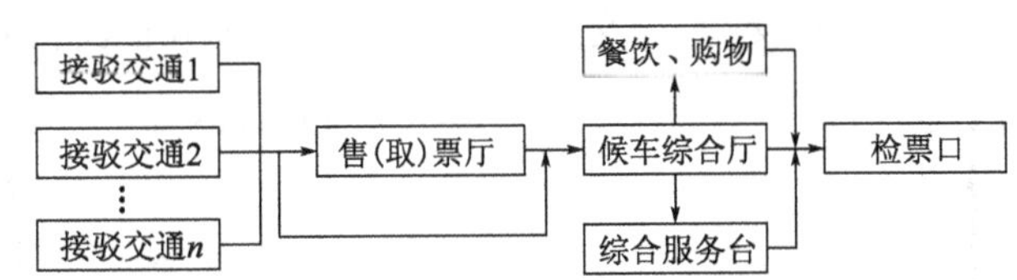

图 12-14 铁路综合客运枢纽进站旅客流线组织图

出站客流是指旅客从铁路出站至换乘接驳交通的整个过程,旅客具有人流集中、密度大、走行速度快的特点。出站旅客除直接换乘接驳交通工具外,可选择分散至枢纽综合体进行购物、休闲、餐饮等活动。如图 12-15、图 12-16 所示。

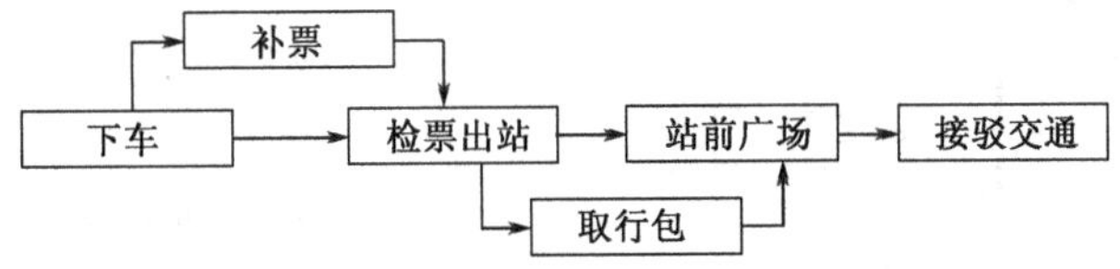

图 12-15 传统铁路客运枢纽旅客出站流线组织图

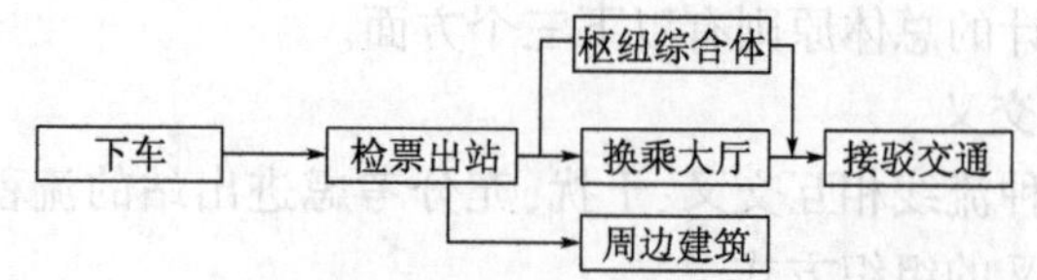

图 12-16　铁路综合客运枢纽出站旅客流线组织图

（2）行人流线设计要点

铁路主导型综合客运枢纽行人流线设计的要点包含以下几个方面：

①应以铁路旅客进出流线为主导，将各种流线各行其道，尽量避免各种流线间的相互交叉干扰。

②大型枢纽应考虑进站旅客流线与出站旅客流线相互分离，以及枢纽集散客流、市内交通转换客流、商业等其他非交通换乘客流的流线分开。

③最大限度缩短旅客在站内的步行距离，避免流线迂回，优先考虑缩短旅客进站和出站路径。

④尽量避免旅客出站人流的拥挤，大型枢纽需布置多个旅客出口，提高高峰旅客疏散能力。

⑤流线组织要具有一定的灵活性，既要考虑一般情况下客运流线组织，也要考虑节假日、春运、暑运等特殊情况下的客流组织；既要考虑正常旅客需求，也要考虑多种特殊旅客的需求。

⑥应考虑枢纽进出口与城市地铁、轻轨、周边核心建筑的布置，处理好主要客源点与行人流线的衔接。

铁路综合客运枢纽大部分为地上、地面和地下多层立体布局，旅客进出站采取“上进下出”的组织方式，进站口位于地面二层，出站口位于地下层。进站过程中，小型车辆，如出租车、社会车通过高架二层车道边落客直接进入候车厅。公交场站进站流线需通过平面＋垂直方式到达进站口。城市轨道交通和停车换乘位于地下层，与地面二层进站口换乘距离相对较长，流线需跨越多个立体层面。出站过程基本采用“下进下出”的组织方式，旅客在出站口到达地面层和地下层乘坐城市轨道交通、公交、出租车和社会车离开枢纽，如图 12-17 所示。

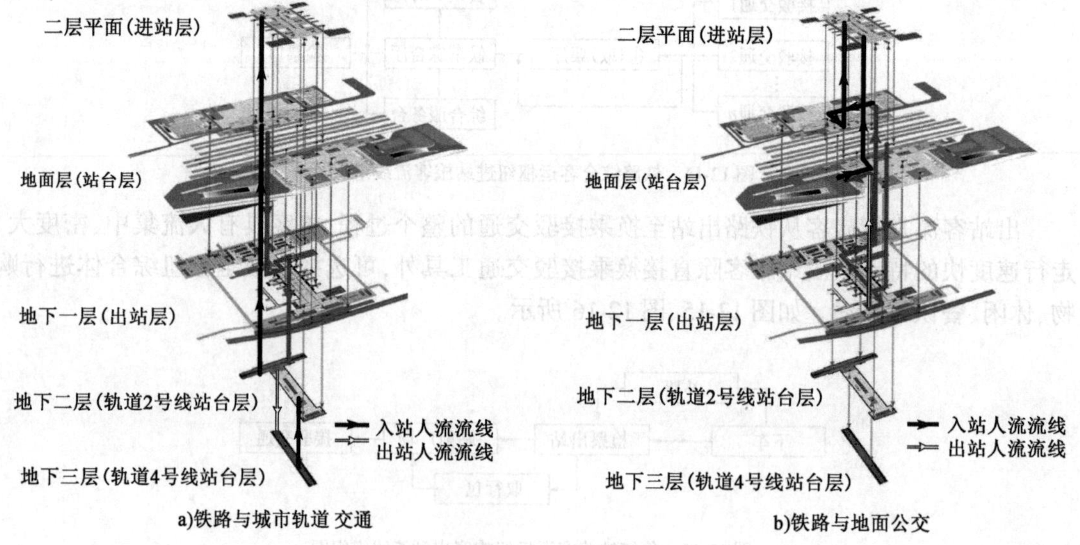

图　12-17

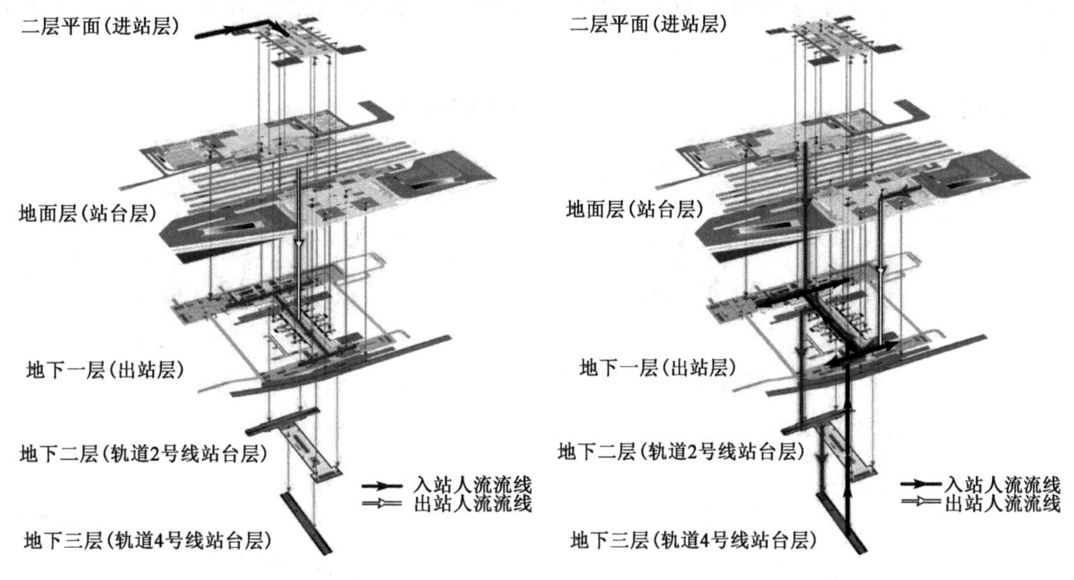

c)铁路与出租车、社会车　　d)城市轨道交通与地面公交

图 12-17　中央型铁路主导型综合客运枢纽旅客换乘流线图

注:背景图片引用自中国城市规划设计研究院编制的《苏州火车站综合交通客运枢纽规划》

3. 车辆集散流线组织要点

铁路综合客运枢纽车辆集散流线包括公交车、出租车、社会车和非机动车流线,各方式组织要点如下。

(1)公交车流线组织

公交车辆在周边集散道路的流线组织宜采用线路较为顺直的组织方式,避免线路曲折迂回。在车辆通行量较大情况下,左转或右转将对交叉口产生较大交通负荷,并干扰和影响其他类型车辆的通行。公交车辆接入枢纽内部,流线组织应简短、明晰。公交接驳功能组织区采用地面层设置方式,与步行广场相结合。

(2)出租车和社会车流线组织

出租车和社会车由于交通性质类似,其交通流线组织基本相同。与周边路网衔接可采取多级分流、合流的交通组织方式,对部分交通流量较大路段可采取单向交通组织策略,在枢纽核心区周围路网形成微循环系统,提高路网整体的交通通行能力。大型枢纽多采取立体化分层交通组织,出租车和社会车分别在地上二层和地下层进行衔接,站内车辆运行需从二层高架通过匝道至地下层。同时,出租车和临时停靠上下客的社会车流线需较停车换乘流线更靠近车站主要旅客出入口。

(3)非机动车交通组织

非机动车交通组织宜与枢纽地区慢行道路系统相结合,流线应尽量避免与机动车交通流线的相互交叉和干扰。枢纽内部非机动车流线宜在地面一层平面或在地下夹层进行组织,外出入口设置宜与机动车出入口相分离。

铁路主导型综合客运枢纽各类交通流线组织应根据流线性质和交通功能需求,以沪宁城际苏州站为例,其各类车辆流线组织如图 12-18 所示。应结合枢纽周边路网和用地开发的实际情况，实现快慢分离、多级分流的接入体系，并在枢纽核心区形成微循环系统，满足不同方向与枢纽主体设施的顺畅连接。

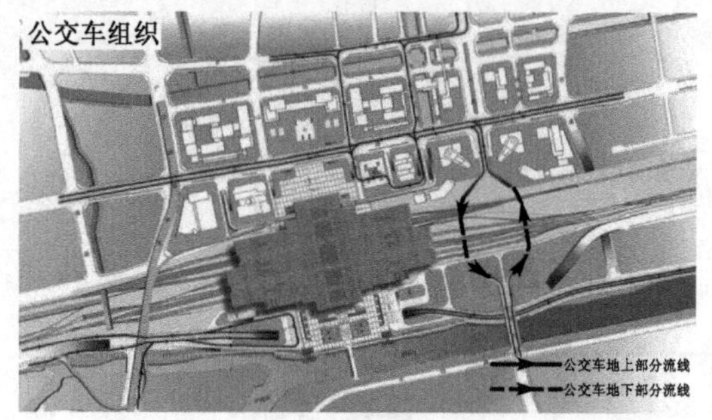

a)公交车流线组织

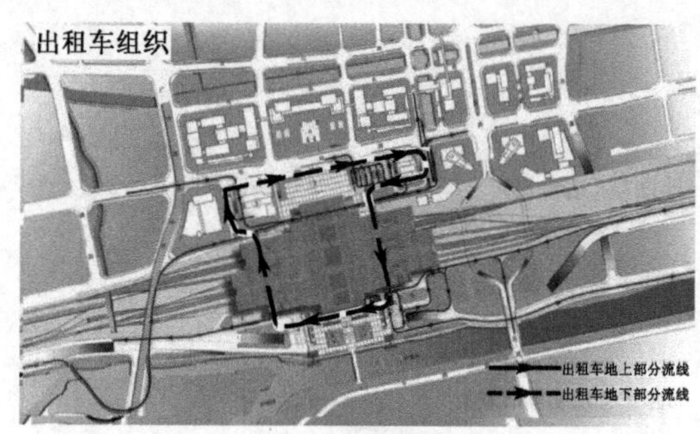

b)出租车流线组织

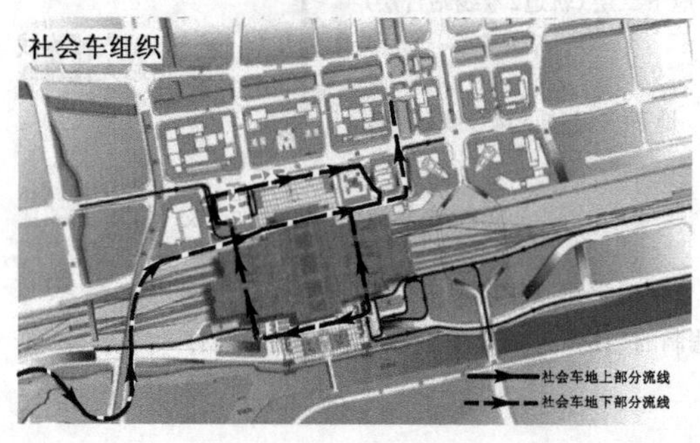

c)社会车流线组织

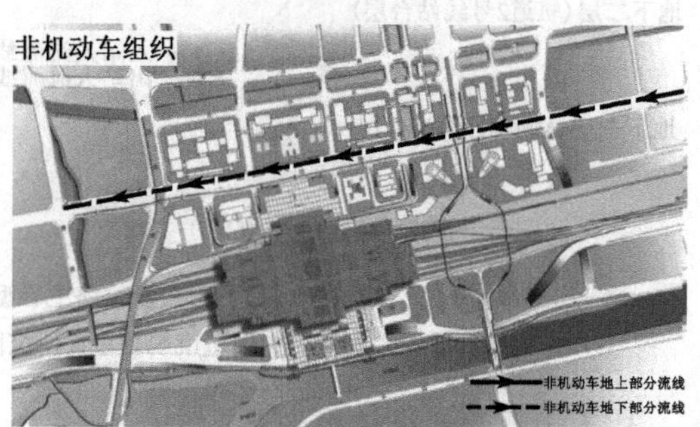

d)非机动车流线组织

图 12-18　铁路综合客运枢纽各类车辆流线组织图

【复习思考题】

1. 阐述铁路主导型综合客运枢纽规划对应城市规划各阶段的规划内容。
2. 简述铁路主导型综合客运枢纽系统构成。
3. 铁路主导型综合客运枢纽设施规模测算的基本指标有哪些？具体的内涵是什么？
4. 铁路主导型综合客运枢纽交通衔接设施有哪几类？其规模如何计算？
5. 铁路主导型综合客运枢纽内交通衔接设施如何布局？需遵循哪些原则？
6. 对外交通设施之间衔接换乘有哪几种类型？分别具有怎样的特征？
7. 铁路主导型综合客运枢纽空间布置形式有哪些？请谈谈各自的优缺点及适用性。
8. 简述铁路主导型综合客运枢纽行人流线设计要点。
9. 简述铁路主导型综合客运枢纽各类车辆流线组织要点。

第 13 章

客运枢纽信息系统规划与设计

客运枢纽信息系统是枢纽建筑与旅客、枢纽管理者与旅客之间密切联系的媒介,将旅客、枢纽管理者和枢纽建筑加以紧密联系。通过客运枢纽信息系统,旅客可在出行的各个环节得到完善的出行信息服务,方便制定便捷的出行方案;枢纽管理者可对枢纽进行一体化运行管理,保障枢纽的安全、高效运营,充分发挥枢纽的交通节点功能。本章主要分析客运枢纽信息系统的需求与功能,阐述信息系统的总体方案设计与各功能模块设计内容,介绍信息系统管理模式及建设、投资、运营阶段的管理要求。

13.1 信息系统需求分析

13.1.1 旅客信息服务需求分析

1. 旅客出行信息需求分析

旅客出行不局限于某一种交通方式,可以组合多种交通工具或多条线路,选择一套最为便捷的组合方式出行方案,从始发地到目的地,可能需要换乘多种交通工具。枢纽内的各种交通方式都只是旅客出行过程中的一个环节,需将各种交通方式联合起来,共享运营信息,形成统一的信息服务平台，通过互联网、电话咨询中心、触摸屏查询终端等多种媒介统一向旅客提供枢纽的综合运营信息。

根据旅客出行环节与枢纽的空间关系，可以把旅客分为计划出行旅客、在途旅客和枢纽内旅客。计划出行的旅客是指有出行计划、尚未出门的人群；在途旅客是指正乘坐前往枢纽的交通工具，即将通过枢纽出行的人群；枢纽内旅客是指正在枢纽区域内准备通过枢纽出行的人群。处于不同出行环节的旅客对交通信息有不同的需求。

(1)计划出行旅客

计划出行旅客一般都通过远程媒介访问枢纽信息系统，其目的通常是想了解相关交通方式的线路图、时刻表、票价、票额、里程等运营信息，以及枢纽的空间布局和服务设施，以便制定出行计划方案。因此，枢纽信息系统应该向计划出行的旅客提供枢纽内各种交通方式的线路图、班(列)车时刻表和票价、余票、班(列)车晚点等动态信息，与出行有关的气象、旅游、宾馆、乘车规章等相关信息，以及枢纽的地理位置、空间布局、服务内容、周边地理等信息，并提供远程购买火车票、长途汽车票等服务。

(2)在途旅客

在途旅客按照出行目的的不同分为6类，分别是：通过枢纽中转的市外旅客；通过枢纽离开所在城市的旅客；通过枢纽进入枢纽所在城市的旅客；前往枢纽购买车票的旅客；前往枢纽接人的旅客；通过枢纽换乘市内交通工具的旅客。

出行目的的不同决定了各类在途旅客所需要了解的枢纽信息也不相同：

①通过枢纽中转的市外旅客或通过枢纽离开所在城市的出行者主要想了解枢纽的售票信息和检票信息，以便提前制订旅行计划。

②通过枢纽进入枢纽所在城市的出行者想了解前方城市的公共交通线路情况或枢纽周边地理信息，以便提前选择换乘交通工具。

③前往枢纽购买车票的出行者主要想了解所购买线路或班次的票额信息和票价信息，以便及时变更买票计划。

④前往枢纽接人的出行者主要想了解客人所乘车辆的到站时间和停靠位置，以便及时接站。

⑤通过枢纽换乘市内交通工具的出行者主要想了解可以换乘的交通工具。

(3)枢纽内旅客

枢纽内旅客身处枢纽内部，一般希望通过枢纽信息系统了解枢纽的空间布局、服务内容、各种交通方式的运营信息、周边枢纽的相关运营信息等，以便合理安排在枢纽内的行动路线和下一步出行计划。

枢纽内各类旅客的综合出行信息需求如表13-1所示。

枢纽内各类旅客的综合出行信息需求表 表13-1

信 息 类 别	需求信息或服务
静态信息	1. 枢纽基本情况介绍； 2. 枢纽空间示意图； 3. 枢纽内主要换乘线路示意图； 4. 枢纽内服务设施布局示意图； 5. 枢纽内停车场信息；

续上表

信息类别	需求信息或服务
静态信息	6. 枢纽周边道路交通图； 7. 枢纽周边主要建筑示意图； 8. 铁路列车班次信息； 9. 公路班车班次信息； 10. 城市轨道交通、公交的运营时刻表、交通线路网络图、线路图、票价表
动态信息	1. 铁路车站售票信息（列车车次、终到站、开车时间、票额信息等）； 2. 铁路车站检票信息（列车车次、候车室等）； 3. 铁路列车到达信息（列车车次、始发站、到达时刻、停靠站台、到站状态等）； 4. 公路客运站售票信息（班车终到站、途经站点、发车时间、票额信息、全程时间等）； 5. 公路客运站检票信息（多次班车车次、候车室等）； 6. 公路客运班车到达信息（多次班车始发站、车牌号、预计到达时刻、到站状态等）； 7. 枢纽周边道路实时路况信息； 8. 政府、部门公告信息； 9. 气象信息、汽车租赁信息等
互动功能	1. 在线、电话或手机购买铁路车票、长途汽车票等； 2. 自动生成交通工具换乘方案； 3. 咨询、投诉、建议等

根据对旅客不同出行阶段的出行信息需求分析可知，旅客出行所需要的出行信息不再局限于某一种交通方式，出行方案的确定综合了多种交通方式的出行信息，或者一次通过枢纽出行的过程中，要搭乘两种以上的交通工具。枢纽信息系统应能使旅客无论访问哪种交通方式都能够获取所需的全部信息，实现枢纽的一体化信息服务。因此，枢纽内各交通方式运营主体应该通过枢纽信息系统建立信息共享的通道和机制，以相同的标准和形式提供各种交通方式信息。

2. 枢纽内旅客引导信息需求分析

综合客运枢纽内各种交通方式场站整合于同一建筑空间内，各方式场站之间边界模糊，也没有明显建筑地标，再加上换乘通道众多，使旅客极易失去方位感。从枢纽内旅客流线和枢纽空间功能区域等方面来研究不同流线上旅客在不同区域的信息需求，可确保在合适的位置为旅客提供恰当的信息。

（1）枢纽内旅客流线分析

旅客对枢纽信息系统的信息需求不仅与其出行流线相关，而且与其所处位置有着密切关系，处于同一流线不同区域的旅客对信息需求是不同的。

以铁路主导型综合客运枢纽为例，根据铁路旅客出行的特点，可把枢纽内旅客分为9类：

①乘坐市内交通工具出城换乘铁路、长途汽车外出的旅客；

②乘坐火车、长途汽车进城换乘市内交通工具的旅客；

③乘坐火车换乘长途汽车的旅客；

④乘坐长途汽车换乘火车的旅客；

⑤在枢纽内进行多种市内交通工具之间换乘的旅客；

⑥乘坐市内交通工具到枢纽接站的市民；

⑦乘坐市内交通工具到枢纽购买车票的市民；

⑧乘坐公共汽车或火车到枢纽接站的旅客；

⑨乘坐公共汽车或火车到枢纽购买车票的旅客。

枢纽内旅客常见的换乘流线如图 13-1 所示。

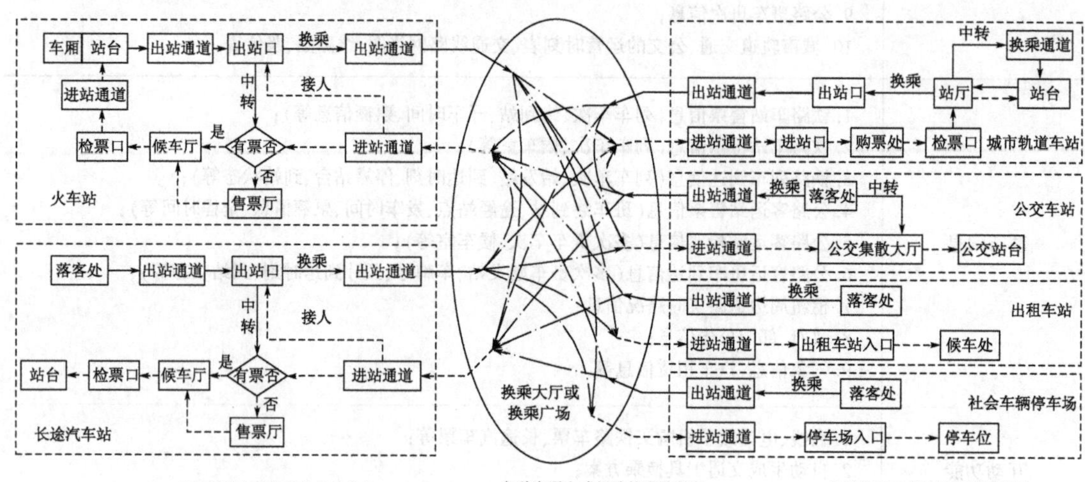

图 13-1 枢纽内旅客换乘流线分析图

(2)枢纽内旅客引导信息需求分析

①枢纽换乘区域需求分析

枢纽换乘区域作为枢纽内各种交通方式场站的衔接过渡区域，旅客流线繁多、人流容易聚集，必须按照旅客流线设置各种静态换乘引导标志和各种交通方式的动态运营信息，以便旅客获取所需出行信息。表 13-2 列出了客运枢纽换乘区域信息需求。

客运枢纽换乘区域信息需求表 表 13-2

序号	交通方式	位　置	需求补充的信息
1	公共部分	换乘大厅、换乘广场、换乘通道	1. 当前时刻； 2. 可换乘交通方式场站方向指示信息； 3. 公共服务设施指示及确认标志； 4. 枢纽主要出口方向指示信息； 5. 枢纽周边主要建筑物方向指示信息； 6. 枢纽出口确认标志； 7. 政府、部门公告、影视娱乐、资讯和气象等信息
2	铁路	前往铁路出站口的通道入口外侧	1. 铁路旅客车站出站口方向指示信息； 2. 列车到达信息（多次列车车次、始发站、到达时刻、停靠站台、到站状态等）
3		前往铁路各功能区的通道外侧	1. 铁路售票处、候车室指示信息； 2. 售票信息（多次列车车次、终到站、开车时间、票额信息等）； 3. 检票信息（多次列车车次、候车室等）

续上表

序号	交通方式	位　　置	需求补充的信息
4	长途客运	前往汽车站出口的通道入口外侧	1. 公路客运站出站口方向指示信息； 2. 班车到达信息（多次班车始发站、车牌号、预计到达时刻、到站状态等）
5		前往汽车站各功能区得通道外侧	1. 汽车售票处、候车室指示信息； 2. 售票信息（多次班车终到站、途经站点、发车时间、票额信息、全程时间等）； 3. 检票信息（多次班车车次、候车室等）
6	城市轨道交通	轨道通道入口外侧	1. 城市轨道交通车站入口方向指示信息； 2. 运营时刻表、交通线路网络图、线路图、票价表
7	中低运量公交	公交进站通道入口外侧	1. 中低运量公交车站进站方向指示信息； 2. 线路表、运营时刻表、线路图、票价表
8	出租车	候车处进站通道入口外侧	出租车候车处方向指示信息
9	社会车辆	停车场进站通道入口外侧	停车场入口方向指示信息

②枢纽独立运营区域需求分析

枢纽独立运营区域的引导系统根据其服务对象不同可以分为两类：一是服务于本方式运营调度的导向系统，二是引导旅客换乘其他方式的导向系统。我国各种交通方式客运场站均制定了完善的导向标志规范，可遵循相关规范设计各交通方式的运营调度导向系统。引导旅客换乘其他方式的导向标志的设计需考虑换乘旅客的动静态信息需求。

枢纽内多种交通方式汇集，旅客可以更加自由地选择出行方式。旅客在任何两种交通方式场站之间的换乘都可能存在。铁路客运枢纽内铁路旅客车站、公路客运站内的出站口、售票厅、候车厅、集散大厅，城市轨道交通车站的站台、站厅，公交车站、出租车站和社会车辆停车场（库）等各种交通方式独立运营区域都应设置完善的换乘引导标志，满足引导旅客前往其他任何一种交通方式场站的需求。

枢纽内旅客换乘通道繁多，换乘旅客对导向标志信息的依赖性很强。为了保证旅客顺利换乘，必须在旅客换乘的全过程为其提供全面、准确的换乘导向信息。换乘其他交通方式的导向标志应该从各种交通方式的下车站台（或下客处）开始设置。

13.1.2　枢纽管理信息需求分析

客运枢纽强调“通过式换乘”功能，以“零距离”换乘为首要目标，枢纽建筑具有空间布局紧凑、旅客流线简短而便捷、换乘设施人性化等特点，为枢纽的高效运营和旅客快速换乘奠定坚实基础。枢纽空间的紧凑和功能的集中对枢纽的运营管理水平提出了更高的要求，枢纽内各种交通方式运营主体必须以枢纽信息为纽带，加强枢纽内各交通方式运营管理和场站管理的协调和联动。

1. 枢纽运营管理特点分析

(1)各种交通方式间换乘特点分析

以铁路主导型综合客运枢纽为例,汇入枢纽的交通方式一般有铁路交通、长途客运、城市轨道交通、城市中低运量公交、出租车等,各种交通方式运行特点各不相同。在枢纽运行过程中,各种交通方式各自发挥所长、相互配合,共同承担起所在城市内外交通的转换工作。铁路交通主要承担长途客运;长途汽车具有承担长途客运和为铁路交通疏散和集结客流的功能;城市轨道交通、城市中低运量公交和出租车主要承担城市内部交通,负责为铁路交通疏散和集结客流。

在枢纽日常运营过程中,不同交通方式间的客流转换存在一定的规律。一般来说,由城市轨道交通、城市中低运量公交和城市出租车等换乘铁路交通和长途客运的客流是逐批汇集到枢纽站,其过程是缓慢、持续的,流量相对比较均匀,而由铁路交通和长途客运换乘城市轨道交通、城市中低运量公交和出租车等的客流是时断时续的,有明显的脉冲性。

(2)枢纽主要作业特点

综合客运枢纽是由旅客、站场建筑、交通工具、管理设备、管理人员等组成的复杂系统,主要运营过程包括乘客到发、交通工具组织调度、站内中转等。其主要作业特点包括:

①旅客流量大且时间分布不均,存在客流高峰;

②站内作业流程复杂,存在旅客拥挤和交通工具、行包密集等问题;

③旅客人员结构复杂,流动性大,不方便管理;

④站场作业涉及不同运输方式和相关政府管理部门,协调、配合要求较高。

综合客运枢纽极易受到各种安全风险事件的影响,某个区域突发安全事件,如自然灾害、安全事故灾难、公共卫生和社会安全等事件时,会影响到整个枢纽体系的正常运转,甚至会造成重大经济损失和重大社会影响。因此,枢纽内各种交通方式运营主体不仅应加强对各自运营区域的监控管理,还应该建立联动管理机制和应急响应处理预案,一旦枢纽内某个区域发生重大灾害性事件,可以快速通知枢纽内相关运营主体,采取应急处理措施。

2. 枢纽场站管理信息需求分析

(1)各种交通方式运营管理信息需求分析

为保证枢纽内旅客能及时疏散,枢纽内各交通方式运营主体之间要建立顺畅的沟通渠道和相应的协调机制,定期沟通与协调,把各自的固定运营计划(包括运能安排和车次时刻表)提供给对方,并提出相应的运能和时刻表衔接建议。同时应建立紧急沟通渠道和协调机制,应对高峰时段或突发事件(恶劣天气、车辆损坏、交通事故)旅客换乘需求。

(2)枢纽应急响应系统信息需求分析

各交通方式场站都是枢纽运营体系的一个环节,会影响整个枢纽的正常生产运营。枢纽管理部门应以枢纽内各种交通方式场站自有应急响应系统为基础,构建枢纽应急响应管理系统。

枢纽应急响应管理系统的主要作用为:与枢纽视频监控系统、消防系统、楼宇设备设施管理系统密切配合,及时发现枢纽内各个区域的各类安全风险事件,或通过枢纽通信系统接收枢纽各方式运营主体上报的安全风险事件,或从上级管理部门或相关业务部门接收可能影响枢纽正常生产运营的安全风险事件,作为枢纽应急响应中心,迅速评估风险事故等级,迅速启动枢纽应急风险事故应急预案，及时与枢纽内各方式运营主体和枢纽外医疗卫生、消防、公安、气象等相关业务部门沟通与协调，并指挥整个枢纽的应急处置工作。

13.2　信息系统功能分析

枢纽信息系统一般应包括以下6个功能：信息共享和交换、综合信息服务、动态引导信息发布、枢纽运营综合监控、枢纽协调指挥、静态换乘标志引导等功能。

13.2.1　信息共享和交换功能

枢纽信息资源共享是综合客运枢纽一体化信息服务和运营管理的基础。枢纽信息系统应设置信息交换与共享平台，不仅能为枢纽内各方式业务运营系统之间信息传递提供统一的交互平台，而且能够确保各交通方式业务运营信息系统的相对独立。

1. 信息的汇聚与管理

枢纽内各交通方式业务运营系统和公安交管、公路调度、旅游管理等信息系统都是枢纽信息系统的数据源，枢纽信息系统与枢纽内外相关信息系统实现网络连接，并根据枢纽信息系统的功能要求和信息共享协议，采集来自各系统的各种静动态性信息，完成多源数据的组织，以保证信息间关系的正确性、可读性，并避免大量的数据冗余。

2. 信息的共享与交换

枢纽内各运营管理主体的业务系统或用户通过枢纽信息系统，按照相关协议及权限分配，向枢纽信息系统提供交通信息，同时也从枢纽信息系统中获取其需要的其他交通方式信息。枢纽外用户通过枢纽信息系统可获得授权开放的信息，以此来实现信息在各交通方式之间交换与共享，使之成为各交通方式业务信息系统的公共信息源。

13.2.2　综合信息服务功能

枢纽信息系统在枢纽信息共享和交换平台基础上建立枢纽综合信息服务平台，充分利用现代通信技术，在旅客出行的各个环节为其提供交互式、全方位、多渠道的咨询、订票、查询、投诉和建议等服务。具体功能要求包括：

(1)电话问询中心：建立枢纽电话问询中心，为广大旅客提供各类语音服务；

(2)客服网站：构建客服网站，为广大旅客提供即时网络接入服务；

(3)触摸屏查询：通过分布在枢纽内各个功能区的触摸屏查询终端，为旅客提供即时信息查询服务。

枢纽综合信息服务平台向旅客提供综合信息服务，服务内容主要包括各交通方式运营时刻表、运营路线图、班车到发站通告、枢纽内环境说明、枢纽内服务设施说明、旅行常识、旅客乘车注意事项、安全提示、天气、旅游、租车、住宿等信息。

13.2.3　动态引导信息发布功能

枢纽信息系统作为独立于枢纽各个运营主体的第三方，根据枢纽一体化运营的需要，超越枢纽内各种交通方式的运营区域界限,在公共区域和其他交通方式运营区域内发布动态引导信息,以方便旅客提前了解出行信息,提高枢纽的服务水平和运营效率。具体功能包括:

(1)跨场站信息发布。根据旅客换乘心理需求,在各种交通方式场站内从旅客下客站台至出口处的通行区域的各个关键点上设置电子显示屏,为旅客提供各种可以换乘的交通方式的检票、到发站、晚点等动态运营信息。

(2)公共区域信息发布。在旅客进出站和换乘公共区域的合适位置设置电子显示屏,为换乘旅客提供各种交通方式的运营信息,包括班次、售票、候车、检票、到发站、晚点等动态运营信息。

13.2.4 枢纽运营综合监控功能

枢纽日常运营综合监控功能是枢纽信息系统中保障枢纽安全、高效运行的关键功能。通过日常视频监控系统,枢纽管理人员可以随时掌握枢纽整体的运行情况,及时发现各种突发事件。具体功能包括:

(1)接入枢纽各个区域监控视频。制定并协调枢纽内部各运营主体之间的视频数据交换标准;对汇集来的各种视频信息和其他检测数据实行统一存储和管理;可以跳跃枢纽内各种交通方式运营区域的视频信息;在枢纽公共区域设置视频监控系统,对其具有全面监控权限。

(2)视频数据的事实分析与报警。具有对视频数据进行实时分析、旅客自动计数报警、物品移动检测报警、旅客逆向行走报警、自适应移动跟踪报警、可疑物检测报警、旅客面部识别报警等功能,以便管理人员及时发现各种突发安全风险事件。

(3)管理人员实时调度指挥。具有与相关管理人员和管理部门直接通话的功能,视频管理人员发现可疑情况后,可以立即通知相关管理人员前往现场处置,或者通知上级管理部门、公安部门、各交通方式运营主体管理人员。

(4)与枢纽其他系统信息共享。与枢纽楼宇自控系统、消防报警系统直接相连,与这两个系统管理人员共享监控信息。

(5)为相关管理部门提供视频数据。为交通行业主管部门、公安部门和其他相关部门提供枢纽日常监控视频信息。

13.2.5 枢纽协调指挥功能

通过枢纽信息系统建设实现枢纽管理部门协调指挥功能,满足综合客运枢纽一体化运营协调管理和一体化应急响应的需求。

日常运营状态下,枢纽管理部门根据各运营主体上报的运营调度计划、实时视频监控数据和历史统计数据,对各运营主体提出运营调度建议,协调枢纽内各种交通方式运力配备和到发时刻的无缝衔接,保证枢纽高效运营。枢纽内各运营主体也可定期召开枢纽运营管理协调会议。

枢纽发生突发事件情况下,作为枢纽应急响应中心,将采集调用到的各种信息通过计算机网络、有/无线通信等多种途径传输到应急响应中心。一方面通过计算机、视频、语音等显示设备和显示控制系统表现出来,使指挥决策人员可及时了解现场发生的情况及事态发展;另一方面,将应急指挥涉及的有关信息在基础的空间地理图形上形象地表现出来,便于指挥和决策人员直观地进行形势判断、形成决策或进行资源调度。

应急指挥中心可以将相关信息向枢纽内相关运营主体应急指挥中心或上级管理部门或消防部门等分发,或从这些系统收集处理结果,并根据事件的发展情况与当地政府或其他相关管理部门进行沟通。

13.2.6 静态换乘标志引导功能

枢纽静态标志要重视旅客换乘需要,应按照旅客换乘流线、枢纽建筑特征、旅客换乘心理等因素,设置完善的静态换乘标志系统,具体要求包括:

(1)静态换乘标志的设置要符合枢纽设计旅客换乘流线,合理组织旅客换乘流向;

(2)静态换乘标志的设置位置要方便旅客快速识别,符合旅客视认习惯;

(3)静态换乘标志的片面信息要简洁、易懂、易记,尊重旅客出行习惯和经验。

13.3 信息系统总体方案设计

13.3.1 系统建设目标

根据枢纽信息系统的需求以及系统所要实现的功能要求,确定综合客运枢纽信息系统的总体建设目标为:

(1)建成枢纽信息系统的数据交换和共享平台、通信网络、各种数据接口,并与政府主管部门、公安交管、公路调度、枢纽公安等相关部门的信息系统互联互通,接入枢纽内各种交通方式运营主体的信息资源,实现枢纽内外各种相关信息资源共享。

(2)整合枢纽内外各种信息资源,建立枢纽综合信息服务平台,为旅客提供一体化的综合信息服务,并提供公路、铁路、水路、航空客运联网售票系统的链接,为旅客提供一站式服务。

(3)整合各种交通方式客运服务系统发布的动态引导信息,拓展信息发布范围和内容,为枢纽内旅客提供更为人性化的动态引导信息服务。

(4)通过枢纽信息系统综合数据支持,为枢纽内相关交通方式运营主体和枢纽外相关部门的辅助决策提供基础数据支持,为枢纽内各交通方式的协调运营和场站联动管理提供支撑。

(5)综合考虑客运枢纽的建筑特点和旅客换乘心理,构建枢纽静态换乘标志系统,为枢纽出行旅客提供更加人性化的引导服务。

13.3.2 系统设计原则

1.统一协调、分块运营的原则

枢纽信息系统的框架体系应与枢纽的运营管理机制相适应。枢纽信息系统是在现有各种交通方式客运服务系统的基础上构建的,枢纽信息系统与各种交通方式现有客运服务系统之间,既相互连通又相互独立。枢纽信息系统主要扮演着枢纽内各种交通方式运营信息共享和交换、日常运营管理及应急指挥协调和为旅客提供一体化综合信息服务的角色,不应介入到各交通方式的业务管理流程中，不影响各交通方式的正常运营。

2. 因地制宜、整合资源的原则

以需求为导向，以枢纽多方式协调运营、综合管理业务为主线，充分利用枢纽内各交通方式运营计划、旅客流量、视频图像、报警信息等信息资源，合理组织枢纽信息系统与各交通方式业务信息系统的衔接，推进枢纽信息资源整合和综合利用。

3. 统筹规划、分步实施的原则

综合客运枢纽信息系统的建设是一个逐步发展，渐次深化、细化的过程，既要兼顾远期可持续的发展目标，更要面对现状的基础条件和主要需求。在规划和设计阶段应尽量一步到位；实施过程中，根据枢纽运营管理需求和管理体制的变革分阶段实现。

4. 兼容性和扩展性相结合的原则

枢纽信息系统接入多种相关信息系统的信息资源，要求具备较好的兼容性，降低系统开发的难度。同时在系统平台建成后，枢纽信息系统提供的信息环境为各方式客运服务系统开发和应用更多功能提供了良好的条件和驱动力，同时也进一步产生了功能的拓展和开发需求，要求枢纽信息系统具有较好的扩展性能，具备深化发展的条件。

13.3.3 系统总体框架体系

枢纽信息系统设计应积极推动枢纽信息资源共享和系统整合，形成与枢纽发展水平相匹配的交通信息化应用环境，不断优化管理手段、提高管理效率、提升服务水平。枢纽信息系统框架体系如图 13-2 所示，通过信息交换平台与枢纽内外各部门相关信息系统对接，对交通信息进行统一汇聚、存储和管理，实现信息在各部门之间的共享与交换，形成满足旅客一体化信息服务和枢纽综合管理的需求。建设网站系统、电话问询系统、触屏查询系统，实现枢纽综合信息服务的功能；建设动态信息显示系统，实现跨场站动态引导信息的发布功能，并与枢纽静态标志系统相结合形成满足旅客出行的信息导乘服务；建设视频监控系统，满足枢纽运营的监控需求；建设广播系统、通信系统和应急协调指挥系统，满足枢纽协调指挥功能。

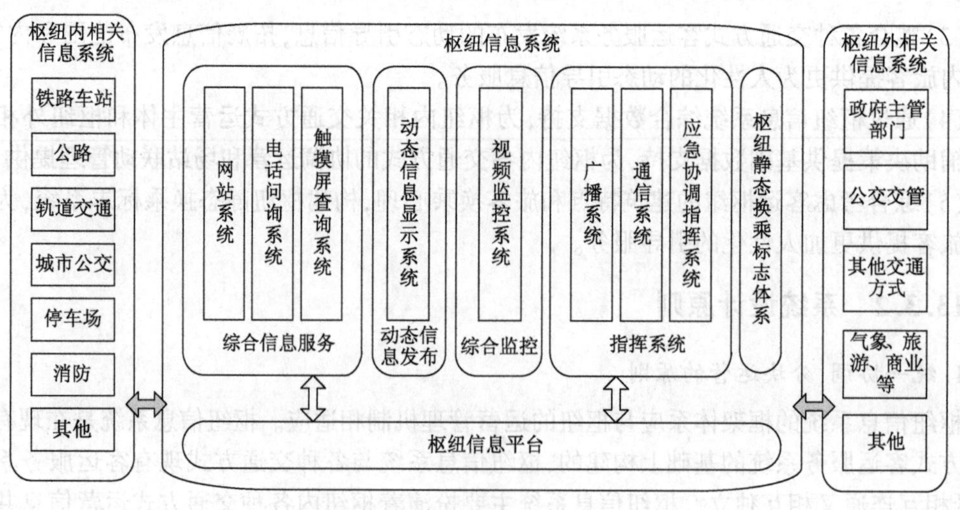

图 13-2 枢纽信息系统框架体系图

13.4 信息系统各功能模块设计

13.4.1 信息共享与交换平台

信息共享与交换平台是实现枢纽信息共享和综合应用服务功能的基础平台。枢纽信息系统通过信息共享与交换平台采用统一、规范的数据交换标准,完成与枢纽内外多源信息的接入、存储和交换。信息共享与交换平台为枢纽信息系统的各衔接系统提供接口服务,完成信息交换服务;同时面向枢纽信息系统各应用子系统,对共享的信息按照功能进行封装,提供各应用系统的调用服务。信息交换平台包括以下三个功能模块。

1. 信息采集、处理与存储

内部信息交换。实时从枢纽内各种交通方式客运服务系统采集相关运营信息。

外部信息交换。与交通行业主管部门、公安交管部门、公安治安管理部门、公路调度管理部门等交换信息。

信息存储管理。将获取的各类信息,经过数据检验、数据集成、数据规范化等数据质量控制之后,按照预设格式处理、融合后自动存入枢纽综合信息数据库,为综合服务信息平台提供实时数据。

2. 信息共享与应用

采用数据融合、数据分析、数据挖掘等手段进行信息学加工和应用化处理,通过数据交换与共享接口,向各种应用系统提供基础信息服务。

信息自动推送。对获取的各种信息自动处理、生成规定格式,并按照预设程序自动分发给相关运营主体和管理部门。

信息按需分发。相关运营主体按访问权限随时获取相关信息和深度分析数据。

信息统计分析。对历史数据进行整合、统计分析、数据挖掘,定期形成分析报告,为各运营主体和相关管理部门提供辅助决策支持。

3. 平台管理

承担枢纽信息系统平台环境下的各项运行管理,包括交换数据标准制定、系统平台设施管理、系统和用户访问管理、数据安全管理、系统性能管理和设施故障管理。

13.4.2 枢纽视频监控系统

1. 系统功能

视频监控系统为枢纽安全监视、设备监控、生产运行的综合管理提供有效的技术手段。视频监控系统对各交通方式场站及公共区域实现视频监视、摄像机控制、录像存储、报警联动、画面轮巡等功能。对于各种交通方式场站监控系统,只接入视频,实行监而不控;对于枢纽公共区域视频终端,具有全面控制权限。视频监控系统具体功能模块有以下四种。

(1)实时监控

可实现人工选择显示摄像机图像或报警联动显示相应区域摄像机图像。通过多层的电子地图方式显示监控视频图像、视频安防监控系统设备状态信息、录像回放、视频分析应用等,便于直观掌握复杂的枢纽建筑中相关信息和后续的处理跟进。

(2)图像分析

具有对视频数据进行实时分析、旅客自动计数报警、物品移动检测报警、旅客逆向行走报警、自适应移动跟踪报警、可疑物检测报警、旅客面部识别报警等功能,以便管理人员及时发现各种突发安全风险事件。

(3)联动控制

与枢纽楼宇自控系统、消防报警系统实现互联,通过硬件和软件对事件进行联动控制和处理,当发生报警信息,实现对该区域的视频图像辅助复核功能。

(4)系统管理

包括控制权限管理、日志管理功能等,对于公共区域视频监控设施,应具备设备配置管理、设备运行状态管理、设备运行维护管理功能。

2. 设置要求

摄像机技术日趋成熟和商品化,使得图像质量有了根本的提高及保障。根据监控区域的重要性,以及不同监控要求,在不同区域设置一体化快球摄像机、彩色摄像机、飞碟摄像机等设备。

在枢纽公共区域范围,对所有公共走道、换乘空间、各交通方式与交通枢纽交汇分界区以及所有电梯轿厢、电梯厅、自动扶梯等实施视频监视。对商业模块、餐厅等营业场所进行视频监视。对步行广场、通道、上下客点、车辆出入口进行视频监控、记录。对建筑物重要功能区的出入口、重要通道等处进行视频监控、记录,要求能清晰辨认出人员的脸部特征。

13.4.3 动态信息显示系统

动态信息显示系统是指按照旅客换乘流线,交互发布各交通方式的动态运营信息(包括检票、到发站、晚点、候车等信息)及天气等相关资讯,满足各种旅客在枢纽换乘时的信息需求。

在枢纽公共区域或各交通方式场站设置 LED、LCD\PDP 显示屏,营造出一体化的枢纽出行环境。动态信息显示系统应配合枢纽紧急事件而具有疏散指示功能,与应急指挥系统联动,在紧急情况下切换,为旅客疏散提供指示信息、灾害信息。

13.4.4 综合信息服务系统

客运枢纽综合信息服务系统主要包括网站系统、触屏查询系统以及电话问询系统。

1. 网站系统

网站是枢纽对旅客服务的一个重要的窗口,基于信息交换平台对枢纽内部各类服务信息资源,以台式计算机、笔记本、平板电脑、手机等终端方式实现互联网的接入,24h 不间断地向旅客提供全方位的综合信息服务,并与电话问询系统衔接,完成多方式出行中旅行计划制定、客票服务、信息查询、投诉及建议等功能,同时也为枢纽及各运营主体提供通知通告、业务宣传、市场调查等业务功能。

(1)信息查询

依托信息交换平台对枢纽多源信息资源的综合,向旅客提供与旅行相关的综合信息服务。内容包括枢纽基础信息、各交通方式客运时刻表、交通运行状态、政策法规等与旅客出行相关的信息,并提供旅行计划方案建议。

(2)客票服务

枢纽信息系统与各交通方式票务系统链接,为旅客提供多方式客票购买服务。

(3)通知通告

通过网站信息发布、短信通知、邮件推送等多种方式,及时将与旅客相关的或旅客主动订制的运营计划变更、列车运行时刻调整、班车晚点等信息及时通知旅客。

(4)业务宣传

通过网站信息发布、短信、邮件等方式为旅客提供与枢纽相关的各种客运业务的新闻、规章、标准、流程、旅行常识、临时通告、产品销售等服务信息。相关部门也可以通过互联网站发布客运有关的市场调查,对客流分布、服务方式、旅客满意度等内容进行调查。

(5)个性化服务

对旅客的旅行特点、兴趣爱好进行分析,为旅客提供个性化服务方案,包括酒店、租车、景点、餐饮等的信息服务及预订服务。

(6)网站管理

提供搜索管理、接口管理、流程管理、角色管理、权限管理、备份管理、委派管理、安全管理、系统监控和管理、时间同步、统计分析等多项网站系统管理功能。

2. 触屏查询系统

触屏查询系统查询主要内容与枢纽网站信息一致,包括枢纽内环境说明、枢纽内服务设施说明、各交通方式客运时刻表、交通运行状态、政策法规等与旅客出行相关的信息。

3. 电话问询系统

电话问询系统是集语音、录音和数据为一体的便捷的信息服务系统。电话问询系统应以自动应答为主,通过自动/人工应答的方式提供24h信息查询服务,旅客通过客户端设备(电话、手机等)访问客服服务系统,客户根据自动语音提示的导向,选择所需的服务或转接人工服务。电话问询的功能包括以下两种。

(1)信息综合查询

信息综合查询:铁路、长途客运、地铁等交通方式客运班次、票价、班次列车沿途停站和停点情况、班次临时变更、中转车次及票价、旅客运输政策等。

电话购票:与铁路、长途客运的售票系统相连,通过人工或自动转接到相应交通方式票务系统,进行客票余额查询、购票等。

行包查询:与铁路、长途客运的行包系统相连,通过人工或自动转接到相应系统查询行包信息。

(2)自动语音应答及导航系统模块

对于一些比较常规的问询,系统会自动播放语音,耐心细致地向用户解答各种问题,实现24h无人值守,减轻服务人员的工作强度。如用户对计算机回答的问题不满意,系统可将用户电话转接到话务员。

13.4.5 枢纽协调指挥系统

客运枢纽的广播系统、通信系统和应急协调指挥系统构建应能实现枢纽的协调指挥功能。

1. 广播系统

广播系统包括基本广播、紧急广播两部分内容,并具有不同的播放优先级。基本广播为日常管理情况下的人工广播和背景音乐播放,覆盖范围为枢纽公共区域。紧急广播是在突发安全风险事件时应急处置信息广播,具有最高优先级,高于枢纽各交通方式运营广播的优先级。在协商机制下各交通方式执行枢纽建议的紧急广播内容。

2. 通信系统

通信系统实现枢纽管理部门与枢纽内各交通方式调度部门的通信联系,同时通过语言网关出局呼叫实现与枢纽外部相关部门的通信联系。通信系统的使用在以下两种情况:一是在日常情况下,用于枢纽管理部门与各种交通方式及相关部门的运营协调;二是当枢纽突发安全风险事件时,枢纽管理部门与相关交通方式进行应急处置协调,并发布应急协调指挥调度命令。

3. 应急协调指挥系统

应急协调指挥系统是为了应对枢纽突发安全风险事件时,在最短时间内对发生灾害或征兆发出报警,协调指挥各交通方式运营管理主体进行应急处置,及时扑灭灾害、控制事态。

应急协调指挥系统通过信息交换平台、视频监控系统获取与事件相关交通运行数据、视频及报警信息,对事件进行展现和评估。然后根据有关应急预案,从枢纽全局角度制定应急指挥调度方案,在方案制定过程中,借助通信系统与各交通方式运营主体进行充分的协调和沟通。方案制定以后,应急协调指挥系统向动态信息显示系统、网站系统、触摸屏查询系统以及广播系统下达相关信息发布内容。具体功能模块如下:

(1)事件展现及评估:在枢纽发生突发事件后,一旦信息交换平台向应急协调调度系统传递事件信息,系统必须及时将相关信息展现出来,以大屏显示、电子地图等方式,供相关管理人员详细、形象地了解事件发展。并且系统能够采用自动建议方式,提出事件级别评估,但最终事件评估必须通过管理人员确定。

(2)预测预警功能:系统能够根据枢纽历年运行的历史数据及历史事件,结合各交通方式上传的运营计划和交通运行信息,通过实现定义的预测模型,对客流、事件做出预测分析。

(3)知识库管理功能:在枢纽发生突发事件后,允许管理人员通过知识库功能了解事件处理的一些相关知识,包括目录定义,知识的上传管理,与对应事件连接管理、查询等。

(4)预案管理功能:提供对突发事件处置的基本原则,应急相应的操作指南,包括应急预案的编制、应急预案管理、应急预案模拟演练等功能。

(5)指挥调度功能:在日常枢纽运营中,枢纽信息系统并不直接参与各交通方式的运营。但在进行突发事件应急响应时,枢纽管理部门与各运营个体通过电话通信或当面沟通等方式开展协调,并启动应急处置方案。之后应急协调指挥系统应通过动态信息显示系统、广播系统等在公共区域向旅客发布应急信息,同时向各交通方式下达相应应急处置方案,运营管理主体在各自运营管理区域内向旅客发布。

13.4.6 静态换乘标志系统

枢纽静态换乘标志系统是按枢纽空间一体化和旅客流线顺畅衔接要求设置的,为枢纽内不同交通方式间旅客换乘提供引导服务的标志体系。静态换乘标志系统的设计涉及行人寻路和空间导向行为中的环境心理学理论,可以采用空间句法等研究静态换乘标志系统的设计要素、设计流程、布设方法和要求。

1. 标志系统构成

枢纽静态换乘标志系统主要由导向标志、位置标志、综合信息标志和辅助标志构成。导向标志主要向旅客提供有序、连续地指向性信息,引导旅客向目标对象行进,主要由图形、文字和箭头组成,包括集散设施引导、通道设施引导、票务设施引导、公共服务设施引导等,如图 13-3a)所示。位置标志是对目标对象的明确标注,帮助旅客对目标对象进行快速识别和确认,主要由图形和文字组成,例如自动售票机位置的确认,如图 13-3b)所示。综合信息标志主要通过平面图向旅客呈现枢纽整体空间结构、设施空间关系以及枢纽周边重要交通信息等,帮助旅客快速熟悉所处环境。辅助标志包括禁止标志、警告标志、安全疏散标志、消防安全标志、无障碍设施标志,还有各交通方式功能区特有的辅助性标志,以及不适合统一规范的标志类型,如线路图、运营时间表、票价表等。

a)导向标志示意图

b)位置标志示意图

图 13-3 静态换乘标志示意图

2. 标志要素分析

客运枢纽静态换乘标志具有三要素:信息内容、版面样式和空间位置。标志引导功能的充分发挥有赖于三要素的协调配合。

(1)信息内容

信息内容是指标志通过文字、图形符号、色彩等方式向旅客表达方向、位置、车站空间结构等一系列的具体信息,从而帮助旅客进行路线、方向的决策和判断。引导标志应为旅客提供所在位置最需要的信息,标志信息内容的设置应以旅客流线为依据,针对不同流线上旅客对信息的需求有针对性地进行设置,满足旅客在不同位置对信息的需求,实现对旅客连续、不间断的引导,顺利完成出行。

(2)版面样式

版面样式是指标志的造型风格、版面设计、应用的材质、采用的具体规格以及照明方式(荧光灯、自发光、LED 显示等)等。其中,最主要的就是标志的版面设计,包括标志采用的图形符号、色彩、文字等内容,需结合旅客的认知习惯、视觉特征进行合理设置,提高旅客对标志的识别性。标志应采用规范、标准的图形符号,使表达的信息通俗易懂;在色彩的选择和搭配上,文字的大小、间距、行距的设置上,需要充分考虑旅客的视觉特征,提高标志信息的显著性和易辨性;对文字字体的选择、信息的排列布局等,应符合旅客的认知习惯,方便旅客阅读。

(3)空间位置

空间位置是指静态换乘标志在车站空间环境中的具体设置位置,主要包括标志的高度,标志与旅客流线或旅客视线之间的角度，以及标志在车站内的布点选择三个方面。标志的空间位置应避免建筑物或其他物体的遮挡，方便旅客察觉。标志的高度设置与文字尺寸、旅客视距有关，须结合车站的具体空间环境合理设置；标志的角度设置与旅客的认知规律、视觉特征有关，保证处在旅客的有效视野范围内；标志的布点选择须根据旅客流线进行优化，使标志在合适的地点为旅客提供必要的信息。

3. 标志系统布设方法

(1)信息分级

作为枢纽组织旅客交通流的主要措施，枢纽换乘标志系统的设置应体现"统一流线、以流为主、连续引导"的原则，严格按照旅客交通流线方案设置。枢纽内旅客流线构成主要可划分为三个阶段：出站阶段，为起点交通场站的出站通行区域；换乘阶段，为公共换乘大厅或换乘通道；进站阶段，为终点交通场站的进站通行区域。

处于不同出行阶段的旅客对标志导向信息的详细程度有不同的心理预期。在出站和换乘阶段，旅客只需要起点交通场站的出口方向和终点交通场站的入口方向的指示信息；在进站阶段，旅客需要按具体出行目的选择不同的功能分区，需要前往该交通场站内每一个功能分区方向的指示信息。如果标志上信息过多，将会增加旅客获取有效信息的时间，引起信息超载现象，应分层级给出相应的引导信息、位置信息、综合信息等内容。一般将枢纽导向信息分为4个等级，如表13-3所示。

枢纽导向信息分级表 表13-3

信息分级	分级信息内容
一级信息	各种交通方式场站的出入口、枢纽站前广场和换乘大厅的出入口
二级信息	火车站、公路客运站、地铁站(城铁站)、公交车站、出租车站、停车场和商业区
三级信息	火车站售票厅、候车厅、出站口、检票口、服务台； 公路客运站内售票厅、候车厅、出站口、检票口、服务台； 地铁站(城铁站)的不同线路、公交车站的不同站台或线路等
四级信息	卫生间、餐饮店、商店、信息查询、警务室、公共电话等

各级信息在具体运用过程中，应遵循如下规则：

一级信息适用于旅客出站阶段的导向标志，引导旅客快速出站。一级信息还须作为地点标志信息设置在各种交通方式场站的出口和入口，以及枢纽站前广场和换乘大厅的出口和入口。

二级信息适用于旅客出站和换乘阶段的导向标志，为旅客提供简洁、明确的终点交通方式场站导向信息。

三级信息适用于旅客进站阶段的导向标志，引导旅客办理相关乘车手续。

四级信息所表示的设施分布于枢纽内各个区域，每个区域的公共设施一般只服务于本区域旅客，相关设施的引导信息只在所在区域内设置。

(2)布设要求

①导向标志

导向标志的作用区间是旅客进站流线、出站流线、换乘流线的流线区间，即位于流线起终点之间引导旅客完成进站、出站和换乘。因此，导向标志的设置位置选择是基于旅客流线分析后,针对旅客在不同流线阶段的信息需求内容,按一定的间隔连续地设置,特别是旅客做出方向选择和决策的节点处,应适当加密导向标志,避免出现引导信息链的中断。另外,重要的导向标志应设置在旅客通行区域各个空间转换点的中线位置,同时与旅客流线垂直。

②位置标志

位置标志作用点即为旅客流线的起点和终点,也就是旅客需要接受服务的终端。客运枢纽系统由集散设施、通道设施、票务设施、公共服务设施等组成,这些设施涵盖了旅客流线起点和终点(包括各种出入口)。位置标志应设置在相应设施的上方、墙面、立柱或附近位置。

③综合信息标志

综合信息标志一般设置在多条旅客流线交织的空间,或是旅客流线中需求信息量大的节点。设置综合信息标识的节点主要包括:枢纽出入口、各交通方式功能区的出入口、公共换乘区、换乘通道等。尤其是下客区,应在适宜的地方设置综合信息标识,以减少旅客在下客区的停留时间和往返次数,达到旅客有序出站和快速疏散的目的,设置位置应以不阻挡主要旅客流线行进为前提。

④辅助标志

辅助标志传达的标识信息比较烦琐,其中线路图、运营时间表、票价表等可参考综合信息标识的设置方法;各交通方式功能区特有的辅助性标志,应根据各自身特点酌情设置;禁止标志、警告标志、安全疏散标志、消防安全标志应与其他标志相剥离,自成体系,以减少对其他标志正常运作的干扰。为充分体现交通语言标志系统设计的公平性,以及对弱势群体的关爱,无障碍设施标志可与引导标志、位置标志组合设置。

13.5 信息系统管理

13.5.1 管理模式

为实现枢纽内各交通方式信息共享,满足枢纽信息系统各项功能需求,其管理模式可以有两种方式:点对点交互模式和公共信息平台模式。

1. 点对点交互模式

点对点交互模式是指在枢纽管理机构的协调下,枢纽公共区域管理主体、各种交通方式运营主体间,根据安保管理、运输组织、旅客服务等业务需求与相应运营主体开展沟通,进行信息交换和相关业务的衔接,如图13-4所示。

点对点交互模式虽然易于实现,但枢纽内各运营主体之间必须建立多对多的网络互连和系统互联,点对点交互模式的本质特征在于枢纽信息系统是一种自发的、分散的系统管理模式。这种多对多交互过于复杂,不容易建立统一的互联标准,可能造成系统间的多重标准。加之,这种多对多的框架不具备扩展性,在实践中往往较少采用。

2. 公共信息平台模式

公共信息平台模式是指枢纽信息系统通过构建公共信息平台,把各交通方式信息资源集合成一个整体,基于公共信息平台实现信息交换和共享,各交通方式信息系统不再需要直接与众多、异构的系统打交道,只需与公共信息平台利用统一、规范的访问接口,不仅提高了系统间信息交换的透明度和信息的共享度,而且大大减少了点对点模式下信息系统的交互接口数量,降低了枢纽信息系统的应用开发和维护的难度和成本,提高了系统的可扩展性和可靠性。公共信息平台模式如图 13-5 所示。

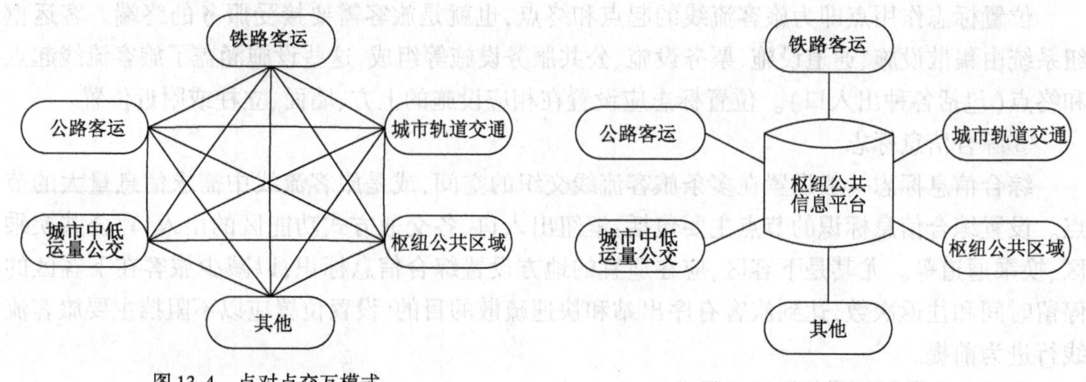

图 13-4　点对点交互模式

图 13-5　公共信息平台模式

公共信息平台模式具有以下特点:

(1)通过公共信息平台实现枢纽各运营主体之间统一的信息共享和交换,从而有效对各方式信息系统的信息资源进行整合以及功能集成,有效避免点对点模式中信息分散的缺点。

(2)基于公共信息平台所形成的大量信息资源的管理,通过数据仓库、数据挖掘,对枢纽运营状况进行解释、预测、验证等,并通过一系列的推理与计算,为枢纽管理者、各运营主体交通参与者提供辅助决策支持功能,有效支持日常协调、应急指挥等业务的开展。

(3)将共享的数据、分析的信息和挖掘的知识提供给多个用户对象,包括个人用户和系统用户,从而实现交通信息的增值业务。

因此,公共信息平台模式是处理多种信息系统集成通常采用的模式。公共信息平台优势的发挥必须基于特定管理机制的保障,包括构成公共信息平台系统并充分发挥作用的运营机制,以及使信息"活"起来的能动因素。管理机制的保障主要有以下 3 方面:

(1)行政保障。由政府相关行业主管部门介入枢纽管理,形成由其领导下的枢纽管理机构,对各种交通方式运营主体参与到枢纽一体化运营中形成强制作用。

(2)组织保障。枢纽信息管理机构作为专门负责枢纽信息系统一体化管理和服务的机构,在枢纽管理机构的授权下,专职负责枢纽信息系统管理和信息服务。

(3)合同保障。在政府交通行政主管部门与枢纽内各种交通方式运营主体签订合同或协议,把向枢纽信息管理机构提供动态客运信息、场站视频监控信息和接受枢纽信息管理机构的协调作为入驻枢纽的基本前提。

13.5.2　建设管理

不同规模的综合客运枢纽对信息系统功能配置的要求不同,枢纽信息系统的建设规模需要结合综合客运枢纽的规模、服务能力和辐射能力等因素确定。

特大、大型枢纽,由于运营管理难度比较大,为加强枢纽内各种交通方式场站运营、管理和应急处置的协调能力,必须设置独立的枢纽信息管理机构和办公管理用房,配置较为完善的枢纽协调管理功能(包括信息交换与共享、安保管理协调、运输组织协调和应急调度指挥等功能模块)。同时将旅客出行信息服务前置,设置跨场站的动态信息显示终端和提供联合票务服务,并设置专门的枢纽客服网站、触摸屏查询、热线电话等旅客信息服务系统,为旅客提供实时且准确的出行信息服务。

中、小型枢纽,由于运营管理难度比较小,既可以设置公共信息管理平台和独立的枢纽信息管理机构,配备非常完善的枢纽协调管理功能,也可以依托全省性运输管理综合信息服务平台,由市级运输管理综合信息服务平台负责枢纽的远程监控、安保管理协调等工作。中、小型枢纽由于客运班次和旅客流量比较小,可不设独立的旅客信息服务系统,依托交通服务热线(如:江苏 96196 交通服务热线),为旅客提供出行信息咨询服务。

表 13-4 列出了不同规模综合客运枢纽的信息系统功能配置方案。

不同规模综合客运枢纽的信息系统功能配置方案表 表 13-4

<table>
<tr><th colspan="3">系统功能</th><th>特大型/大型枢纽</th><th>中型枢纽</th><th>小型枢纽</th></tr>
<tr><td rowspan="9">枢纽信息系统</td><td colspan="2">信息交换与共享</td><td>☆</td><td>☆</td><td>Δ</td></tr>
<tr><td colspan="2">安保管理协调</td><td>☆</td><td>☆</td><td>Δ</td></tr>
<tr><td colspan="2">运输组织协调</td><td>☆</td><td>☆</td><td>Δ</td></tr>
<tr><td colspan="2">应急调度指挥</td><td>☆</td><td>☆</td><td>Δ</td></tr>
<tr><td rowspan="5">旅客信息服务</td><td>枢纽网站</td><td>☆</td><td>Δ</td><td>Δ</td></tr>
<tr><td>触摸屏查询</td><td>☆</td><td>Δ</td><td>Δ</td></tr>
<tr><td>电话问询</td><td>☆</td><td>Δ</td><td>Δ</td></tr>
<tr><td>动态信息显示</td><td>☆</td><td>Δ</td><td>Δ</td></tr>
<tr><td>联网售票服务</td><td>☆</td><td>Δ</td><td>Δ</td></tr>
</table>

注:☆基本功能,Δ 可选功能。

在枢纽信息系统的建设工程中,各项功能可能无法一步到位,可按照下列原则实施:

(1)信息交换与共享是各项功能成功实施的基础,应遵循"先易后难"的原则,铁路以外的各种交通方式应首先实现信息共享;与铁路系统的信息交换工作可根据协调情况,逐步实施。

(2)安保管理协调应实现枢纽公共区域及各方式运营区域的客流、安保视频的集中监视,对消防、设备设施等综合监控可逐步实现。

13.5.3 投资管理

根据对现行综合客运枢纽,尤其是铁路综合客运枢纽的投资建设体制的分析,枢纽所在地市(县)人民政府是枢纽(铁路站房除外)及配套设施建设的责任主体,各交通方式场站的信息弱电系统作为枢纽站房工程的组成部分,由建设单位一并建设。考虑到枢纽信息系统的建设牵涉多种交通方式场站,且要与枢纽内各交通方式场站信息弱电系统互联互通,从利于统一接口标准、建设管理和协调的角度,枢纽信息系统建设应和枢纽站场同步实施。

在枢纽建设过程中,由枢纽所在地市(县)人民政府成立的枢纽建设领导机构具体负责枢纽信息系统的组织协调工作,并落实枢纽信息系统的建设主体。各地市(县)交通运输主管部门应加强对枢纽信息系统规划建设的行业管理,确保枢纽信息系统与枢纽场站的同步设计、同步施工和同步运营。

枢纽信息系统的建设主体应按照枢纽建设领导机构与各交通方式场站建设管理主体协商确定的枢纽运营管理模式,委托具有相应资质的单位开展各枢纽信息系统的规划、设计、建设工作,负责实施过程的总体管理和技术协调。

枢纽信息系统建设主体应与枢纽场站的设计、施工单位及信息系统设计、施工单位协调,明确枢纽公共信息管理平台和各交通方式业务信息系统的接口方式、数量、位置和标准,以及枢纽场站的设计、施工界面。

13.5.4 运营管理

枢纽建设领导机构应组织枢纽内各交通方式场站的建设主体协商确定枢纽信息系统的运营管理机制,并建立枢纽信息管理机构。为了充分发挥政府主管部门的主导作用和各方式运营主体的积极性,便于枢纽运营过程中的协调和磋商,枢纽信息管理机构可由枢纽所在地市(县)交通部门、公安部门和枢纽内各交通方式场站运营主体组成。枢纽信息管理机构的具体职责是:

(1)按照"尊重意愿、互惠互利、责权统一"的原则,完善信息共享机制和安全保障体系,发挥各交通方式运营主体共享信息资源的积极性,提升枢纽信息资源综合利用水平。

(2)落实枢纽公共信息管理平台运营制度化、规范化建设,做好枢纽公共区域监控管理,协调各交通方式场站之间的安保管理。按枢纽应急预案,协调各交通方式运营主体完成应急保障任务。

(3)加强各交通方式之间的运输衔接,协调运力配置、班次计划等。

枢纽信息管理机构通过枢纽信息系统对枢纽公共区域进行监控和紧急调度、指挥等管理。正常情况下,公交、城际、地铁、轻轨、普铁、停车场、市政、商业等按照各自的运营管理模式进行运行管理;紧急情况下,通过信息网络、信息互联等方式,接受枢纽信息管理机构的统一指挥。

【复习思考题】

1. 客运枢纽信息系统需求分析主要包括哪些内容?
2. 客运枢纽信息系统有哪些功能?
3. 简述客运枢纽信息系统建设的总体目标和设计原则。
4. 简述客运枢纽信息系统总体框架体系。
5. 阐述客运枢纽信息系统各功能模块的设计要点。
6. 如何进行静态换乘标志系统的信息分级?
7. 简述静态换乘系统的构成与布设要求。
8. 客运枢纽信息系统的管理模式有哪些?简述各模式的特点和适用性。
9. 阐述客运枢纽信息系统在建设、投资、运营等方面的管理要求。

参 考 文 献

[1] 过秀成. 城市交通规划[M]. 南京:东南大学出版社,2010.

[2] 过秀成,姜晓红. 城乡公共客运规划与组织[M]. 北京:清华大学出版社,2011.

[3] 江苏省建设厅. 江苏省城市综合交通规划导则研究[Z]. 2005.

[4] 中华人民共和国住房和城乡建设部. 城市综合交通体系规划编制办法[Z]. 2010.

[5] 中华人民共和国建设部. CJJ/T 114—2007 城市公共交通分类标准[S]. 北京:中国建筑工业出版社,2007.

[6] 过秀成,马超,杨洁,等. 高速铁路综合客运枢纽交通衔接设施配置指标研究[J]. 现代城市研究,2010,25(7):20-24.

[7] (苏)K. IO. 斯卡洛夫. 城市交通枢纽的发展[M]. 北京:中国建筑工业出版社,1982.

[8] 张小辉,过秀成,杜小川,等. 综合客运枢纽内涵及属性特征分析[J]. 现代城市研究,2011,26(4):78-82.

[9] 吴才锐. 组合型公路客运枢纽结点分级发展策略应用研究[D]. 南京:东南大学,2010.

[10] 杨涛,张泉. 公交优先导向下的城市总体规划——构建公交都市的空间框架[J]. 城市规划,2011,35(2):22-25.

[11] 段进. 国家大型基础设施建设与城市空间发展应对——以高铁与城际综合交通枢纽为例[J]. 城市规划学刊,2009(1):33-37.

[12] 樊钧,过秀成,訾海波. 公路客运枢纽布局与城市土地利用关系研究[J]. 规划师,2007,23(11):71-73.

[13] 李铭,李旭宏,吕慎. 基于城市 TOD 发展模式的客运换乘枢纽布局规划研究[J]. 公路交通科技,2006,23(11):100-104.

[14] 晏克非,于晓桦. 基于 SID 开发高铁枢纽车站建设条件及其影响[J]. 现代城市研究,2010,25(7):13-19.

[15] 何小洲,杨涛,於昊. 基于功能整合的大城市对外客运枢纽布局规划方法[J]. 规划师,2010,26(8):49-54.

[16] 朱彦东,单晋,李旭宏. 面向交通资源整合的大城市公铁枢纽联合布局模式[J]. 交通运输工程学报,2008,8(3):86-90.

[17] 刘强,陆化普,王庆云. 区域综合交通枢纽布局双层规划模型[J]. 东南大学学报(自然科学版),2010,40(6):1358-1363.

[18] 周天星. 铁路客运交通枢纽规划相关问题分析[J]. 综合运输,2011(7):44-48.

[19] 郜俊成,杨涛. 构筑高效、集约、人性化的大型铁路综合客运枢纽——以南京南站枢纽综合交通规划与设计研究为例[J]. 江苏城市规划,2011(3):11-15.

[20] 黄志刚,荣朝和. 国外城市大型客运交通枢纽的发展趋势与原因[J]. 交通运输系统工程与信息,2007,7(2):12-17.

[21] 郑健. 我国铁路客站规划与建设[J]. 铁道经济研究,2007(4):20-30.

[22] 叶冬青. 综合交通枢纽规划研究综述与建议[J]. 现代城市研究,2010,25(7):9-14.

[23] 交通运输部规划研究院. 综合客运枢纽布局规划理论与建设实践研究[R]. 2014.

[24] 江苏省交通厅规划研究中心,江苏纬信工程咨询有限公司. 江苏省铁路综合客运枢纽规

划设计指南研究[R].2010.

[25] 交通运输部规划研究院课题组.综合客运枢纽规划建设政策理论与实践探索[M].北京:人民交通出版社股份有限公司,2017.

[26] 江苏省交通科学研究院股份有限公司.江苏省综合客运枢纽布局规划研究[R].2012.

[27] 中华人民共和国铁道部.GB 50091—2006　铁路车站及枢纽设计规范[S].北京:中国计划出版社,2006.

[28] 中国民用航空局.JB 105—2008　民用机场工程项目建设标准[S].北京:中国民航出版社,2008.

[29] 中华人民共和国住房和城乡建设部.CJJ/T 15—2011　城市道路公共交通站、场、厂工程设计规范[S].北京:中国建筑工业出版社,2011.

[30] 马桂贞.铁路站场及枢纽[M].成都:西南交通大学出版社,2003.

[31] 孙小年,石琼.省级区域公路运输枢纽宏观布局研究[J].交通运输研究,2007(9):32-36.

[32] 李婷婷,宋瑞.国家层面综合客运枢纽分层布局鲁棒优化模型[J].东南大学学报(自然科学版),2015,45(1):189-195.

[33] 邓润飞.城市群城际客运设施配置问题研究[D].南京:东南大学,2014.

[34] 宋昌娟.大城市公路客运枢纽规划方法研究[D].南京:东南大学,2005.

[35] 陈大伟.大城市对外客运枢纽规划与设计理论研究[D].南京:东南大学,2006.

[36] 樊钧,过秀成,訾海波.公路客运枢纽布局与城市土地利用关系研究[J].规划师,2007,23(11):71-73.

[37] 刘超平.大城市公交枢纽功能分类及设施规模分析方法[D].南京:东南大学,2011.

[38] 张小辉,过秀成,杜小川,等.综合客运枢纽布局规划要点及编制指引[J].现代城市研究,2013(10):115-120.

[39] 吕慎.大城市客运交通枢纽规划理论与方法研究[D].南京:东南大学,2004.

[40] 吕慎,田锋,李旭宏.组团式大城市客运综合换乘枢纽布局规划方法[J].交通运输工程学报,2007,7(4):98-103.

[41] 陈富昱.城市公交枢纽布局方法研究[J].城市,2004(4):32-35.

[42] Bandara S, Wirasinghe S C. Optimum geometries for pie-type airport terminals[J]. Journal of Transportation Engineering, 1992, 118(2):187-206.

[43] Martins C L, Vaz Pato M. Search strategies for the feeder bus network design problem[J]. European Journal of Operational Research, 1998, 106(2/3):425-440.

[44] Dessouky M, Hall R, Nowroozi A, et al. Bus dispatching at timed transfer transit stations using bus tracking technology[J]. Transportation Research: Part C, 1999, 7(4):187-208.

[45] 李德刚,霍娅敏,罗霞,公路主枢纽总体布局规划后评价研究[J].中国公路学报,2005,18(2):84-89.

[46] 陈峻,王炜,黄艳君.城市客运场站交通影响分析及设计[J].中国公路学报,2004,17(2):78-81.

[47] 李铁柱,刘勇,卢璨,等.城市公共交通首末站综合评价[J].交通运输工程学报,2005,5(1):86-91.

[48] 刘伟华,晏启鹏,龙小强. 公路主枢纽站场布局评价指标定量化研究[J]. 中国公路学报,2003,16(2):86-89.

[49] 过秀成. 公路建设项目可行性研究[M]. 北京:人民交通出版社,2007.

[50] 郑祖武,李康,徐吉谦. 现代城市交通[M]. 北京:人民交通出版社,1998.

[51] 陈双燕. 基于交通一体化的大城市公路客运枢纽规划方法研究[D]. 南京:东南大学,2008.

[52] 黄海南. 大城市公路客运枢纽班线配置研究[D]. 南京:东南大学,2009.

[53] 中华人民共和国交通部. 交规划发〔2007〕365 号 公路运输枢纽总体规划编制办法[Z]. 2007.

[54] 中华人民共和国交通部. JT/T 200—2004 汽车客运站级别划分和建设要求[S]. 北京:人民交通出版社,2001.

[55] Mautizio Bielli, Massimiliano Caramia, Pasquale Carotenuto. Genetic algoritums in bus network optimization. Transportation Research Part C[J],2002(10):19-34.

[56] Carlos Lucio Martins, Margarida Vas Pato. Search steategies for the feeder bus network design Problem. European Journal of Operational Research[J],1998(106):425-440.

[57] 金凌,樊钧,陈双燕. 公路客运枢纽的班线组织与配置方法初探[J]. 公路交通科技,2007,24(11):140-142.

[58] 姚新胜,罗霞,胡阿龙. 公路客运线路发班站点的定量优选[J]. 公路交通科技,2006,23(2):158-166.

[59] 顾志兵. 农村客运线网布局规划及班线配置方法研究[D]. 南京:东南大学,2006.

[60] Rubin TA, JE Moore II, Lee S. Ten myths about US urban rail systems[J]. Transport Policy,1999,6(1):57-73.

[61] 王建军,王吉平,彭志群. 城市道路网络合理等级级配探讨[J]. 城市交通,2005,3(1):37-42.

[62] 刘其斌,马桂贞. 铁路站场及枢纽[M]. 北京:中国铁道出版社,2005.

[63] 郭子坚. 港口规划与布置[M]. 3 版. 北京:人民交通出版社,2011.

[64] 周爱莲. 交通枢纽规划与设计[M]. 北京:人民交通出版社,2013.

[65] 于英. 交通运输工程学[M]. 北京:北京大学出版社,2011.

[66] 唐力帆. 水路客运管理[M]. 北京:人民交通出版社,1997.

[67] 曹振熙. 客运站设计与智能化客运站[M]. 北京:中国水利水电出版社,知识产权出版社,2007.

[68] 郑斌,余奕浩,陈有文. 客运码头主要设计参数的确定[J]. 水运工程,2011,(3):86-89.

[69] 林晓颖. 客运码头选址与布置[J]. 中国水运,2013,13(9):301-302.

[70] 王立平,邓勇,张明强. 关于客运码头通过能力的一点看法[J]. 中国水运,2014,14(11):73-74.

[71] 罗良鑫,闫攀宇,刘兆强,等. 广州水上巴士试验线客流预测研究[J]. 中国水运,2010,10(7):78-80.

[72] 谭家万,杨明,张丹,等. 基于多元线性回归模型的澜沧江—湄公河客运量预测[J]. 水运管理,2015,37(2):11-13.

[73] 刘勇南. 桂山岛客运码头客运量预测分析[J]. 珠江水运,2014,(10):82-83.
[74] 中华人民共和国住房和城乡建设部. JGJ 60T—2012 交通客运站建设设计规范[S]. 北京:中国建筑工业出版社,2012.
[75] 中华人民共和国交通运输部. JTS 165—2013 海港总体设计规范[S]. 北京:人民交通出版社股份有限公司,2014.
[76] 中华人民共和国交通部. JTJ 212—2006 河港工程总体设计规范[S]. 北京:人民交通出版社,2007.
[77] 中华人民共和国交通运输部. JTS 170—2015 邮轮码头设计规范[S]. 北京:人民交通出版社股份有限公司,2015.
[78] 中国民航总局. CCAR-170CA 民用航空运输机场选址规定[S]. 1997.
[79] 中国民航总局. CCAR-158-R1 民用机场建设管理规定[S]. 2004.
[80] 中国民用航空局. MH 5001—2013 民用机场飞行区技术标准[S]. 2013.
[81] 钱炳华,张玉芬. 机场规划设计与环境保护[M]. 北京:中国建筑工业出版社,2004.
[82] 陈欣. 机场空域容量分析方法研究[D]. 南京:南京航空航天大学,2007.
[83] 耿兴荣,邓润飞. 江苏省民航机场集疏运体系研究[J]. 物流工程与管理,2010(5):24-26.
[84] 傅国华. 现代航空航站楼的理论与设计[D]. 上海:同济大学,2002.
[85] 何明. 城市轨道交通网络生成技术及可靠性分析[D]. 南京:东南大学,2011.
[86] 朱顺应,郭志勇. 城市轨道交通规划与管理[M]. 南京:东南大学出版社,2008.
[87] 何静,司宝华,陈颖雪. 城市轨道交通线路与站场设计[M]. 北京:中国铁道出版社,2010.
[88] 毛保华. 城市轨道交通规划与设计[M]. 北京:人民交通出版社,2006.
[89] 顾保南,叶霞飞. 城市轨道交通工程[M]. 武汉:华中科技大学出版社,2007.
[90] 陈必壮. 轨道交通网络规划与客流分析[M]. 北京:中国建筑工业出版社,2009.
[91] 覃矞,周和平,宗传苓. 基于乘客流量概率分布的轨道车站合理间距优化模型[J]. 系统工程,2005,23(9).
[92] 中华人民共和国建设部,国家发展改革委员会. 建标 104—2008 城市轨道交通工程项目建设标准[S]. 北京:中国计划出版社. 2008.
[93] 李君,叶霞飞. 城市轨道交通车站分布方法的研究[J]. 同济大学学报(自然科学版),2004,32(8).
[94] 黎冬平. 基于换乘的轨道枢纽车站衔接交通设施设计方法[J]. 上海交通大学学报,2011,45:53-57.
[95] 中华人民共和国住房和城乡建设部. 城市轨道沿线地区规划设计导则[Z]. 2015.
[96] 中华人民共和国住房和城乡建设部. CJJ/T 15—2011 城市道路公共交通站、场、厂工程设计规范[S]. 北京:中国建筑工业出版社,2011.
[97] 过秀成. 交通工程案例分析[M]. 北京:中国铁道出版社,2009.
[98] 徐康明. 快速公交系统规划与设计[M]. 北京:中国建筑工业出版社,2010.
[99] Sandlin, A. B., M. D. Anderson. Serviceability index to evaluate rural demand-responsive transit system operations[J]. Transportation Research Record,2004(1887):205-212.

[100] 吴能萍,殷凤军,过秀成,等.城乡一体化进程中县域城乡公交线网布设方法研究[J].城市公共交通,2006(5):35-38.

[101] 吴胜权.城市现代有轨电车工程基础[M].北京:机械工业出版社,2016.

[102] 徐康明.快速公交系统规划与设计[M].北京:中国建筑工业出版社,2010.

[103] 中华人民共和国住房和城乡建设部.建标 128—2010 城市公共停车场工程项目建设标准[S].北京:中国计划出版社,2010.

[104] 中华人民共和国国家标准.GB 50226—2007 铁路旅客车站建筑设计规范[S].北京:中国计划出版社,2012.

[105] 中华人民共和国住房和城乡建设部.CJJ 136—2010 快速公共汽车交通系统设计规范[S].北京:中国建筑工业出版社,2010.

[106] 中华人民共和国国家质量监督检验检疫总局,中国国家标准化管理委员会.GB/T 32985—2016 快速公共汽车交通系统建设与运营管理规范[S].北京:中国标准出版社,2016.

[107] 马超.高速铁路综合客运枢纽交通设施配置方法研究[D].南京:东南大学,2011.

[108] 訾海波.高速铁路客运枢纽地区交通设施布局及配置规划方法研究[D].南京:东南大学,2009.

[109] 张小辉.城际铁路客运枢纽交通衔接设施配置方法研究[D].南京:东南大学,2014.

[110] 中华人民共和国国家标准.GB/T 10001—2004 标志用公共信息图形符号[S].北京:中国标准出版社,2004.

[111] 中华人民共和国国家标准.GB/T 20501—2013 公共信息导向系统要素的设计原则与要求[S].北京:中国标准出版社,2013.

[112] 中华人民共和国行业标准.TB 10074—2007 铁路旅客车站客运信息系统设计规范[S].北京:中国铁道出版社,2008.

[113] 江苏省地方标准.DB 32/T 1228—2008 汽车客运站建设规范[S].北京:中国标准出版社,2008.

[114] 中华人民共和国住房和城乡建设部.CJJ/T 15—2011 城市道路公共交通站、场、厂工程设计规范[S].中国建筑工业出版社,2012.

[115] 中华人民共和国国家标准.GB/T 18574—2008 城市轨道交通客运服务标志[S].北京:中国标准出版社,2008.

[116] 中华人民共和国国家标准.GB/T 5845—2008 城市公共交通标志[S].北京:中国标准出版社,2009.

[117] 江苏省交通厅规划研究中心.江苏省铁路综合客运枢纽信息系统研究[R].2009.

[118] 江苏省交通厅规划研究中心,江苏纬信工程咨询有限公司.综合客运枢纽规划建设及运营管理指南[M].北京:人民交通出版社股份有限公司,2016.

[119] 孙小年,姜彩良.一体化客运换乘系统研究[M].北京:人民交通出版社,2007.

[120] 林国鑫,罗石贵,苗聪.综合客运枢纽信息系统需求分析和框架体系研究[J].公路,2012(05):239-243.